바다의 UFO 해파리

발생, 생태 그리고 대책

安田 徹 編

강영실 · 박미선 · 박영태 공역

아카데미서적

UMI NO UFO KURAGE-HASSEI.SEITAI.TAISAKU
Text by Tooru YASUDA

First published in Japan in 2003 by KOUSEISHA-KOUSEIKAKU CO.,LTD.
Korean translation rights arranged with KOUSEISHA-KOUSEIKAKU CO.,LTD.
through Imprima Korea Agency.

서언

일본연안해역에서 부영양화가 진행되면서 여러 종류의 적조가 발생하여 그 원인생물이나 발생기작에 관한 조사, 연구가 관계기관이나 단체 등에 의하여 진행되어 많은 귀중한 자료가 축적되고 있다. 또한, 그 대책에 대해서도 미세생물 등을 이용한 새로운 연구가 진행되고 있다. 그러나 적조발생에 영향을 미치는 주요한 요인 중 하나인 젤라틴성 플랑크톤, 특히 해파리류에 대한 연구는 매우 미흡한 실정이며, 또한 매우 한정된 범위에 머물러 있는 것이 현실이다.

최근 들어 해파리류의 이상출현(발생)이 각 해안, 특히 세토내해(瀨戶內海)나 동해의 일본연안에서 빈번하게 나타나, 어업이나 임해공업에 피해를 주는 사례가 속출하고 있으며, 경우에 따라서는 막대한 피해를 일으키고 있다. 더욱이 해파리류에 의한 인명사고도 많아져 보건위생이나 관광산업면에서도 심각한 문제가 되고 있다. 이와같이 여러 곳에서 해파리류가 출현하고 있으며, 그에 대한 대책마련이 절실히 요구되고 있다. 이는 국내뿐만이 아니라 국제적인 문제로 대두되고 있는 실정이다.

한편, 최근 가정에서 애완동물을 키우는 것이 유행됨에 따라, 매년 애완동물 대상종이 증가하고 있으며, 해파리를 가정에서 사육, 관찰하며 즐기는 사례도 늘어나고 있다. 최근에는 해양수족관에서도 어류보다 해파리류의 인기가 더 높으며, 해파리만을 전문으로 전시하는 수족관이나 유사시설이 생기기 시작하였다. 해파리류의 리듬감 있는 운동과 환상적인 유영모습, 형태 또는 종에 따라 다른 특징적인 선명한 색채가 보는 사람의 마음에 편안함과 감동을 주기 때문일 것이다. 특히 봄부터 여름에 걸쳐 해파리 사육에 관한 문의가 쇄도하고 있다.

이상과 같이 해파리류의 피해대책을 세우거나, 사육, 전시하는 경우에 대표종의 생물학적 기초 지식이 필요하다. 저자는 1988년 야생의 보름달물해파리의 생태, 생활사에 관한 저서[보름달물해파리의 연구(일본수산자원보호협회, p136)]를 출판하였으며, 현재는 절판되었다. 이후 다양한 분야 및 일반인들도 이용할 수 있는 해파리에 관한 참고서를 만들고 싶은 바람이 항상 있던 중, 恒星社厚生閣의 배려로 본 저서를 발간하게 되었다.

본 저서에는 대표종인 보름달물해파리와 이외에도 붉은쐐기해파리나 지금까지 전혀 알려져 있지 않던 대형 노무라입깃해파리에 관한 지식과 혼란을 거듭해오던 라스톤입방해파리의 생태가 일본 수산대학교 上野俊士郎 교수에 의해 밝혀져, 그에 대한 개요가 소개되어 있다. 또한, 오랫동안 해파리류의 사육에 종사한 에노지마(江ノ島)수족관의 足立文 연구원의 도움으로 사육방법이나 사육시 주의점 등을 첨가하였다. 그 외 지금까지 발표되지 않았던 해파리류에 관한 보고서나 미발표 자료를 최대한 수집하여 수록하였으므로 유용한 해파리 안내서가 될 것으로 확신하며, 본 저서가 해파리에 관심있는 사람들에게 많이 활용될 것을 기대하며 발간사를 대신하고자 한다.

본 저서의 발간에 있어, 보름달물해파리에 관한 도표나 기재의 사용을 쾌히 승낙하신 일본수산자원보호협회에 깊은 감사를 표하며, 많은 협조를 해주신 恒星社厚生閣의 佐竹님, 귀중한 사진을 제공해 주신 킬 대학의 뮬러(H. M?ller) 교수와 히글(Th.Heeger) 조교수, 시마네(島根)현의 수산시험장, 에노지마(江ノ島) 수족관의 관계자 여러분께 감사드린다.

또한, 각지에서 해파리류에 관한 정보를 모아 제공한 (전)일본해구 수산연구소 해양환경부장 黑田一紀 박사, 동해의 일본 연안측 해역과 북태평양 연안의 각 수산시험연구기관 관계자 여러분, 원고작성에 많은 유익한 조언과 격려를 해주신 중앙수산연구소의 豊川雅哉 박사와 해양과학기술센터의 주임연구관 三宅裕志 박사에게도 깊은 감사를 표한다.

마지막으로 본서에 인용한 문헌은 참고의 용이성을 위하여 항목 또는 종별로 정리하였으나, 제1장의 보름달물해파리와 제2장 산업활동에서는 주요한 것과 최근 지식에 관련한 것으로 한정되어 있으므로, 상세한 내용에 대해서는 이전에 발간된 "보름달물해파리의 연구(1988)" 와 安田의 "보름달물해파리의 생태와 생활사(1979, 산업기술출판, 동경, p227)" 및 三宅裕志님의 "보름달물해파리의 생물학적연구(1998, 박사논문, 동경대학, p142)" 등을 참고하기 바란다.

安 田　徹

목 차

제 1 장 해파리의 생물학적 특성

그림 120. 후쿠야마만 해안의 대형정치망에 들어온 거대한 노무라입깃해파리(A)와 선상에서 처리에 바쁜 어민(B)(1995년 10월 후쿠야마신문제공)

그림 121. 후쿠이현의 美浜町 丹生해안의 대형정치망에 들어온 거대한 노무라입깃해파리 무리 (2002년 9월 28일~10월 6일)

A. 망에 잡힌 해파리의 수량(700~800개 이상)에 넋을 잃고 서있는 어민들
B. 체험학습을 위해 승선한 아이들도 경악을 금치 못함
C. 망 내에서 무리지어 유영하는 해파리 무리
D. 어민과 아이들에 의한 거대해파리 제거작업

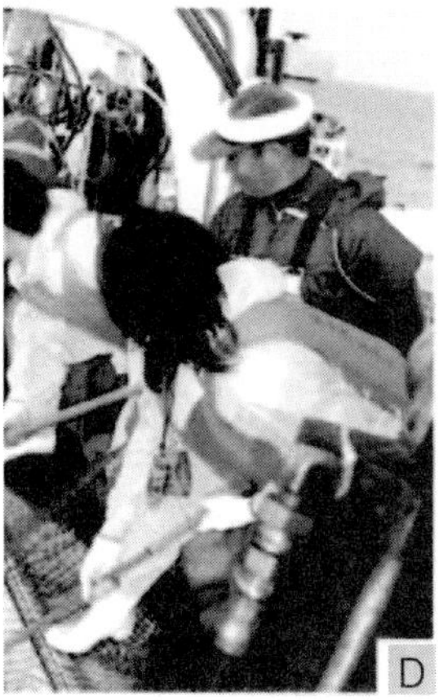

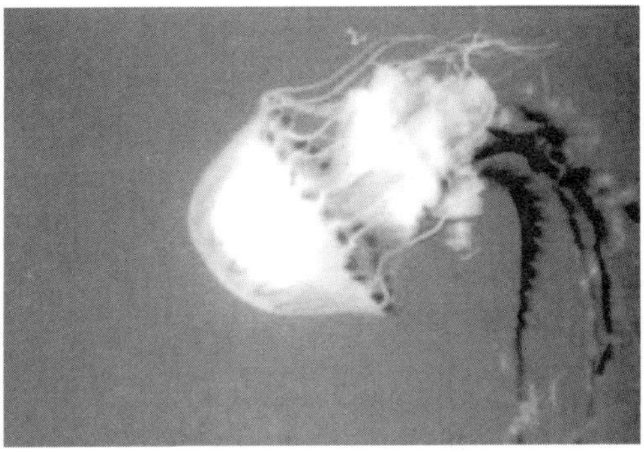

그림 95. 붉은쐐기해파리의 수축파 전달 양상.

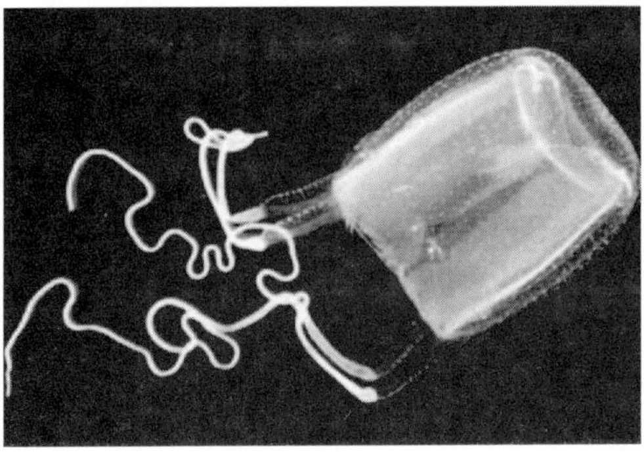

그림 108. 라스톤입방해파리(보통, 촉수를 끌고 다니는 것처럼 유영하므로 촉수는 길게 늘어져있다)

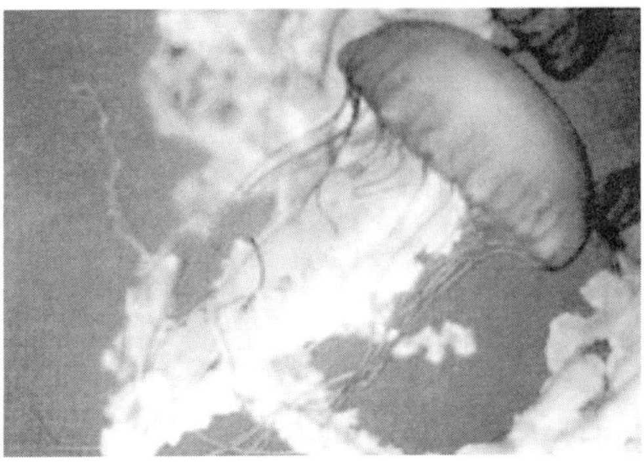

그림 148. 말레이원양해파리.

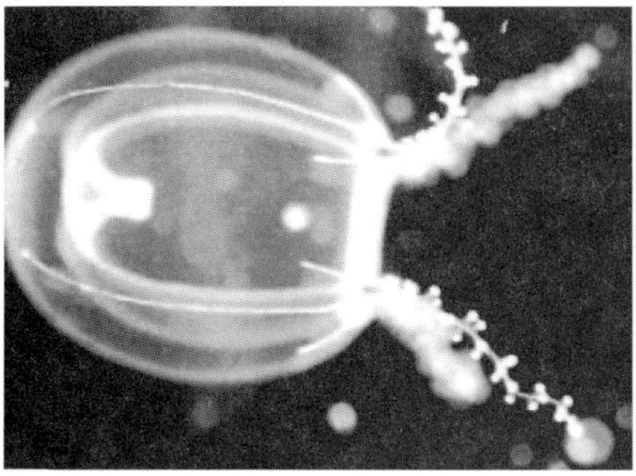

그림 155. 우라시마해파리

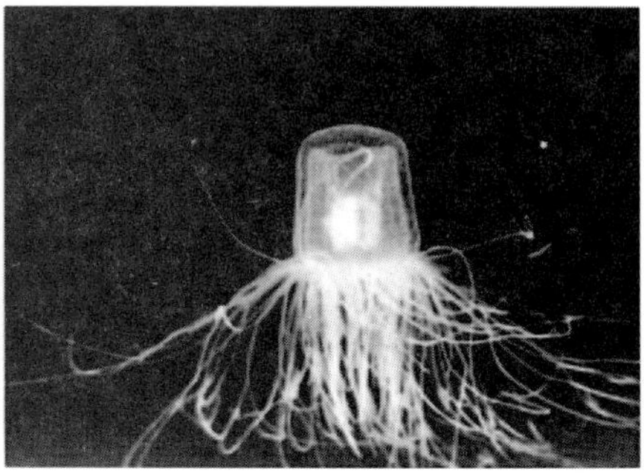

그림 156. 무희나선꼬리해파리

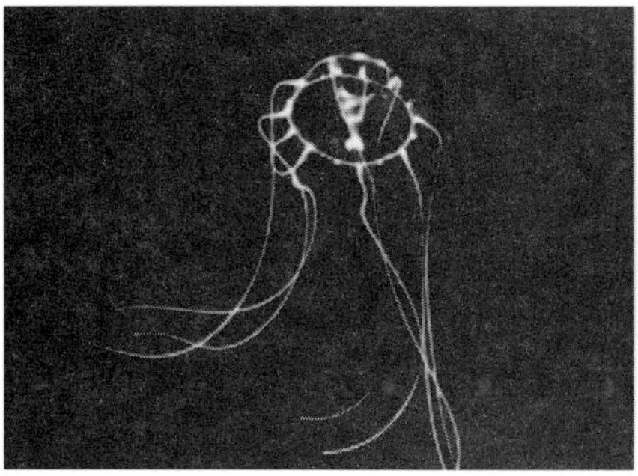

그림 158. 유리해파리

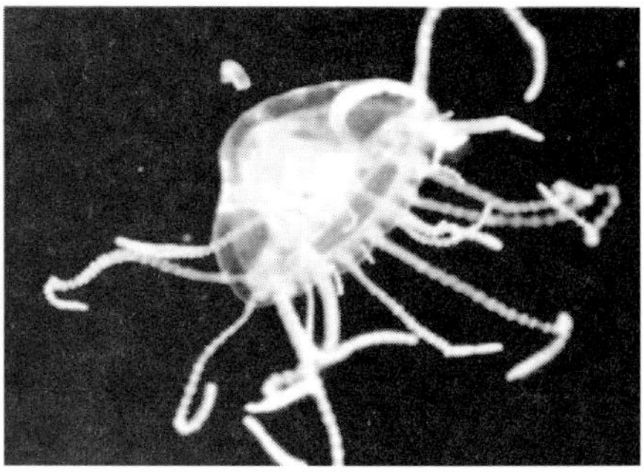

그림 159. 꽃모자갈퀴손해파리

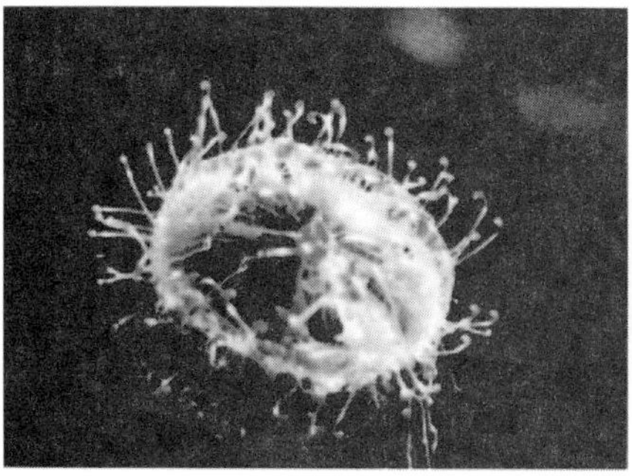

그림 160. 꽃우산해파리

그림 162. 투구빗해파리

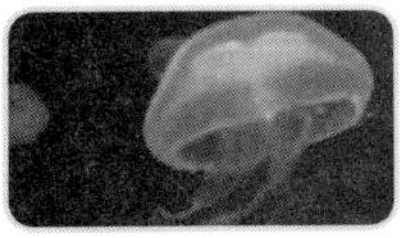
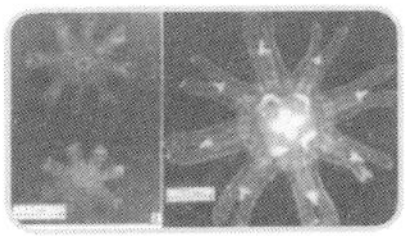
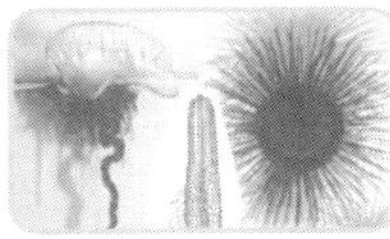

제1장 해파리의 생물학적 특성

I. 해파리의 분류

강장(자포)동물 가운데 유영생활을 하고 있는 것을 총칭하여 해파리(Medusa)라고 하며, 해파리는 해양의 젤라틴성 플랑크톤군집을 구성하는 큰 그룹 중의 하나이다. 일반적으로 자포를 가지지 않는 유즐동물에 속하는 빗해파리류를 포함하여 "해파리"라 부르는 경우가 많다. 해파리류는 몸의 구조나 생식선의 위치 등에 의해 히드라충강, 해파리강, 입방해파리강으로 나누며, 현재까지 전 세계적으로 3,000종 이상, 일본 주변해역에서는 200종 이상이 알려져 있다. 이들 중 최근 각 해안에 이상출현(발생)하여 깊은 관심을 모으는 대표적인 해파리는 보름달물해파리이며, 이외에 붉은쐐기해파리, 대형 노무라입깃해파리와 자상(刺傷)사고의 원인이 되는 라스톤입방해파리가 있다. 이들의 분류상 위치는 표 1과 같다.

표 1. 최근 이상출현(발생)한 해파리류 4종의 분류학상 위치

강장동물문 Coelenterata (자포동물문 Cnidaria)
　해파리강 Scyphomedusae (Scyphozoa)
　　기구해파리목 Saemaeostomae
　　　느릅나무해파리과 Ulmaridae　　원양해파리과 Pelagidae
　　　　보름달물해파리속 *Aurelia*　　원양해파리속 *Chrysaora*
　　　　　보름달물해파리 *Aurelia aurita**　　붉은쐐기해파리 *Chrysaora melanaster* Brandt**
　　근구해파리목 Rhizosomae
　　　근구해파리과 Rhizosotomidae
　　　　노무라입깃속 *Nemopilema*
　　　　　노무라입깃해파리 *Nemopilema nomurai*
　입방해파리강 Cubomedusae***
　　입방해파리목 Cubomedusae
　　　입방해파리과 Carybdeidae
　　　　입방해파리속 *Carybdea*
　　　　　라스톤입방해파리 *Carybdea rastoni*

* 동물명명법국제회의의 Opinion 515에 Aurelia Lamarck, 1816의 모식종, 즉 보름달물해파리의 종명으로 *aurita Linnaeus*, 1758을 사용하여야 한다고 정해져 있으므로, 여기서는 보름달물해파리의 학명으로 *Aurelia aurita*(Linnaeus, 1758)를 사용하였다.

** 현재 붉은쐐기해파리의 학명은 内田(1936)에 의해 *Dactylometra pacifica* Goette, 1886이 사용되고 있으나, Kramp(1961)에 의하여 *Chrysaora melanaster* Brandt, 1838와 유사종임이 밝혀졌으므로 여기서는 *Ch.melanaster*를 사용하였다.

*** 종래의 입방해파리강은 한 목에 포함되어 있었으나, 형태가 현저히 달라 최근에는 독립된 입방해파리강으로 분류되고 있다.

Ⅱ. 발육 단계별 형태

해파리류의 초기발생이나 형태에 관한 저서는 많이 나와 있으므로 본 저서에서는 오래전부터 상세하게 조사된 보름달물해파리의 발육단계별 기본적인 형태에 대하여 간략히 기술하였다.

II-1. 폴립(무성세대)

수정란은 발생이 진행되면서 함입되어 내배엽이 형성되며, 구형에서 난형 또는 타원형이 된다. 그 후 외배엽에 다수의 섬모를 가진 플라눌라유생(그림 1A)이 되고, 모체에서 떨어져 나와 나선운동을 하면서 해수 중으로 유영하여 나온다. 유생은 수 시간에서 수 일간 유영한 후에 해저의 해조류나 모래자갈, 패각 등에 부착하여 섬모를 잃게 되는데, 이 시기에 부착면과 반대측의 내강(內腔)에서 외부로 통하는 입구가 생긴다(그림 1B). 그 후 입구의 네 귀퉁이에 작고 중심이 빈 돌기가 나타나며, 많은 자포를 가진 1~2가닥의 촉수가 발달한다. 이 위치에서 90도 방향으로 2가닥이 생기며 이들 사이에 4가닥이 더 생겨 총 8가닥(그림 1C)이 된다. 그 후 촉수는 계속 증가하여 총 16가닥이 되며, 때로는 20~24가닥이 되기도 한다. 입구와 촉수 사이에 4개의 요철부위가 보이는데, 이를 누두(漏斗)라고 한다. 또한, 부착된 면의 몸체 기부는 계속하여 가늘어져 자루(柄)와 같은 형태가 된다. 4가닥의 촉수가 형성될 시점에 위강 내에는 4개의 격벽(막)이 돌출하여 그 격벽 위에서 아래로 외배엽성의 종주근(縱走筋)이 발달한다(그림 1D). 이와 같은 형태에 이른 단계를 바늘(針)폴립,

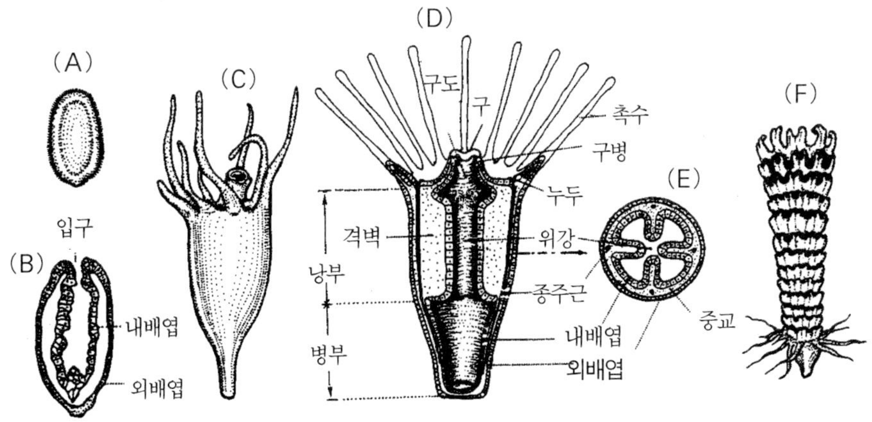

그림 1. 보름달물해파리의 발육단계와 몸 각 부분의 명칭(무성세대). A: 플라눌라(安田), B: 섬모를 잃고 부착한 종단면도, C: 폴립, D: 폴립의 종단면도, E: 폴립의 횡단면(옆의 화살표는 횡단면의 위치를 나타냄), F:횡분체(스트로피라).

스키프라 또는 스키피스토마(Scyphistoma)라고 부르며, 다양한 형태의 출아로 무성생식을 한다. 폴립은 그 후, 몸체에 주름을 나타내는 횡분체(스트로빌라)가 되어(그림 1F), 환구법(環溝法) 또는 횡분열(스트로피레이션)을 하여 유형 해파리, 즉 에피라가 된다.

II-2. 해파리(유성세대)

1) 어린 해파리

부유생활에 접어든 에피라는 고깔모양으로 8개의 가장자리 고깔을 가지며, 선단의 요철부위는 감각기를 가지고 있다. 입구는 십자모양의 구병(口柄)으로 변한다(그림 2A). 에피라가 변태한 것을 메테피라라고 하며, 이것이 성장하여 어린 해파리가 된다.

2) 성체 해파리(그림 2B, C)

성체가 된 보름달물해파리는 가장자리가 방사상의 원형으로 옆에서 보면 얕은 주발 또는 우산(삿갓)모양을 하고 있다. 윗 부분을 상산(上傘) 또는 외산(外傘)이라 하며 아래를 하산(下傘)이라 부른다. 하산에는 환상과 방사상의 근육이 있어 유영운동에 사용된다. 이 우산은 조직학상으로는 중교(中膠)라고 불리는데 연한 한천질이 풍부하며, 약 95~99%가 수분으로 되어있다.

우산의 가장자리에는 짧은 촉수가 많이 나열되어 있으며, 이 촉수에는 그림 2D에 나타나 있는 것처럼 크기 8-14㎛의 많은 자포가 있어 먹이를 잡거나, 외부로부터 공격을 받았을 때 방어하는 역할을 한다. 몸체의 정곡에는 완구(腕溝)라고 하는 구(홈)를 가진 4가닥의 긴 구완(口腕, 입다리)이 있고, 그 주위에 다수의 촉수가 있다. 입은 구완의 기부에 십자형으로 열리며 넓은 공간으로 된 위(胃)에 연결되어 있다. 위는 벽으로 구분된 4개의 위강(胃腔)으로 이루어진다. 구완과 구완 사이에 보이는 말굽형의 기관은 생식선으로 내배엽 기원이다. 자웅이체로서 성숙이 진행되면 수컷은 자색으로, 암컷은 오렌지 또는 핑크색이 되어 쉽게 구별된다.

생식선의 내측에는 평행하게 일렬로 늘어선 흰 실모양의 구조물인 위사(胃糸)가 있다. 위사에도 다수의 자포가 있으며, 잡아들인 먹이를 마취시키거나 죽이는 기능 외에 소화액을 분비하여 소화를 시키는 기능이 있다. 생식선의 바로 아래쪽에 보이는 대합형태의 4개 구멍은 생식선 하강(下腔)으로 폴립시기의 누두(漏斗)가 변화한 것이다. 이 기관의 기능은 아직 밝혀지지 않았으나, 몸의 평형을 유지하는데 관여하고 있는 것으로 추측된다.

한편, 가는 다수의 옅은 푸른빛 관상구조물은 방사관(放射管)으로 축이 되는 관을 피하여 분지(分枝)되면서 우산의 주변으로 뻗어 주위의 둥근관과 연결되어 있다. 이 둥근관을 환상관이라 부른다. 이 관들은 위강에서 소화된 영양물이나 해수 중의 산소를 몸의 각 곳에 운반하며 순환, 호흡, 배출기능을 가지고 있다. 그 외 주로 축과 축 사이의 8개 부분은 작은 요철모양으로 되어 있으며, 여기에는 1쌍의 가장자리변(연변)이 있다. 이 변의 사이에 있는 기관

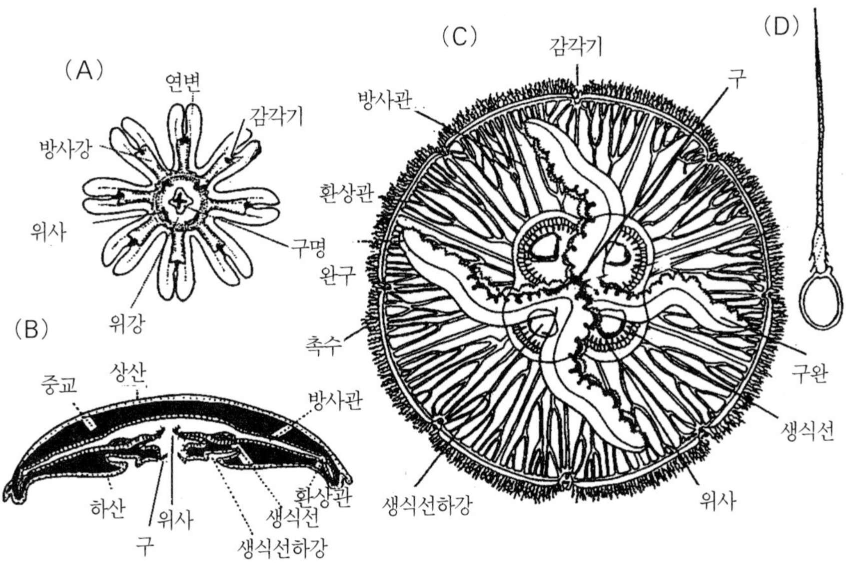

그림 2. 보름달물해파리의 발육단계와 몸 각부의 명칭(유성세대). A: 에피라의 하산측, B: 성체의 하산측, C: 성체의 횡단면, D: 보름달물해파리 자포의 2개 형태.

이 감각기로, 촉수가 변형된 촉수포로 불리는 평행기와 안점이 있다. 평행감각과 광감각을 담당하며, 이 외에 화학감각기로 여겨지는 후각와(嗅覺窩)의 존재도 알려져 있다.

신경은 그물눈모양의 산재신경계이지만 촉수포를 중심으로 외피의 바로 아래에 특히 신경세포가 많이 모여 있어 우산의 박동보조를 맞추어 준다. 즉, 감각기에서 받아들인 자극이 신경망에 전달되어, 신경에 연결되어 있는 우산 아래의 근육이 수축된다. 보름달물해파리의 성체와 에피라를 포함한 신경계와 그 생리에 대해서는 상세한 연구결과들이 있으므로 참고하면 될 것이다.

앞서 설명한 바와 같이, 보름달물해파리를 비롯한 많은 해파리류는 정착에 적합한 체형에 적응하여 무성생식하는 폴립형과 부유(플랑크톤)생활에 적응하며 유성생식을 하는 해파리형이 교대로 나타난다. 이것을 세대교번(Alternation of generation)이라 한다. 1829년에 노르웨이의 베르겐해안에서 Sars가 보름달물해파리의 폴립과 스트로빌라를 최초로 발견하였으며, 이것을 사육한 결과, 에피라가 생성되어 어린 해파리로 성숙한다는 것이 처음으로 증명되었다. 유령해파리의 일종(*Cyanea capillata*)도 같은 생활사를 거치는 것으로 확인되었다.

이 후, 해파리류는 많은 연구자들에 의하여 분류, 조직, 발생 및 생리학의 연구대상이 되고 있다. 또한, 보름달물해파리 이 외에 본 저서에서 다루고 있는 노무라입깃해파리에 가까운 숲뿌리해파리(*Rhopilema esculenta*)와 라스톤입방해파리의 외형 및 각부 명칭도 그림 3A, B에 나타내었

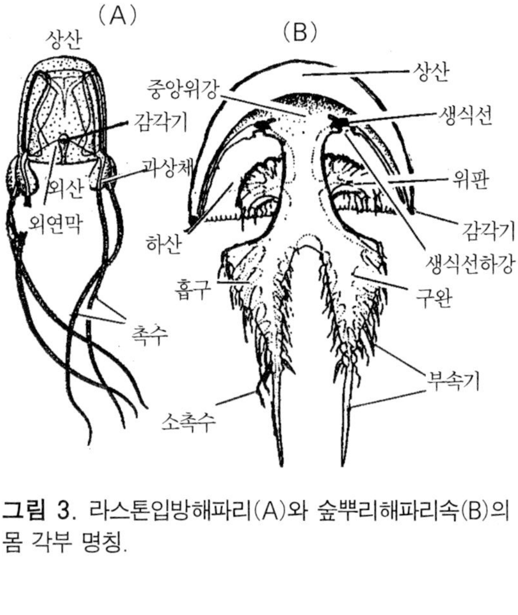

그림 3. 라스톤입방해파리(A)와 숲뿌리해파리속(B)의 몸 각부 명칭.

다. 그림에 나타난 바와 같이 숲뿌리해파리(Rhopilema)속은 우산이 두껍고 견판(肩板)을 가지며, 구완(口腕)에 흡구(吸口)가 있다. 이 외에도 부속기를 가지고 있다. 라스톤입방해파리는 해파리강에는 없는 의연막(擬緣膜)이 있고, 우산은 입방형이며, 감각기는 4개, 촉수도 4가닥이다. 앞에서 설명한 것처럼 해파리강과는 별개로 독립된 입방해파리강에 속해 있다.

해파리강 다음으로 가장 많은 히드라 해파리강은 우산 주변부의 연결이 얇은 연막(緣膜)으로 되어있으며, 생식선이 외배엽으로부터 형성된다는 2가지 점이 해파리강과 크게 다르다.

Ⅲ. 주요 해파리 4종의 형태와 특성

대표적인 해파리 4종의 외형과 주요 특성은 다음과 같다(그림 4A, B, C, D, E, F).

III-1. 보름달물해파리 *Aurelia aurita* (Linné)

일본 연안해역에서 가장 일반적으로 볼 수 있는 대표적인 해파리강에 속하는 종으로 고전이나 옛날 이야기에 등장하기도 하며, 교과서나 계몽서에도 광범위하게 소개되고 있는 친근한 해양동물이다.

우산은 원반형이며, 수축하면 반구형이 된다. 일반적으로 우산(산경, 傘徑)은 10-12cm 전후의 개체가 많지만, 대형은 30cm (1kg) 이상이고, 드물게 60cm에서 1m에 달하는 것도 있다. 체색은 투명하거나 유백색이며, 일본의 백떡과 유사하여 지역에 따라서는 흰해파리, 떡해파리라고도 부른다. 생식선은 말굽형으로, 성숙하면 암컷은 핑크 또는 오렌지색을 띄고, 수컷은 자색을 띄어 마치 4개의 큰 눈알처럼 보여 4개 눈해파리 등으로도 불린다. 최근 일본 해안지역에서 때때로 비정상적으로 다량 출현하여, 정치망이나 저인망 등의 어업과 원자력, 화력발전소 등의 임해공업지역에 큰 피해를 주고 있어, 그 대책이 절실히 요구되고 있다(그림 4A, B). 또한, 유사종으로 방사관이 그물눈

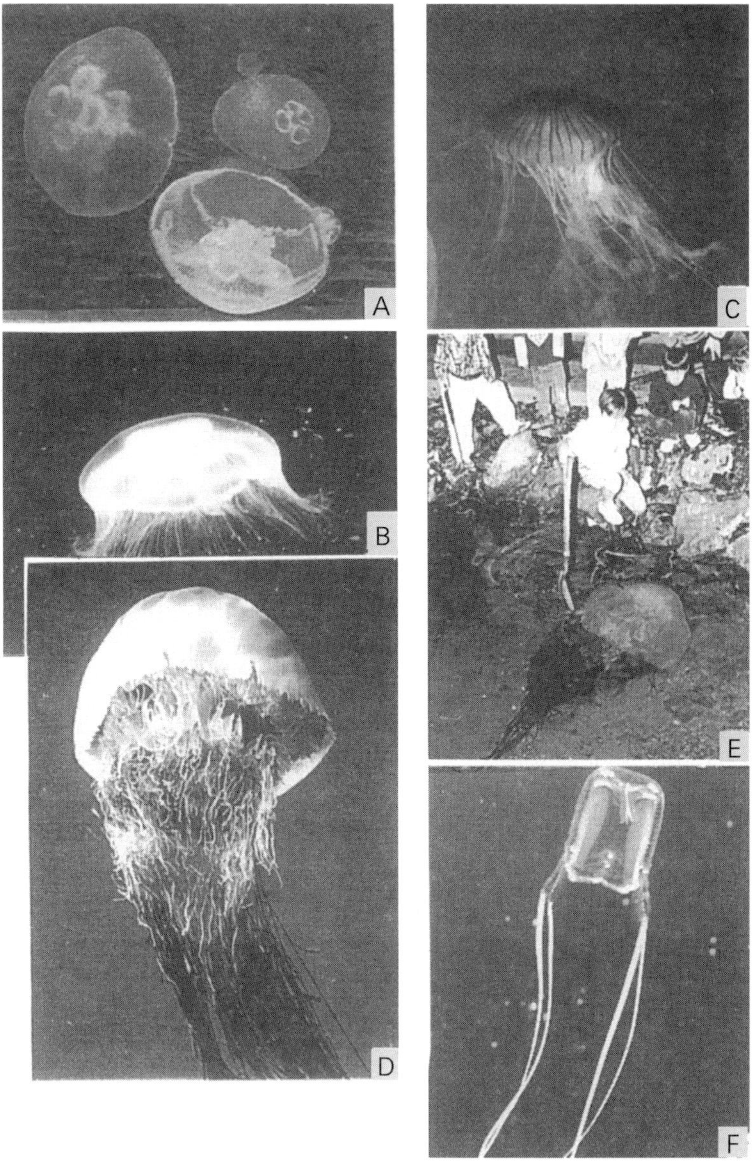

그림 4. 근년 이상출현(발생)한 해파리강류(3종)와 입방해파리(라스톤입방해파리). A: 보름달물해파리(동경전력제공), B: 보름달물해파리(킬대학 H. Möller 교수제공), C: 붉은쐐기해파리(동경시네마신사 제공), D: 노무라입깃해파리(쯔루가(敦賀)시 대양잠수주식회사 제공), E: 노무라입깃해파리(京都신문마이쯔루(舞鶴)지사 제공), F: 라스톤입방해파리(동경시네마사 제공).

모양으로 연결되어 있는 北물해파리(*Aurelia limbata* Brant)가 알려져 있다.

III-2. 붉은쐐기해파리 *Chrysaora melanaster* Brandt

우산은 반구형으로 직경은 8-20cm 전후이며, 구완이나 촉수는 길고 가는 끈모양이고, 간혹 촉수가 2m를 넘는 경우도 있다. 지역에 따라서는 긴다리해파리, 실해파리 등의 이름으로 부르기도 한다. 또한, 베이지색의 우산에는 16가닥의 화려한 오렌지색, 또는 옅은 갈색의 방사선 무늬가 있다. 이와 같은 형태상의 특징으로 인하여 렌타이키해파리, 아칸코(실지렁이) 등으로 불리기도 한다. 촉수의 자포독은 강하며, 소형 개체일수록 더 강하다. 촉수를 건조시킨 가루가 재채기를 유발하므로 하쿠숀(재채기소리 의성어 "엣취"에 해당)해파리라고 부르기도 한다.

대다수가 외양에 접한 해안이나 만입구 부근 외양수의 영향을 받는 해역에서 출현한다. 각종 어업피해 외에도 자상사고(독에 의한 사고)를 일으키는 해파리로 알려져 있으며, 1976년과 1983년 여름에는 쿄토(京都)의 마이쯔루(舞鶴)만에서 수영훈련 중이던 해상안전학교 학생 10-20명이 이 해파리의 촉수에 접촉되어 중증을 일으킨 사고가 알려져 있다(그림 4C).

III-3. 노무라입깃해파리 *Nemopilema nomurai* Kishionouye

일본 근해에 출현하는 해파리류로서 대형 해파리의 일종이다. 우산은 반구상이며, 우산의 크기는 60cm에서 1m에 이르지만, 때로는 2m (150-200kg)를 넘는 경우도 있다. 우산의 아래쪽에는 우산을 지지하는 16개의 견판(肩板)이 있으며, 그 아래쪽에 구완(口腕)이 있다. 구완의 말단은 좌우상방향으로 향하며, 4-5개의 날카로운 삼각형 모양으로 되어있다. 또한 견판과 구완의 아래쪽에 있는 촉수 외에 다수의 장대한 실모양의 부속지가 있으며, 유영 중에는 이 부속지가 우산크기의 3-5배(5m이상)에 달하는 경우도 있다. 이것은 잘 끊어지기 쉬우며, 쇠약한 개체의 경우 우산직경보다 짧은 경우도 많다. 우산 아래에 있는 해파리강 특유의 생식선하강(下腔: 뒤에 설명)은 긴타원형으로, 돌기를 가지지 않는 것이 다른 종과 구분되는 중요한 특징이다.

우산의 색은 베이지색, 회색, 때로는 핑크색이며, 견판이나 구완은 갈색을 띄며, 긴 실모양의 부속지는 초코렛색, 그 선단은 자색을 띄고 있다(그림 4D, E).

이 종은 주로 동중국해, 한국 남서해안에 분포하며, 드물게 동해의 일본측 연안에 출현하기도 한다. 특히, 1958년과 1995년에 동해의 일본측 연안에 이상출현(발생)하여, 정치망이나 저인망 등의 어업에 큰 피해를 주었다(후반부에서 설명). 그러나 한천질로 이루어진 두꺼운 우산은 소금과 백반에 절여 식용으로 사용하며, 이시카와(石川), 야마구치(山口)현에서 식품화에 성공한 바 있다.

1920년에 후쿠이(福井)현의 타카하마(高浜町), 오토미(音海)해안에 설치된 대형정치망에 들어온 이 대형해파리를 당시 동경제국대학의 岸上鎌吉 박사가 처음으로 식용종으로 알려진 숲뿌리해파리(*Ropilema esuculenta* Kishinouye)와는 명확히 다른 종이라는 것을 밝혔다. 岸上박사는 후쿠이(福井)현 에치젠(越前)지방의 이름을 따서 일본이름으로 에치젠해파리(노무라입깃해파리)라는 이름을 붙였으며, 학명의 종명인 *nomurai* 는 이 해파리의 채집이나 표본송부에 협력한 수산 관계자나 현립 오바마(小浜)수산고교생을 담당하고 있는 野村貫一(후쿠이현 수산시험장 초대장장)의 이름을 붙인 것이다.

III-4. 라스톤입방해파리 *Carybdea rastoni* Haacke

해파리강이나 히드라해파리류와는 현저히 다른 모양으로, 우산은 박스형 또는 행등형(行燈形)이다. 우산의 폭은 2-3cm, 높이는 3-4cm이지만 때로는 4, 5cm에 달하는 경우도 있다. 우산 아래쪽은 4개의 엽상체로 불리는 불룩한 부위가 있으며, 그 가운데는 신축력 있는 가늘고 긴 촉수가 아래쪽으로 늘어져 있다. 감각기는 4개로 우산의 아래 가장자리에서 조금 위쪽으로 있는 하트모양의 홈 가운데 위치하고 있다. 이것은 평행감각을 담당하고 있으며, 1.5m 떨어진 불빛이나 장애물도 인지할 정도의 뛰어난 명암에 대한 식별능력을 가진 크고 작은 6개의 안점이 있다. 우산은 투명하며, 촉수는 옅은 핑크색이므로 해수 중에서는 알아보기 어렵다(그림 4F).

북해도 혼슈(本州)의 해안지역에서 여름부터 가을에 걸쳐 출현하며, 때로는 해안가에서 무리를 만드는 경우도 있다. 촉수의 자포독이 강하여 자상사고의 대부분은 이 종에 의한 것이다. 북해도에서는 이 종을 타코테레렌, 다른 지역에서는 이라(가시)라고도 부르는데, 이러한 이름은 이것을 건드리면 쏘여 아프기 때문에 쐐기풀(이라쿠사)과 같다는데서 유래한 것으로 보인다. 유사종으로는 세토나이카이(瀬戸内海)의 불해파리(*Tamoya haplonema* Muller)와 오키나와현 해안의 허브(뱀)해파리(*Chiropsalmus quadrigatus* Haeckel)가 알려져 있으며, 최근 이 외에 2종이 더 확인되었다.

Ⅳ. 번식과 발생

Ⅳ-1. 번식

1) 생식선과 성숙

보름달물해파리의 생식선은 이미 설명한 바와 같이 각 축과 축사이(간축, 間軸)에 맞추어 많은 주름이 모여 말굽형을 이루며, 명확한 내배엽기원으로 히드라해파리류가 외배엽기원인 것과는 차이가 있다. 난소의 횡단면은 그림 5A에 나타난 바와 같다. 난은 성숙이 진행되면서 크림, 핑크, 베이지색으로 변하며, 난소벽에서 떨어져 생식동(生殖洞)에 들어간다.

성숙난은 둥근모양으로 직경은 북아메리카산 보름달물해파리는 0.15-0.23mm, 북유럽산은 0.12-0.16mm 이였다. 그러나 일본 후쿠이(福井)현의 우라소코(浦底)만산은 0.26-0.33mm로 약 2배가 커서 지역간 차가 큰 것으로 나타났다. 또한, 난소 내에서 크기가 다른 여러 발육단계의 난이 보이는 것으로 미루어(그림 5A) 수회에 걸쳐 방란하는 것으로 생각된다. 난소의 횡단면(그림 5B)은 성숙되면서 옅은 자색 또는 블루색이 된다. 미성숙된 정세포(그림 5C)는 길이 25㎛, 직경이 0.1-0.2mm의 가는 정관 가운데 형성된다. 성숙된 정자는 길이 약 65㎛로 방정공(放精孔)에서 방출되어 생식동(生殖洞)으로 들어간다(그림 5D).

그 후 성숙한 해파리의 섬모운동에 의해 생성된 수류로 위환상구(胃環狀溝: 수관) 및 위강유출구(胃腔流出溝: 수관)를 통하여 중앙에 있는 위강에 도달하

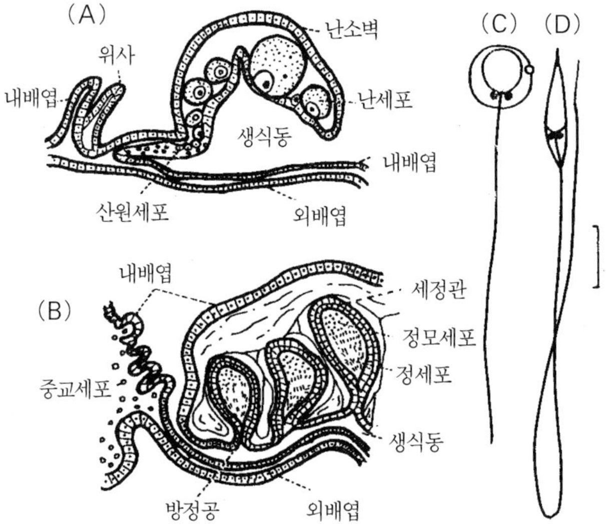

그림 5. 보름달물해파리 생식선의 횡단면. A: 난소, B: 정소, C: 정세포, D:정자.

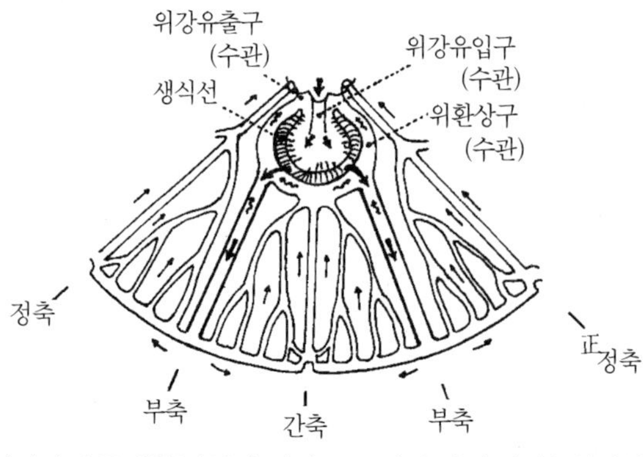

그림 6. 방사관의 수류방향(파형의 화살표는 각 수관의 바닥부분방향을 나타냄).

여 완구의 기부를 통과, 해수 중에 방출된다(그림 6).

2) 수정

수정은 암컷의 체내에서 이루어진다. 즉, 난소벽에서 떨어져 생식동에 들어간 성숙난과 위강에서 위강유입구(胃腔流入溝: 수관)를 경유하여 생식동에 들어온 정자가 수정을 하게 된다. 수정난은 수컷의 경우와 같은 경로로 체외로 방출되는 것으로 생각되나, 때로는 수정후 관내의 수류가 역전하여 난이 위강유입구(胃腔流入溝, 수관)를 통과하는 경우도 있는 것으로 알려져 있다.

또한, 생식선의 아래쪽에 있는 생식선하강(生殖腺下腔)은 한천질이 얇아 번식기가 되면 파괴되어 외부와 통하게 된다. 따라서 수컷의 정자는 그곳으로 방출되며, 암컷에 정자가 침입하여 수정이 이루어지는 것으로 생각된다. 그러나 일본해안에서 채집된 성숙개체에 대해서는 이와같은 사례는 보고된 바 없으므로 이러한 경우는 예외적인 것으로 판단된다. 단, 최근 카고시마(鹿兒島)만에서 노화되고 쇠약하여 죽어가는 개체에서만 앞의 사례가 나타났다고 한다.

수정란의 분할은 동물극에서 시작하며, 전할(全割)에서 바로 등할(等割)로 된다. 배엽기는 거의 구형을 이루고(그림 7A), 배엽 형성은 식물극의 함입으로 이루어진다. 함입부는 원구가 되어 외배엽과 내배엽의 2층으로 이루어진 상태에서 주머니인 낭배가 된다(그림 7B, C). 그 후, 세포 내의 난황이 흡수되어 구형에서 차차 난형 또는 타원형으로 변화하며, 외배엽에 섬모가 생성되어

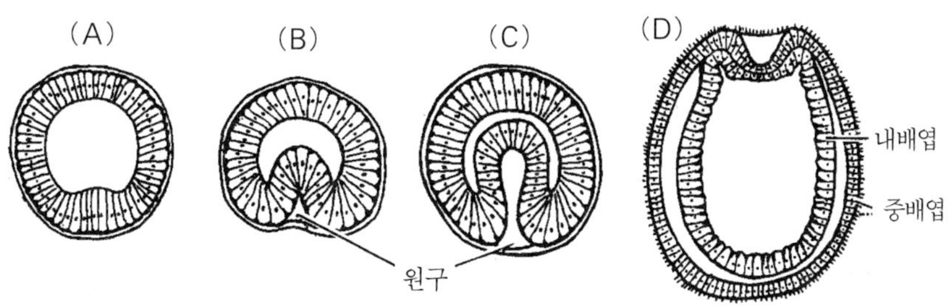

그림 7. 보름달물해파리의 발생. A: 배아기, B,C,D: 낭배기.

플라눌라 유생이 된다(그림 7D).

3) 번식기

베이지 또는 크림색의 수정난이나 플라눌라가 번식기에 도달한 보름달물해파리 구완의 포육낭 가운데 다수 부착되어 있다(그림 8A). 이들이 하산(우산 아래)의 표면으로 흘러나오는 것을 육안으로도 쉽게 확인할 수 있다. 후쿠이(福井)현의 우라소코(浦底)만과 주변지역(그림 9)에서 조사한 번식생태에 대한 연구결과는 다음과 같다.

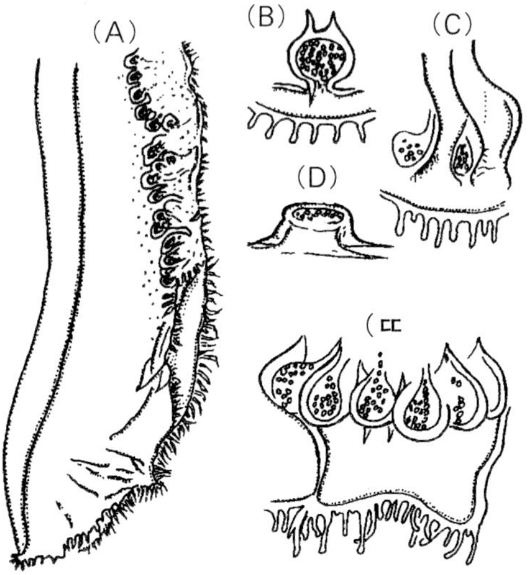

그림 8. 성숙한 암컷해파리의 구완에 나타나는 포육낭. A: 구완상에 보이는 포육낭의 배열상태, B,C,D,E: 포육낭의 4가지 형태.

매월 140-500개체의 성체 해파리를 막대채집기(산대)나 플랑크톤망으로 채집하여 그 중 산란 가능한 우산직경 10-14cm 이상의 개체에 대하여 수정난이나 플라눌라의 부착개체 출현율을 조사하였다(그림 10). 조사결과, 산란 중인 암컷은 1-6월에 출현하였으며, 1-5월에 그 출현율이 40-50%에 달하는 것으로 밝혀졌다. 또한, 생식선의 조직학적 관찰결과, 12월 중순에 일부 수컷에서 방정공이 형성되었

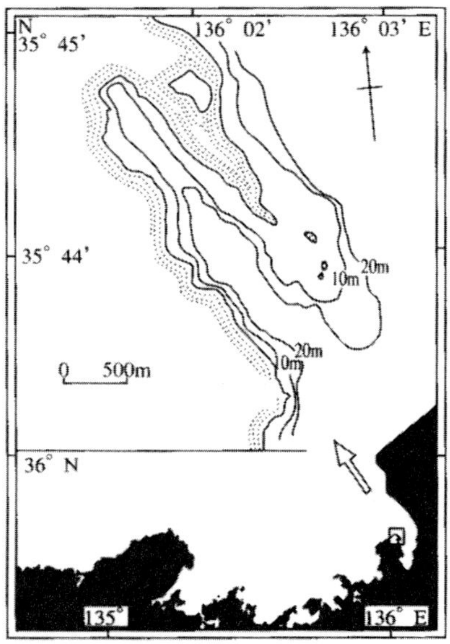

그림 9. 연구해역의 지형과 등심선.

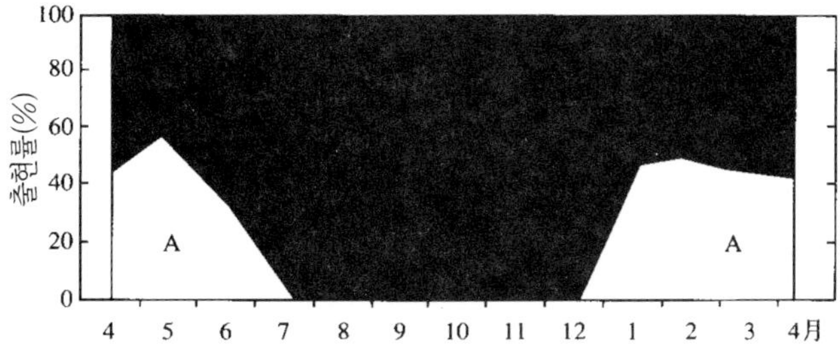

그림 10. 수정난과 플라눌라를 부착한 성숙해파리(A)의 월별 출현율(1969년 4월~1970년 4월).

표 2. 성숙한 암컷 해파리에서 채집한 플라눌라의 폴립과 에피라 변태비율

(1974년 1월 17일에 채집하여 11일 후에 관찰한 결과)

우산직경 (㎝)	실험에 사용한 플라눌라 수	폴립의 수와 비율 (%)	에피라의 수와 비율 (%)
15	166	31 (18.7)	135 (81.3)
16	309	16 (5.2)	293 (94.8)
16	348	31 (8.9)	317 (91.1)
17	124	22 (17.7)	102 (82.3)
18	284	33 (11.6)	251 (88.4)

(1974년 4월 19일에 채집하여 4일 후에 관찰한 결과)

우산직경 (㎝)	실험에 사용한 플라눌라 수	폴립의 수와 비율 (%)	에피라의 수와 비율 (%)
22	547	44 (8.0)	503 (92.0)
23	415	59 (14.2)	356 (85.8)
(1974년 5월 9일에 채집하여 4일 후에 관찰한 결과)			
22	1040	70 (6.7)	970 (93.3)
24	628	32 (5.7)	596 (94.9)
25	314	11 (3.5)	303 (96.5)

(1974년 6월 8일에 채집하여 2일 후에 관찰한 결과)

우산직경 (㎝)	실험에 사용한 플라눌라 수	폴립의 수와 비율 (%)	에피라의 수와 비율 (%)
25	715	32 (4.5)	683 (95.5)
26	159	12 (7.5)	147 (92.5)
29	1137*	1137 (100.0)	0 (0)

* 이들 플라눌라는 직경 0.20~0.30㎜, 단경 0.12~0.13㎜로 보통 채집되는 것의 1/2 크기였으나, 모두 폴립으로 변태.

으며, 암컷에서는 성숙난이 관찰되었다. 따라서 이 해역에서의 산란시기는 12월 중순-다음해 6월 중순(수온 8-19℃)이며, 산란성기(成期)는 겨울에서 봄사이인 1-5월(8-18℃)인 것으로 생각된다. 그러나 아오모리(青森)현의 아사무시(淺虫) 해안에서는 여름에도 플라눌라가 채집되며, 동경만에서는 거의 연중 나타나지만, 특히 5월과 7-8월에 많다고 한다. 또한, 카고시마(鹿兒島)만에서는 플라눌라가 3-10월에 나타나며, 산란 성기는 5-6월로 추정된다.

한편 국외의 경우, 북아메리카의 메사추세츠주 해안에서는 7월 하순-10월, 북유럽(영국)의 프리미스 해안에서는 5월 하순-6월 상순, 덴마크 해안에서는 8-11월에 플라눌라가 모체에 부착되어 있다는 보고가 있다. 보름달물해파리의 번식은 해역에 따라 늦은 봄에서 초여름, 또는 여름에서 가을에 걸친 4개월간 이루어지는 것으로 판단된다. 그러나 일본에서는 앞서 설명한 바와 같이 6개월에서 8개월에 걸쳐, 또는 지역에 따라서는 연중 번식하는 것으로 예상된다. 이것은 일본 해안지역이 이들 해파리의 번식에 최적의 환경조건을 갖추고 있기 때문인 것으로 추정된다.

IV-2. 에피라의 직접 발생

보름달물해파리의 플라눌라가 폴립이 되어, 횡분열(strobilation)에 의해 에피라로 형성되는 과정에 대하여서는 앞서 설명하였다. 그러나 이 과정을 생략하고 플라눌라가 직접 1개의 에피라로 발생하는 경우도 있는 것으로 알려져 있다. 우라소코(浦底)만에 출현하는 보름달물해파리를 관찰한 결과에 따르면, 수정난이나 플라눌라는 다음과 같은 과정을 거쳐 에피라가 되는 것으로 판단된다.

1) 플라눌라가 폴립과 에피라로 변태하는 비율

번식기인 1-6월 사이에 우라소코(浦底)만과 그 주변해역에서 우산직경 15-30cm의 성숙한 암컷해파리를 망이나 플랑크톤망으로 채집하여 구완이나 하산(우산 아래)에 부착하여 있는 수정난이나 플라눌라를 스포이드로 가능한 다량 채집하였다. 이들을 바로 각장 5-6cm 가리비 윗껍질을 수십개 바닥에 배열한 2-3 l 비이커 또는 소형수조(50×30×30 cm) 에 모체를 그대로 옮겨(그림 11A, B), 폴립과 에피라의 출현수를 조사하였다. 사육시에 극소량의 산소를 주급하였으며, 먹이로는 로티퍼를 1일 1-2회씩 공급하였고, 정해진 시간에 수온을 측정하였다.

그림 11. 성숙한 암컷 보름달물해파리로부터 수정란, 플라눌라의 채집과 확대사진.
A: 구완이나 하산(우산의 아래부분)으로부터 스포이드로 수정란, 플라눌라 채집, B: 이들을 가리비의 윗껍질을 넣은 3 l 의 비이커에 옮기는 장면, C: 전형적인 플라눌라, D:수정란과 플라눌라로 변태하고 있는 수정란.

플라눌라는 일반적으로 장경 0.5-0.7mm, 단경 0.24-0.36mm의 서양배 모양으로(그림 11C, D) 북유럽, 북아메리카산 외에 동경만이나 카고시마(鹿兒島)만에서 출현하는 것(0.2-0.3mm)보다도 2배나 큰 것이 특징이다. 이들 플라눌라는 섬모에 의한 나선운동에 의해, 몇 분 이내에 침강하여, 빠른 개체는

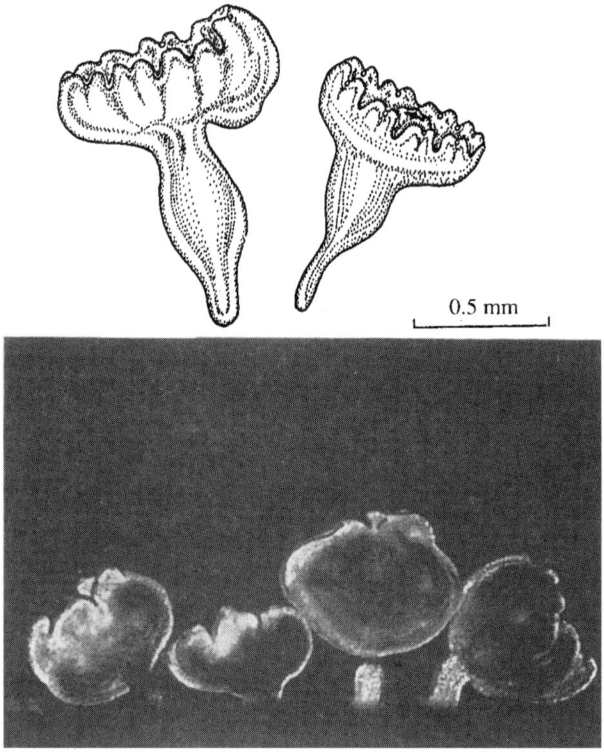

그림 12. 플라눌라에서 직접 변태한 에피라(상)와 유리직전의 무리(하). (동경시네마신사 제공)

2-3시간, 대부분은 24시간 이내에 조개껍질의 윗면이나 아랫면에 부착하였다. 일부는 말미잘모양의 폴립(후술)으로 변태하였으나. 대부분은 버섯모양의 에피라로 바로 변태하는 것으로 확인되었다(그림 12 상, 하). 50개체 이상의 모체에 대하여 플라눌라군의 변태를 관찰한 결과, 예외가 2~3개체 나타나기는 하였지만, 대부분의 유생은 직접 에피

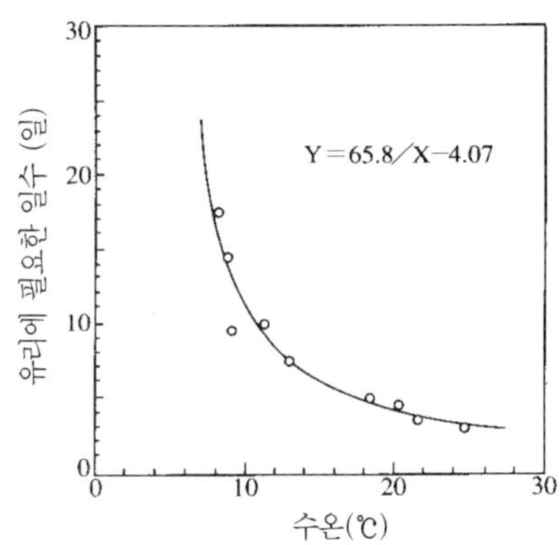

그림 13. 에피라가 유리하기까지 소요되는 일수와 수온과의 관계.

라로 변태하였다(표 2). 다만, 1974년 6월 상순에 우산직경 29cm의 모체에서 얻어진 1,137개의 플라눌라는 다른 암컷개체에서 얻어진 플라눌라의 1/2 이하의 크기였지만, 전부가 폴립으로 발달하였다. 이와 같은 사실에서 플라눌라가 직접 에피라로 변태하는 현상은 난이나 플라눌라의 크기와 관계가 있는 것으로 생각된다. 대형 플라눌라와 소형 플라눌라의 형성 조건에 대해서는 앞으로 연구되어야 할 흥미있는 과제이지만, 번식 말기에 모체에 소형 플라눌라가 많은 것을 고려할 때, 이들의 형성은 성숙한 해파리의 활력이나 건강상태에 관련이 있는 것으로 추측할 수 있다.

2) 플라눌라에서 직접 발달한 에피라가 방출되기까지의 기간

플라눌라에서 바로 1개의 에피라로 발달하여 부유생활에 들어갈 때까지 필요한 기간과 수온과의 관계를 살펴 보면, 약 6-10℃에서는 8-18일, 11-15℃에서는 7-8일, 15-21℃에서는 4-5일이며, 20-28℃에서는 3-4일이 소요된다. 즉, 수온이 높을수록 에피라가 부유생활에 들어가기까지의 소요기간은 짧아지는 경향이 뚜렷하다(그림 13). 유리(遊離)될 때까지 필요한 일수(Y)와 평균 사육수온(X)과의 관계는 Y=65.8/X-4.07(상관계수 0.98)로 나타났다. 이와같이 에피라 생성은 단기간에 걸쳐 동시에 이루어지는 것으로 나타났다(그림 14).

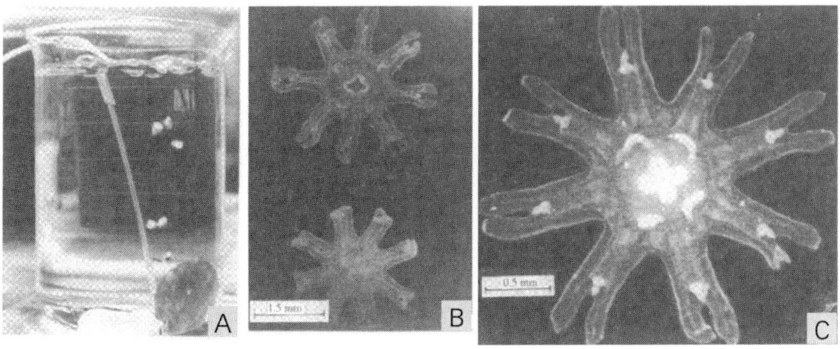

그림 14. 부유생활에 들어간 에피라. A: 에피라가 일제히 유리한 상태, B,C:에피라를 확대한 것.

IV-3. 폴립의 출아와 횡분열

폴립의 출아상태나 횡분열(strobilation)의 시작시기 및 지속기간을 추정하기 위하여, 앞의 실험에서 얻은 폴립군체의 일부를 소형수조에 넣어 여과하지 않은 자연해수 중에서 사육하였다(그림 15). 환경요인으로는, 매일 같은 시간에 수온과 염분을 측정하였다.

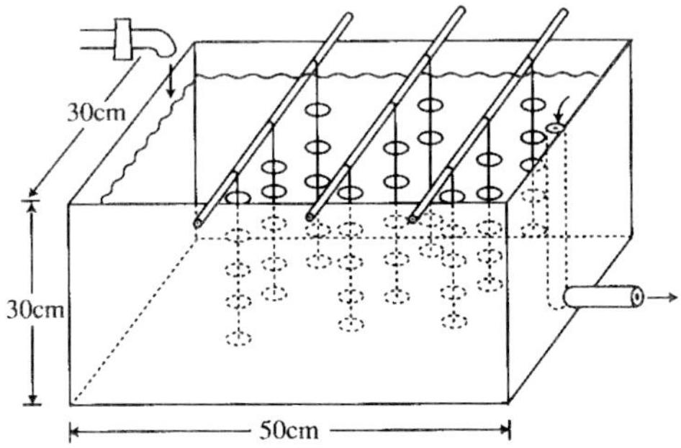

그림 15. 폴립의 사육장치(화살표는 자연해수가 흐르는 방향을 나타냄).

1) 출아

이미 설명한 것처럼 플라눌라는 부착하여 섬모를 잃으면 밀크색의 폴립이 되며, 완전히 성장하면 대부분은 16개의 촉수를 가지고, 전장 5mm 전후에 이르게 된다(그림 16A, B). 이 과정은 온도, 먹이량 등에 의하여 변화하는 경우가 많고, 플라눌라가 직접 1개의 에피라가 되어 방출되기까지의 기간(3-18일) 동안에 대부분의 폴립은 이미 4-8가닥 이상의 촉수를 형성하고 있다. 플라눌라 부착 후, 약 1-2주 이후에는 촉수가 16가닥에 달한다. 출아방법으로는 두가지가 관찰되었다. 첫번째는, 생육한 폴립의 주근(走根, 스토론)위에 소형의 폴립이 나타나 그것이 새로운 폴립으로 성장하는 방법이며(그림 16C), 두번째는, 폴립이 가로로 길게 늘어져 이분하여, 새로운 폴립으로 발달하는 방법이다(그림 16D, D'). 이러한 출아는 1974년 6월 하순, 수온 24-25℃일 때, 수조 바닥 근처에 내려앉아 많은 먹이생물을 포식한 것으로 생각되는 개체에서 주로 관찰되었다. 영국의 Plymouth나 아사무시(淺虫) 실험실에서 확인되었던 폴립의 주체부(柱体部)에서 직접 소형의 폴립이 출아하는 경우(그림 17)는 보이지 않았다. 항구 내의 한정된 수역이나 부영양화된 장소에 부착하여 충분한 먹이를 포식할 기회가 있는 경우를 제외하고는 자연조건에서 이러한 출아가 빈번하게 이루어지지는 않을 것으로 생각된다.

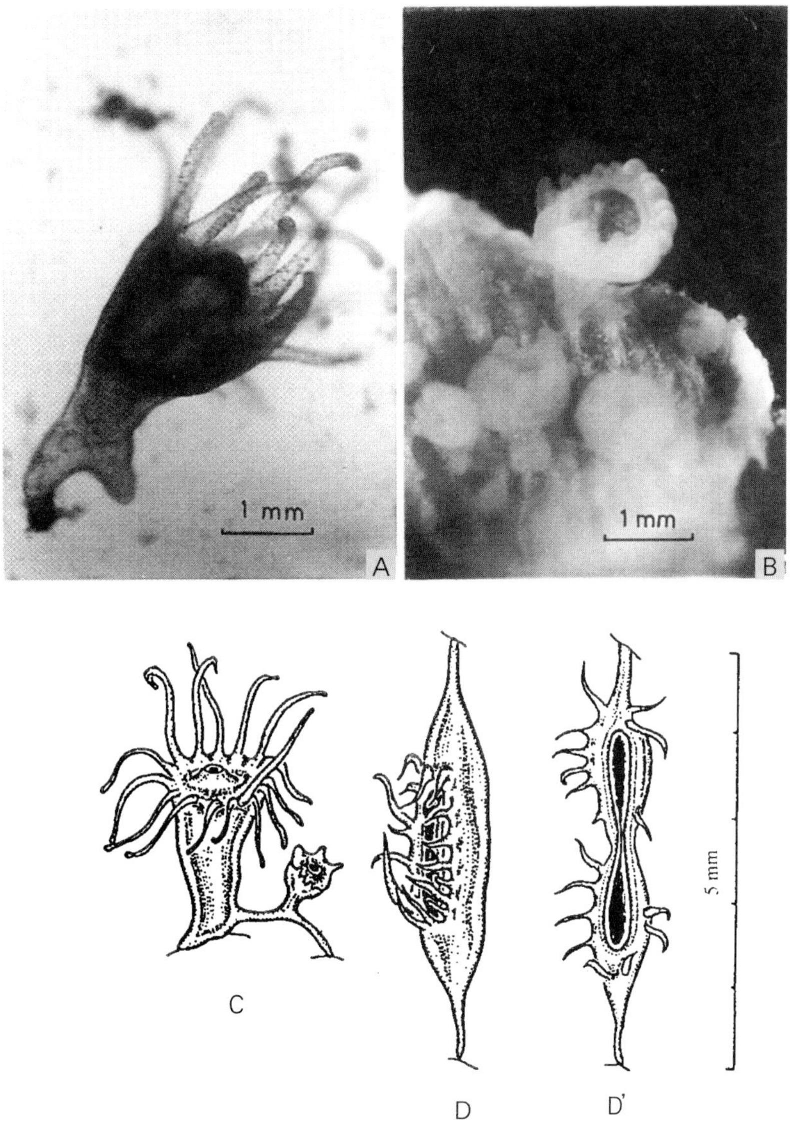

그림 16. 폴립과 출아. A: 16가닥의 촉수를 가진 성숙한 폴립, B: 촉수를 수축시킨 폴립, C: 주근상에 소형폴립을 발생시키는 출아, D, D' : 이분열하는 출아.

2) 횡분체(strobila)의 형태

성장한 폴립은 몸체에 주름을 만들어 횡분체(strobila)가 된다. 이러한 현상에 대해 오래 전부터 생물연구자들은 관심을 가져

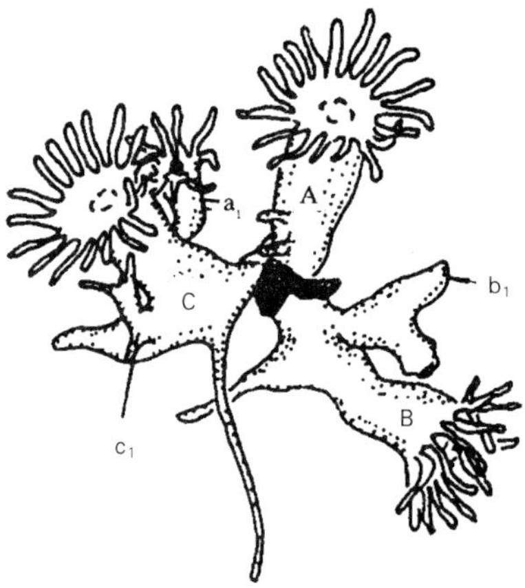

그림 17. 충분한 섭이를 시킨 경우의 폴립의 출아. A,B,C: 성장한 친폴립, a_1,b_1,c_1: 출아와 출아하여 성장한 소형폴립.

표 3. 횡분체(스트로빌라)에 나타나는 받침의 수

a) 1974년 1월 18일에 채집한 플라눌라의 53일 후 관찰한 결과

원반수	횡분체
1	2
2	8
3	37
4	17
5	6
6	2
7	1
계	73

b) 1975년 2월 19일에 채집한 플라눌라의 44~66일 후 관찰한 결과

원반수	횡분체
1	6
2	28
3	1
계	35

왔으며, 이의 형태나 생리 등에 관한 다수의 연구보고가 있다. 그러나 자연조건에서의 관찰사례는 그다지 많지 않기 때문에 앞에 기술한 소형수조 내(그림 15)에서 폴립을 사육하여 횡분체의 형태와 그 출현기간이나 출현률에 대하여 조사하였다.

플라눌라가 부착하여 24-47일이 경과한 후, 5.5mm (대부분은 3mm)의 횡분체가 출현하였다(그림 18). 예를들면 1974년 1월 18일에 얻어진 플라눌라를 1일 1회 로티퍼를 공급, 사육한 결과, 53일 후에 횡분체가 된 개체군의 원반수(盤數, 접시수)를 표 3a에 나타내었다. 앞서 보고된 중에 가장 많은 접시수는 7-18개였다. 저자가 여과하지 않은 자연해수 중에서 조사한 결과는, 표 3a, b 와 같이 최대 7매, 적어도 2-3매였다. 최근 동경만 해안에서 관찰된 횡분체도 1-6매 범위이며, 대부분은 1매인 것으로 보고되고 있다. 따라서 카고시

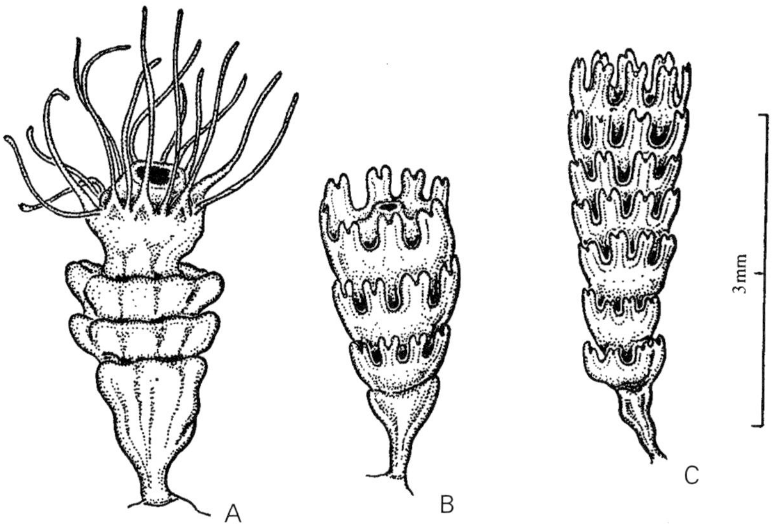

그림 18. 자연해수를 유입한 수조 내에서 나타난 횡분체(스트로빌라). A, B: 전형적인 스트로빌라, C: 간혹 나타나는 스트로빌라.

마(鹿兒島)만의 한정된 지점에서 나타난 7-9매는 극히 예외적이다. 일본의 자연조건 하에서 1개체의 폴립에서 7-18매의 에피라가 형성되어 방출되는 경우는 아주 좋은 조건이 주어지지 않는 한, 자주 나타나는 경우는 아닌 것으로 생각된다.

3) 횡분체(strobila)의 출현시기와 출현율

가리비 껍질 위에 부착한 플라눌라 무리는 패각(직경 5-6cm) 1개당 30-80개의 폴립으로 생성되었다. 이들 4-5매를 1조로 하여 나이론수지 계열인 아미란 재질의 실로 3조씩 아래로 내려(그림 15), 1974년 1-4월에 3회, 1975년 2월에 1회, 총 4회에 걸쳐 횡분체의 출현상황을 관찰하였다(표 4). 횡분체의 출현율과 수온, 염분과의 관계는 그림 19와 20에 나타내었다. 이들 자료에 따르면 횡분열을 시작하기 위한 소요기간은 24-47일(수온 6-20.7℃)이며, 그 지속기간은 17-86일(10-21.5℃)이였다. 또한, 횡분체의 출현시기는 3월 하순-5월,

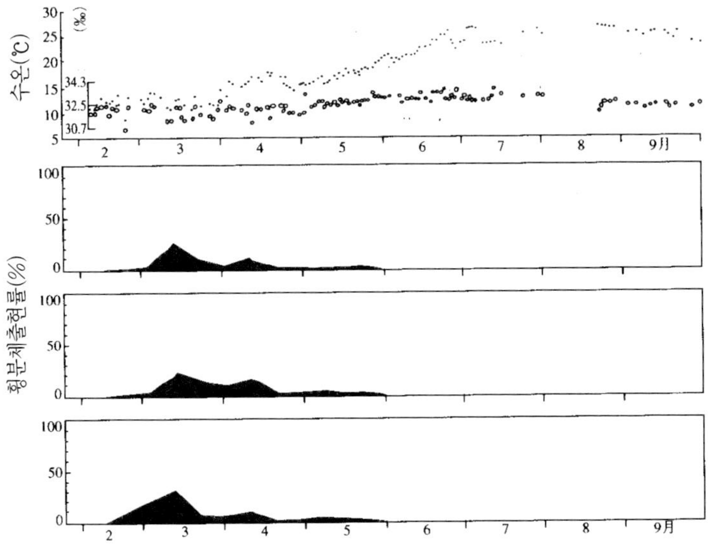

그림 19. 수조 내의 수온(검정색 원), 염분(흰색 원) 및 폴립군(Ⅰ-Ⅲ)중에 나타난 횡분체 출현율의 월변화(이들 폴립군은 1974년 1월 18일에 플라눌라를 채집하여 얻었음).

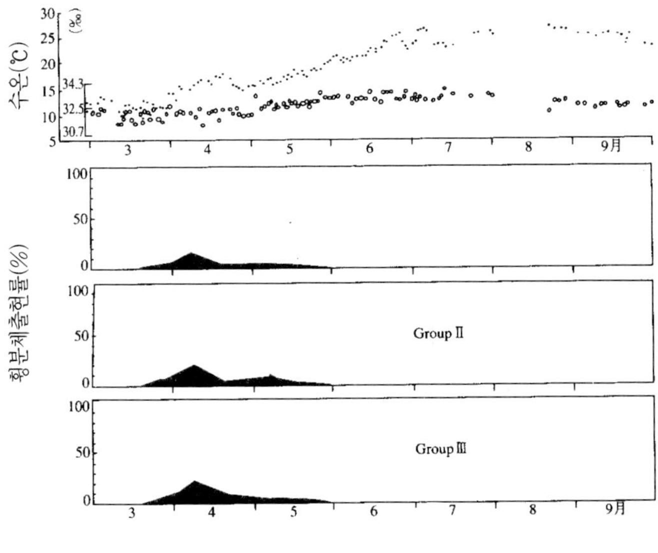

그림 20. 수조 내의 수온(검정색 원), 염분(흰색 원) 및 폴립군(Ⅰ-Ⅲ)중에 나타난 횡분체 출현율의 월변화(이들 폴립군은 1974년 2월 14일 플라눌라를 채집하여 얻었다).

번성기는 3-4월(11-18℃)였으며, 출현율은 전 폴립군의 40% 이하였다. 횡분열은 수온 10℃에서 시작하여 약 20℃ 전후에서 종료되는 것으로 밝혀졌다.

보름달물해파리의 플라눌라가 폴립이 되어 횡분열을 시작하기까지의 기간은 덴마크의 마리아가협만(峽灣)에서는 5개월, 서독일의 킬만에서는 4개월 이상, 아사무시(淺虫)지방에서는 3개월 이상이 소요되는 것으로 보고되어 있다. 우라소코(浦底)만에서는 소요 최장기간이 1.5개월인 것으로 보고된 바 있어, 현재까지는 이 지역에서의 소요기간이 가장 짧은 것으로 알려져 있다.

또한, 횡분체의 형성시기는 덴마크에서는 2-4월의 90일간, 독일에서는 12월 하순-3월 하순과 4월 하순-5월 하순의 두 차례로 그 기간은 35-112일에 달한다고 보고되어 있다. 카고시마(鹿兒島)만에서는 12월 하순-2월 하순의 60일, 우라소코(浦底)만에서는 3월 하순-5월 하순의 17-86일로 북유럽보다 그 하한치가 훨씬 짧다. 그러나 동경만에서의 횡분열까지의 소요기간은 12-4월의 5개월(150일) 이상인 것으로 최근에 밝혀졌다. 이와 같이 보름달물해파리의 횡분체 형성시기는 지역에 따라 현저히 다르며 해역에 따라 다르지만, 겨울-봄의 저수온기에 이루어지는 점은 모든 해역에서의 공통된 사항이다.

횡분체의 출현율은 서독일에서는 부착한 폴립의 80% 이상이, 동경만에서는 약 100%가 횡분체를 형성하는 것으로 보고되고 있다. 우라소코(浦底)만의 경우는 40% 이하(그림 19, 20), 카고시마(鹿兒島) 만에서는 최성기인 1월에도 10% 이하로 매우 낮은 비율을 나타내었다.

위에서 설명한 것처럼 횡분체의 시작시기나 형성기간 및 그 출현율 등에 있어 지역별로 차이가 나는 것은 주로 수온이나 먹이생물량 등의 환경조건, 폴립의 부착조건 및 개체군의 밀도 등의 차이에 의한 것으로 생각된다.

아사무시(淺虫)지방에서는 봄(3-4월) 뿐만 아니라, 가을(10-11월)에도 횡분체가 관찰되었다. 저자는 9월 이후로는 폴립 사육을 계속하지 못하여 가을에도 횡분열이 일어나는지에 대해서는 알 수 없었다. 그러나 1966년부터 10년간 우라소코(浦底)만과 주변해역에서 7-12월에 실시한 대형플랑크톤네트 채집결과, 보름달물해파리의 에피라를 전혀 확인할 수 없었다. 따라서 천해(淺海)의 모래자갈이나 해조류에 부착한 폴립은 횡분열을 하지 않은 상태에서 가을을 지나거나, 7월 이후에 부착성 해적생물 중 우점종인 관서다모류나 따개비류에 의하여 서식지를 점거 당하거나, 갯민숭달팽이류에 의해 포식당하는 것으로 추정된다. 동경만 해안에서도 여름 동안 홍합류와의 높아진 공간 경쟁과 그들의 포식 압력이 폴립의 생존율을 현저히 낮추는 주요 원인인 것으로 생각된다.

표 4. 플라눌라의 부착 후 횡분열 시작에 필요한 기간과 횡분체 형성기간 및 수온 · 염분과의 관계

플라눌라의 채집연·월·일	횡분체 형성기간(일)	수온(℃) 범위 (평균)	염분(‰) 범위 (평균)	횡분체 형성기간(일)	수온(℃) 범위 (평균)	염분(‰) 범위 (평균)
1974년 1월 18일	44	6.2~13.4 (10.2)	(32.2)	31.6~32.7 86	10.2~20.0 (15.1)	31.3~33.2 (32.5)
같은 해 2월 14일	40	6.2~14.7 (11.5)	31.3~32.5 (32.2)	13.0~20.0 59	31.3~33.4 (16.5)	(32.5)
같은 해 4월 19일	24	14.6~20.7 (16.4)	32.0~33.2 (32.5)	16.3~20.7 17	32.5~33.4 (18.1)	(32.9)
1975년 2월 19일	47	8.0~16.0 (12.5)	31.1~33.2 (32.0)	45	13.9~21.5 (16.7)	30.7~32.9 (32.2)

IV-4. 에피라에서 성체 해파리로의 발달

보름달물해파리 에피라에서 어린 해파리로의 형태변화에 대하여서는 주로 네트 채집과 실내 사육실험으로 관찰하였다. 1973-75년에 걸쳐 우라소코(浦底)만산 보름달물해파리로부터 얻어진 플라눌라에서 바로 에피라로 변태한 개체군을 가능한 자연에 가까운 조건으로 사육함과 동시에, 우라소코(浦底)만과 근처의 쯔루가(敦賀)만에서 네트 채집으로 확보한 시료를 분석하였다. 그 결과, 변태에 필요한 기간이나 감모(減耗)현황 및 환경요인 등에 대하여 다음과 같은 새로운 결과를 얻을 수 있었다.

1) 사육방법

에피라를 그림 21에 나타낸 것과 같은 장치에 수용하여 유수상태에서 사육하였다. 자연해수를 5 l 비이커에 넘쳐 흐르게 한 후, 직경 8mm의 유리사이폰을 사육용기(5 l 비이커)에 주입하고, 사육용기의 중앙바닥으로부터 에어리프트로 배수시켰다. 해수교환량은 1.2 l /h로 조정하였다. 에피라가 바닥의 모래자갈에 쓸려가는 것을 막기 위하여 별도의 직경 5mm의 유리관으로 통기를 약하게 시켜주었다. 막 방출되어 나온 에피라 약 500 개체를 수용하여 로티퍼를 1일 1회 포식할 정도로 주면서 같은 시각에 수온과 염분을 측정하였다.

2) 형태의 변화

에피라에서 어린 해파리에 이르는 형태변화를 그림 22에 나타내었다. 방출된 직후의 에피라는 직경 1.5-3.6mm의 꽃잎모양으로 8매의 연변(緣弁: 가장자리 잎)은 반투명의 담갈색이며, 선단(先端: 가장자리)에 있는 홈의 바닥에는 흑갈색의 감각기가 있다. 각 축과 축사이(간축: 間軸)에 있는 위사(胃絲)는 1-2가닥이며, 몸체 중앙부에는 돌출된 구병(口柄: 입자루)이 있고, 그 선단부는 십자형으로 열려 있다(그림 22A).

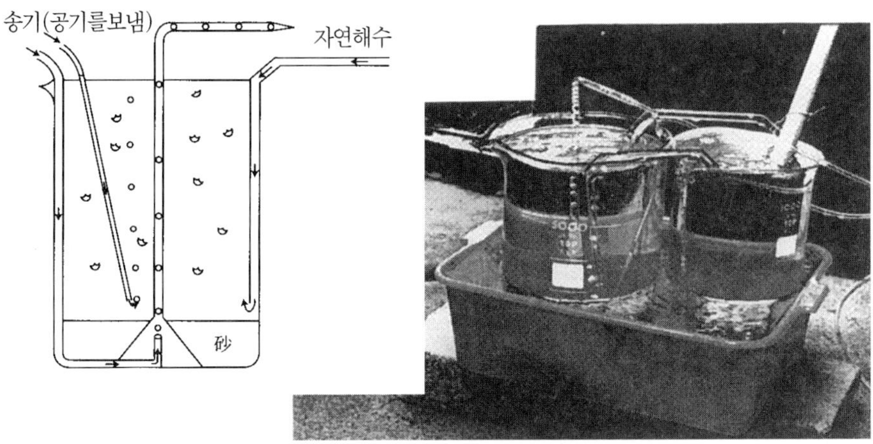

그림 21. 에피라사육장치(오른쪽)와 그 구조(왼쪽).

방출 14일 후 직경 3.5-5.2mm가 되며, 8매의 연변사이(副輻)에 있는 방사강이 두껍게 발달하여 환상근대(環狀筋帶)의 높이를 넘어서며, 그 가장자리에

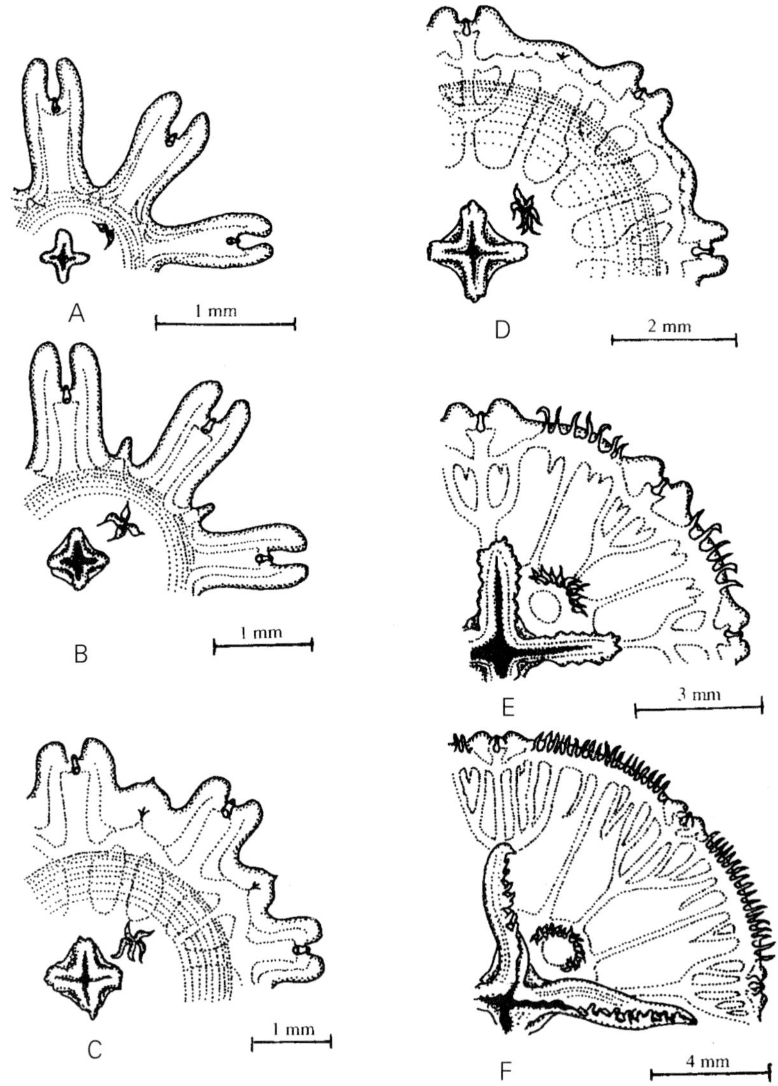

그림 22. 보름달물해파리의 에피라에서 어린해파리에 이르기까지의 형태변화. A: 에피라 Ⅰ기, B: 에피라 Ⅱ기, C: 메테피라 Ⅰ기, D: 메테피라 Ⅱ기, E: 메테피라 Ⅲ기, F: 어린해파리.

얇은 막 모양의 중간감각연변이 출현한다. 위사는 3-4가닥으로 증가하고, 구병(입자루)은 두터워지며 길어진다(그림 22B). 방출 후 24일이 지나면 직경 6.2-7.5mm가 되며, 중간감각연변은 폭과 높이가 늘어나 감각연변의 약 1/2의 높이가 된다. 감각방사관은 중앙부로부터 중간감각방사관은 가장자리로부터 각각 좌우로 분지하며, 분지된 방사관은 서로 융합하여 환상관(環狀管)의 기초가 되는 수관(水管)이 된다. 이 시기에 촉수의 원기(原基)가 출현한다. 위사는 5-8가닥으로 증가하고, 구연(口緣: 입의 가장자리)에는 8개의 작은 벽이 형성된다(그림 22C).

30일이 지나면 직경 7.2-9.6mm가 되고, 환상관의 기초가 되는 수관으로부터 새로운 관이 감각방사관을 향하여 성장하며, 방사관과 융합하여 환상관이 형성된다. 그 바깥주변에는 4-5개의 촉수원기가 출현한다. 위사는 7-9가닥으로 증가하고, 구병은 더 길어진다(그림 22D).

38일이 지나면 크기 9.5-12.0mm가 되며, 각 감각기 사이에 0.1-1mm의 촉수가 7-10 가닥 출현한다. 이 시기가 되면, 감각연변은 이전보다 약간 낮아지나 아직은 뚜렷하며, 촉수의 출현부위에서 약 1mm 정도 돌출되어있다. 방사관의 분지가 명확해지고, 축과 축사이의 방사관 분지 및 환상관으로부터 구심점이 불완전한 분지관이 나오기 시작한다. 생식선 하강(下腔)은 이 시기에 형성된다. 10-12 가닥으로 증가한 위사는 동일한 원호(圓弧)상에 배열되어있다. 각 구완(口腕: 입다리)의 바깥가장자리에는 14-20개의 구완촉수가 형성되며, 환상근대는 불명료해진다(그림 22E).

56일이 지나면 직경 12-22mm에 달한다. 이 시기가 되면 감각연변은 낮아지고 전체가 거의 원형이 되며, 길어진 촉수는 감각연변의 높이를 완전히 넘어선다. 촉수의 수는 17-28 가닥으로 증가한다. 미분화된 방사관 사이가 연결되어 융합(融合)되며, 위사의 수는 증가하여 생식선 하강(下腔)의 내측에 반원상으로 배열된다. 구완촉수는 길어져서 각 구완의 바깥가장자리에서 20 가닥 이상이 서로 겹쳐져 있는 것처럼 된다. 이 단계에서 거의 완전한 어린 해파리가 된다. 또한, 이 시기에 감각기의 기부에 작은 돌기가 나타나는 것이 특징이다(그림 22F). 이 돌기의 출현은 13-32mm 및 15mm의 어린 해파리에서도 관찰되고 있지만, 그 기능은 아직 밝혀져 있지 않다.

이상의 결과를 정리하면, 에피라는 중간감각연변의 형성에서 중간감각연변의 확대, 감각 및 중간감각방사관의 분지에 의한 환상관 원기(原基)의 형성, 촉수 및 생식선하강의 형성, 환상관에서 구심을 향하여 길어나온 분지관과 방사관분지와의 융합, 감각연변의 축소, 감각기 기부에 소돌기의 출현, 위사의 반원상 배열이라는 발육과정을 거쳐, 거의 완전한 해파리형에 이르게 된다.

종래(從來)의 연구와 비교하면, 생식선 하강(下腔)이 멕시코만산 보다 작은 9.5-12mm 크기의 단계에서 거의 형성되었다는 것과 이태리의 아드리아틱海産의 경우, 10-12mm 크기에서 확인되었던 생식선이 저자의 사육관찰에서는 56일을 경과한 12-22mm 크기의 개체에서도 확인되지 않았다는 이 두가지 차이 외에 형태상의 큰 차이점은 발견할 수 없었다.

앞서 설명한 형태변화를 바탕으로 에피라에서 어린 해파리에 이르기까지의 과정을 다음의 5단계로 구분할 수 있다. 즉, 에피라 Ⅰ기, 에피라 Ⅱ기, 메테피라 Ⅰ기, 메테피라 Ⅱ기, 그리고 메테피라 Ⅲ기이다(그림 22A-E). 이전에 일본에서 보고된 바에 의하면 그림 22E에 나타난 단계는 대부분의 경우 해파리로 취급되어진 것 같다. 그러나 이 발육단계에서는 아직 감각연변이 비교적 크고, 방사관 및 환상관의 분지가 융합되지 않았으며, 불완전한 형태이다. 따라서 이 단계를 메테피라 Ⅲ기로 보고, 그림 22F에 나타난 것처럼, 성체 해파리와 같은 형태에 도달한 단계를 "어린 해파리"로 칭하였다. 자연해역에서 채집된 보름달물해파리의 발육단계구분도 이 기준에 따르면 가장 용이한 것으로 확인되었다. 또한, 에피라 Ⅰ기와 Ⅱ기 사이에 부축(副軸)의 방사강이 비대(肥大)하여 주(主)·간축(間軸)의 그것과 연결을 시작한 1단계를 구축한 예도 있는데, 이 상태에서는 변이가 많고, 특히 자연해역에서 채집된 포르말린 고정시료에서는 판별이 매우 곤란하였다.

3) 성장에 필요한 기간과 생존율

각 발육단계에 소요되는 일수와 환경요인과의 관계를 종합하여 기록한 보고는 없지만, 저자가 얻은 관찰결과에 의하면(표 5, 6), 각 발육단계별 소요일수는 온도에 따라 약간 달랐다. 2회에 걸친 관찰결과에 의하면 소요기간은 에피라Ⅰ기에서 메테피라Ⅰ기까지 점차 짧아지고, 메테피라Ⅱ기, Ⅲ기에서 다시 길어진 후에 소형해파리로 변태하고 있다. 1974년 5월 14일-7월 19일동안 사육한 예를 보면(표 5), 수온 16-26℃, 염분 32.3-33.4(염소량 17.90-18.50)의 조건에서 방출된 에피라는 38일 만에 메테피라Ⅲ기에, 56일 만에 어린 해파리가 되었다. 1975년 6월 20일-7월 17일간 사육한 예를 보면(표 6), 수온 21-27℃, 염분 31.8-33.8(염소량 17.50-18.7)의 조건에서 33일 만에 소형 해파리로 성장하였다. 종래의 사육실험에 의하면 에피라는 약 1개월 후에 소형의 어린 해파리가 되는 것으로 보고되고 있다. 또한, 메테피라Ⅲ기까지 1개월, 소형해파리까지 2개월이 소요된다는 기록도 있다. 또한, 21-24℃에서 메테피라Ⅲ기에 이르기까지 20-30일, 어린 해파리까지 28-61일이 소요된다는 보고도 있다. 이들 자료를 종합하면, 환경조건에 따라 다르지만 보름달물해파리의 에피라는 방출된지 1-2개월 만에 어린 해파리 또는 그에 가까운 상태로 성장하는 것으로 판단된다. 단지, 변태에 필요한 시간이나 기간은 수온이나 먹이 등에 따라 크게 변하므로, 앞으로 에피라의 사육밀도 및 먹이생물의 밀도 등의 조건도 고려하여 실험을 실시하여야 할 것이다.

표 5. 에피라에서 어린 해파리까지의 변태기간(일수)과 수온 및 염분과의 관계(사육은 1974년 5월 중순부터 행해졌다)

발육단계의 구분	에피라Ⅰ기	에피라Ⅱ기	메테피라Ⅰ기	메테피라Ⅱ기	메타피라Ⅲ기	어린 해파리
변태 소요일수	14	10	6	8	18	-
수온(℃)						
범위	16.3~18.4	19.6~21.5	20.0~20.9	20.8~23.6	22.0~26.0	23.0-
평균	17.7	20.2	20.6	22.6	24.3	-
염분(‰)						
범위	2.5~33.4	32.3~33.2	32.7~33.1	32.7~33.4	32.7~32.4	
평균	332.9	33.1	32.9	33.1	33.1	32.5
우산 직경(㎜)	1.5~3.6	3.5~5.2	6.2~7.5	7.2~9.6	9.5~12.0	12.0~22.0

표 6. 에피라에서 어린 해파리에 이르는 변태기간(일수) 및 생존율과 수온 및 염분과의 관계(사육은 1975년 6월 중순부터 시작

발육단계의 구분	에피라 I 기	에피라 II 기	메테피라 I 기	메테피라 II ~ III 기	어린 해파리
변태 소요일수	9	5	4	15	-
수온(℃)					
범위	21.0~27.3	22.1~22.5	22.5~23.9	22.8~22.8	24.0-
평균	23.5	22.3	23.2	23.7	-
염분(‰)					
범위	32.2~32.9	31.8~33.2	31.8~32.3	31.8~33.8	
평균	32.5	32.3	32.0	32.3	33.4
5 *l* 중의 사육					
개체수	500	312	169	-	30
생존율(%)	100	62.4	33.8	-	6.0

이외에 에피라에서 어린 해파리까지의 생존율을 조사한 결과(표 6), 에피라 II 기에는 62.4%의 생존율을 보였으며, 메테피라 I 기에는 33.8%, 어린 해파리가 된 시기에는 6%였다.

1973년 5월 하순에 쯔루가(敦賀)만의 6개 정점(그림 23)에서 4개의 중형 플랑크톤네트(구경 51cm, 그물눈 0.33mm, 길이 145cm)를 수심 20-30m까지 수하한 로프에 10m마다 층별로 묶어서 풍력에 의해 15분간 채집을 하였다. 다수의 에피라와 우산직경 2cm 이하의 어린 해파리에 이르기까지 8,909개체가 채집되었다. 각 발육단계별 개체수 및 에피라 I 기의 개체수를 100으로 한 경우에 있어 각 단계의 비율을 정리하

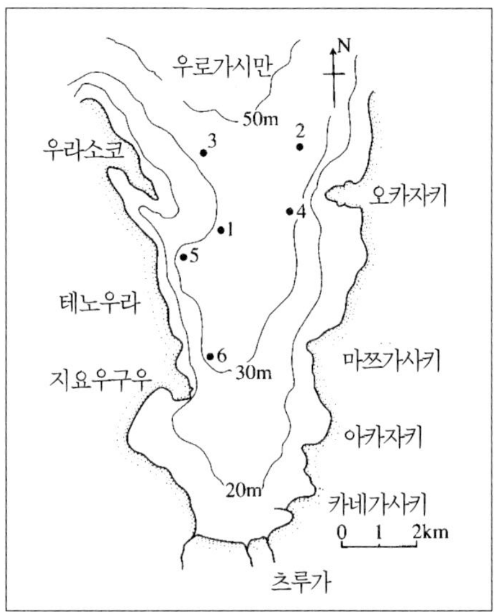

그림 23. 중형플랑크톤네트로 층별 채집한 정점.

표 7. 1973년 5월 21일 쯔루가灣에서 채집된 에피라에서 어린 해파리에 도달하는 사이의 발육단계별 개체수와 그 감모상황

St. No. 채집시각	1 9:29~9:44	2 10:00~10:15	3 11:12~11:27	4 10:38~10:53	5 11:47~12:02	6 14:15~14:30
에피라Ⅰ기	188(100)	245(100)	167(100)	1,826(100)	388(100)	258(100)
에피라Ⅱ기	759(63.9)	195(79.6)	76(45.5)	829(45.4)	262(67.5)	200(77.5)
메테피라Ⅰ기	577(48.6)	173(70.1)	45(26.9)	382(50.9)	199(51.3)	137(53.1)
메테피라Ⅱ기	126(10.6)	45(18.4)	17(10.1)	134(7.3)	88(22.6)	85(32.9)
메테피라Ⅲ기	29(2.4)	23(9.3)	4(2.3)	90(4.9)	103(26.6)	74(28.7)
어린 해파리	24(2.0)	13(5.3)	7(4.1)	81(4.4)	31(7.9)	29(11.2)
합계	2,703	694	316	3,342	1,071	783

( )는 에피라Ⅰ기의 수에 대한 백분율(%).

였다(표 7).

이 자료에 의하면 에피라Ⅱ기의 수는 Ⅰ기의 45-79%(평균 63.2%), 메테피라Ⅰ기의 수는 에피라Ⅰ기의 26.9-70%(평균 43%), 메테피라Ⅲ기는 2.4-28.7%(평균 12.3%), 어린 해파리에서는 2-11%(평균 5.8%)가 되었다. 이 평균치는 앞서 기록한 사육실험에서 얻어진 생잔율에 매우 가까운 수치를 나타내었다. 이러한 수치는 보름달물해파리의 발생기간 중의 채집장소에 따라 큰 변화를 나타내는 것으로 보인다.

즉, 사육실험과 현장조사와의 결과를 비교 검토해 보면, 에피라Ⅰ기에서 Ⅱ기 사이에 주요 감모기(減耗期)가 있고, 그 후에도 감모를 계속하면서 어린 해파리까지 성장하는데 있어 생존율은 10% 이하(약 6%)에 그치는 것으로 추측된다. 그 후 이들 소형해파리가 성장하여 성숙, 중, 대형 해파리가 되기 까지의 생존율은 현재 불명확하며, 포식동물로 생각되는 어류, 거북류, 바다조류 등과의 관계를 포함하여 아직 밝혀지지 않은 본 종의 생태에 대하여 규명하는 것이 중요한 과제의 하나인 것으로 생각된다.

V 영양과 성장

V-1. 먹이생물

보름달물해파리의 먹이는 주로 규조류 및 부유입자이며, 이외에 야광충, 유종섬모충, 빗(櫛)해파리류, 로티퍼류, 요각류, 지각류, 미충류 및 따개비류, 이매패류, 패충류, 다모류, 새우, 게류의 각 유생류 등을 포함한 동물플랑크톤이다.

표 8. 보름달물해파리의 위강 내용물

a. 프리머스 연안의 사례

13	Contained	1	crab zoea
8	〃	2	〃
4	〃	3	〃
2	〃	4	〃
1	〃	1	crab zoea Ⅰ, harpacticoid
1	〃	1	egg capsule of *Littorina littorina*
1	〃	1	*Galathea* larva
1	〃	1	cirripede nauplius
3	〃	1	*Acartia clausi*
1	〃	1	*Centropages typicus*
1	〃	1	*Rathkea octopunctata*
3	〃	1	*Phialidium* sp.
3	〃	1	terebellid larva
2	〃	1	young flat fish

b. 우라소코만의 사례

조사 연·월·일	출현종
1966년 11월 10일	*Paracalanus parvus*: r, Cypris form larva: rr
1967년 5월 20일	*Paracalanus parvus*: +, *Calanus* sp.: rr, *Acartia clausi*: +, *Evadne* sp.: +
1967년 5월 20일	*Paracalanus parvus*: +, *Acartia clausi*: +, *Evadne* sp.: +, *Microsetella* sp.: rr
1967년 6월 3일	*Evadne* sp.: +
1967년 8월 9일	*Paracalanus parvus*: +, *Acartia erythraea*: +, *Evadne* sp.: rr
1967년 10월 30일	*Paracalanus parvus*: rr, *Oncaea* sp.: rr
1969년 10월 30일	*Paracalanus parvus*: rr

+: 보통, r: 적음, rr: 매우 적음.

또한 가자미류, 대구나 청어의 자어 등도 포식하는 것으로 알려져 있다. 때로는 육상의 거미류나 곤충류도 섭취하는 것으로 보고되고 있다.

한 예로 영국의 프리미스해안에서 채집된 우산직경 20-25mm의 보름달물해파리 250개체 중 44개체와 우라소코(浦底)만과 인접한 해역에서 얻어진 우산직경 1-24cm의 성체 해파리 300개체 중 7개체의 위강 내에서 확인된 동물플랑크톤을 각각 표 8a, b에 나타내었다. 이 결과와 이전의 기록 등에 의하면 이 종은 명확한 플랑크톤 식성으로 주요 먹이는 동물플랑크톤인 것으로 나타났다. 또한, 서식해역에 우점하는 부유동물이나 때로는 규조류, 부유입자 등도 무선택적으로 포식하는 것으로 생각된다. 단지, 크기가 5mm 이상의 먹이는 구완(입다리)에서 배제되는 경우가 있는데, 이것은 위강 유입구에 들어가지 않기 때문인 것으로 추측된다. 1cm 정도의 옆새우류를 섭취한 경우에는 입구의 기부에서 눌러진 채로 소화된다고 한다. 또한, 에피라도 성체 해파리와 거의 같은 먹이를 섭취하는 것으로 생각되지만, 먹이의 크기에 대한 선택성은 있어, 우산직경 4-11cm인 해파리는 300㎛ 이상의 중형동물플랑크톤을, 에피라나 소형해파리는 4-28㎛의 미소 및 소형 플랑크톤을 선호한다는 보고도 있다.

V-2. 먹이섭취

먹이가 위강 내에 빨려들어가는 속도를 보면, 15℃에서 *Tigriopus*를 먹이로 한 경우, 촉수로 잡은 먹이는 구완 내에 12분, 위강 내의 위사 부근에 50분만에 도달하고, 구완촉수에서 직접 잡힌 것은 10분 이내에 위강에 도달한다고 한다.

먹이섭취량에 관련된 보고는 적지만, 우산직경 10cm인 해파리가 1시간 이내에 해수 700*ml* 중의 플랑크톤을 포식한다고 한다. 우산직경 5cm인 해파리도 1분간 60회의 개폐운동으로 132*ml*의 해수를 여과한다는 보고도 있다. 우산직경 5cm (115g) - 32cm (1,260g)인 해파리의 위강 내용물을 조사한 결과, 포식된 동물플랑크톤은 14-8,289개체이며, 이들 가운데 *Oithona* sp. 와 따개비류의 유생이 30% 이상을 차지하였다고 한다. 사육실험에서는 우산직경

2cm (0.5g)인 보름달물해파리가 1개월 동안 5cm (6.64g)로 성장하는데 4.5g의 먹이를 섭취하는데, 이 비율을 우산직경 25cm (830g)인 해파리에 적용, 환산하면 610g의 먹이가 필요하며, 이것은 *Calanus*속 6만 개체에 해당하는 것으로 추정된다. 최근 동경만에서 조사한 우산직경 4-11cm인 보름달물해파리의 1일간 평균 먹이섭취량은 2,700㎍C이며, 만내의 동물플랑크톤 현존량은 30-200mgC/m^{3}로 여름철 보름달물해파리 포식압은 만내 생산량의 10% 정도로 추정된다.

한편, 해파리의 어류 치자어 포식생태를 규명하기 위하여, 킬만의 우산직경 0.6-5cm인 에피라에서부터 어린 해파리에 이르는 5,800개체를 대상으로 조사를 실시하였다. 그 결과, 우산직경 약6mm부터 청어 자어를 포식하는 것으로 나타났으며, 12mm 크기인 개체는 최고 10마리(그림 24 좌,우), 42mm인 개체는 68마리를 포식하는 것으로 밝혀졌다. 전 표본의 평균을 보면, 해파리 1개체가 1일간 0.2-4.4 마리의 청어 자어를 포식하는 것으로 계산되었다. 해파리의 포식으로 청어 자어의 생존율이 저하되며, 또한 친어의 어획량에도 영향

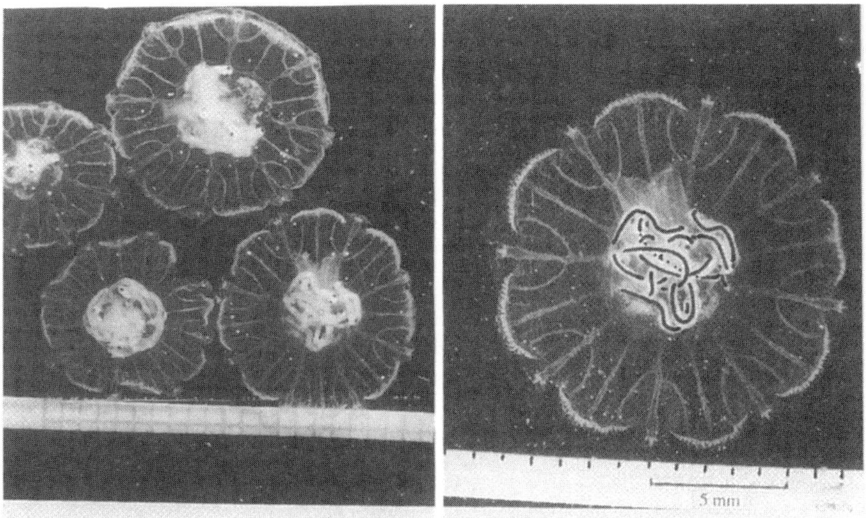

그림 24. 어린 보름달물해파리에게 포식된 청어 일종인 *Clupea harengus* 자어(좌)와 확대 사진.

을 미치는 것으로 나타났다.

본 종의 위강 내에서 트립신과 아밀라제가 검출되었으며, 그 소화속도에 대해서는 다음과 같은 보고가 있다. 각장 3cm인 진주담치 *Mytilus edulis*의 육질부를 소화하는데는 하루가 소요되지만, 가자미류와 대구의 일종인 *Gadus saida*의 자어의 경우, 눈 이외 부분은 30분, 눈은 2시간 후에 완전히 소화되었다고 한다. 청어 자어는 3.8시간 만에 소화되었다. 초여름에 우산직경 8-12cm인 보름달물해파리가 로티퍼와 알테미아 유생을 포식한 후 약 2-3시간 만에 소화를 시키며, 그 잔여물이 입에서 체외로 방출되는 것을 관찰하였다. 최근들어 이 종(우산직경 4-11cm)이 동물플랑크톤(*Oithona* 및 요각류, 따개비류의 노우플리우스, 지각류 등)을 소화하는데 소요되는 시간은 먹이종류에 관계없이 20℃에서는 모두 2.5-4시간 이라는 것이 밝혀졌다. 이와는 대조적으로 20℃ 이상에서는 우산직경(체중)에 관계없이, 대형 요각류인 *Calanus*속은 2시간 15분, 소형 요각류인 *Acartia*, *Oithona* 속은 1시간 만에 소화되어, 먹이생물의 크기에 따라 소화속도에 차이가 있는 것으로 보고되었다.

이상과 같이 포식된 먹이생물은 비교적 단시간내에 위강 내로 들어가며, 소화속도도 상당히 빠르므로, 현장에서 채집된 해파리의 위강 내용물이 상세하게 확인된 사례는 적다. 또한, 먹이섭취활동의 시간적인 리듬이나 환경요인 등은 이후에 구명해야 할 흥미로운 과제이다.

Ⅴ-3. 우산크기의 월별 변화

보름달물해파리의 우산크기 변화나 성장상태에 대하여서는 많은 보고가 있지만 일부를 제외한 모두가 어떤 한정된 기간의 단편적인 것이 대부분으로, 1년 간격으로 관찰한 것이나 연변동을 취급한 사례는 적다. 저자가 우라소코(浦底)만과 그 주변에서 조사한 결과는 다음과 같다.

그림 25는 1969년 4월-1970년 4월에 우라소코(浦底)만 입구의 연안해역에서 플랑크톤네트와 막대채집기(산대)로 채집한 보름달물해파리를 눈금이 있는 유리판 위에서 측정하여, 그 우산크기의 월 변화와 수정난, 플라눌라를 부

착한 개체의 출현상황을 모두 나타낸 것이다. 이 자료에 의하면 1969년 4월에는 우산직경이 7-30cm이며, 20cm 크기의 대형 해파리군의 존재가 확인되었다. 그러나 5월에는 22cm 전후의 대형군 외에 1cm 전후의 소형군이 새롭게 출현하여 6월에는 전 채집개체의 20% 이상을 차지하였다. 이 소형 개체군은 7월에 3cm, 8월에 7cm, 9월에 9cm 크기로 큰 쪽으로 이동하는 경향이 명확하였다. 그 후 10월부터 다음해 2월까지 월별로 약 1cm 씩 크기가 증가하여 3월에는 17cm, 4월에는 20cm 전후에 달하였다. 이와 더불어, 전년도 4, 5월에 20-22cm의 대형군은 6월 이후에 출현율이 5% 이하로 감소함과 동시에 크기도 불명확해져 8월에 들어서면서는 전혀 채집이 되지 않았다.

한편, 수정란, 플라눌라를 부착한 개체의 우산직경은 1969년 4월에는 7-27cm, 5, 6월에는 11-29cm, 1970년 1-4월에는 8-31cm였다.

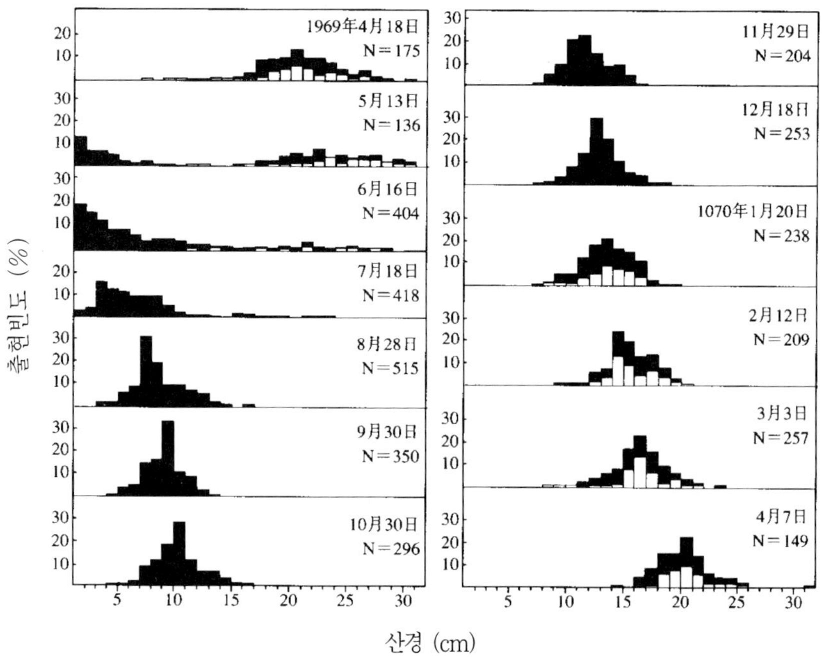

그림 25. 보름달물해파리의 우산 크기의 월변화(1969년 4월-1970년 4월)(백색부분은 수정란과 플라눌라부착개체의 비율을 나타냄).

V-4. 성장

어린해파리에서 성숙하여 대형해파리에 이르기까지 우산직경(cm)과 체중(습중량, g)과의 관계를 분석한 보고는 한정되어 있으며, 우라소코(浦底)만 주변해역의 사례는 그림 26에 나타난 바와 같다. 여기에서 우산직경(D)과 체중(습중량: W)과의 관계는 W=0.167D 였다. 그 외 해역의 경우, 동경만 내에서부터 키사라주(木更津) 연안 사이에서 채집된 해파리는 W=0.553D, 오다이바(お臺場)해역에서 채집된 해파리는 W=0.120D, 거의 전역에서 채집된 해파리는 W=0.29D 등의 관계식이 보고되었다. 또 세또나이카이(瀨戶內海)의 구레(吳)와 온노(音戶)해안에서는 W=0.0748D, 카고시마(鹿兒島)만에서는 우산직경 10-324mm의 해파리를 측정했을 경우, 승수(乘數) 2.617-2.954, 계수 0.06-0.15의 연변동이 확인되었다.

그림 25에 나타난 크기의 추이와 앞에서 기록한 우라소코(浦底)만산 보름달물해파리의 우산직경과 체중과의 관계식에서 산출한 체중의 증대곡선, 그리고 수온과 플랑크톤의 침전량 등의 변화를 그림 27에 나타내었다. 이에 의하면 보름달물해파리는 6월에 우산직경 1cm (체중 0.2-0,9g)였던 것이, 7, 8월에 급격히 성장하는 것으로 나타났다. 9월 말에는 9cm (40g) 전후로 성장하였다. 그 후 10월에서 다음해 2월까지는 우산직경이 매월 약 1cm씩 증가하다가, 2월에서 3, 4월에 걸쳐 다시 급격하게 우산직경과 체중이 증가하였다. 4월 상순에는 우산직경이 20cm (300g) 전후에

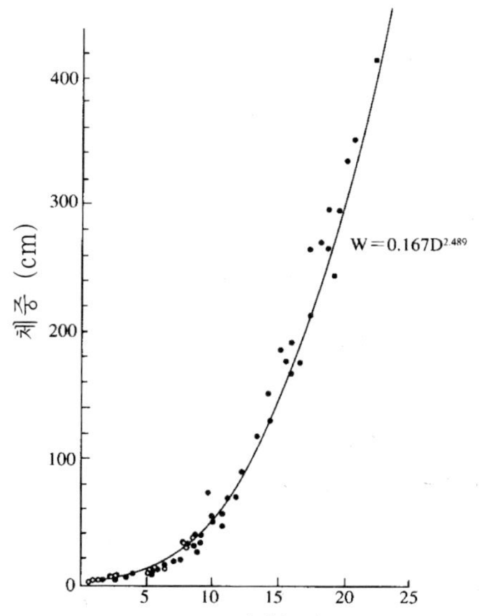

그림 26. 보름달물해파리의 우산크기와 체중(습중량)과 관계.

달하였다. 그 후 상태는 전년도인 1969년 4, 5월에 출현한 대형군의 크기를 적용시키면, 4월 중순에 20cm 크기군이 5월 중순에는 22cm (400g)에 달하였다. 더욱이 이 대형군은 1개월 후인 6월에 계급값이 20-21cm인 작은 수치로 이동한 것은 주목할 만하다.

이상의 자료에 의하면 에피라에서 변태한 우산직경 1cm (0.2-0.9g) 크기의 어린 해파리는 11개월 후에 우산직경 22cm (400g)로 성장하는 것으로 추정되고, 그 후는 우산직경이 축소하며, 서식해역에서 차차 소멸되는 것으로 나타났다.

1981년 5월-1983년 11월에 이 종에 대한 우산직경의 연변화를 처음으로 추적하기 시작한 카나가와(神奈川)현 수산시험장의 기록을 기초로하여 얻어진 동경만의 보름달물해파리 성장곡선과 표면수온의 변화를 분석하였다(그림 28). 우산크기 조성의 추이에서 추정한 성장을 보면, 우산크기 10cm (50g) 이하인 해파리는 5, 6월에 걸쳐 급격한 성장을 나타내어, 7, 8월에 20cm를 넘지만 그 후 9-11월에는 1-2cm 정도 축소하는 경향을 나타내었다. 그러나 그 후 최저 수온기인 1, 2월에도 성장은 정지하지 않고 3, 4월에 다시 성장을 계속하여, 많은 개체가 22cm (400g)에 도달한 후, 5, 6월에 다시 축소하면서 소멸하는 패턴을 1980-1992년 동안 반복해 온 것으로 생각된다. 그리고 수온 상승과 하강의 변화와 해파리의 성장촉진, 정체의 양상이 우라소코(浦底)만의 경우에서처럼 밀접하게 관련되어 있는 것으로 밝혀졌다(그림 28).

이 종의 성장과 수온변화, 그리고 우라소코(浦底)만에서 대형플랑크톤 침전량의 월변화를 함께 분석해 보면(그림 27, 28), 양 해역 모두 수온 상승기에 급속한 성장을 나타내었다. 이것은 온도의 상승에 따라 우산의 개폐운동(박동)이 증가하여 섭취량이 증대함과 동시에 대사도 활발하기 때문인 것으로 생각되며, 대형 해파리강류에서도 알려져 있는 사실이다.

플랑크톤량과의 관계를 보면, 6-8월에는 요각류인 *Paracalanus parvus*나 *Acartia* 속, 지각류인 *Penelia schmackeri, Evadene* sp. 등이 높은 비율로 출현하므로, 수온이 상승하면서 이들 종에 대한 먹이섭취량이 증대하게 된다. 따라서 해파리의 포식압에 따라 서식해역의 동물플랑크톤량은 감소경향을 나타낼 수도 있다. 또한 양 수역 모두 최저 수온기인 2월에서 3-4월에 걸쳐 나타나는 2차적인 성장은 수온 상승에 따라 증식하는 먹이생물인 야광충(*Noctiluca*)의 춘계증식기와 일치함으로 충분한 먹이섭취가 가능한데 기인하는 것으로 생각된다.

이상으로 우라소코(浦底)만과 태평양측에 위치한 동경만에서의 보름달물해파리의 성장에 관하여 설명하였다. 그 결과, 우라소코(浦底)만의 보름달물해파리는 우산직경이 20cm (300g)로 성장하는데 9개월 이상이 소요되는 것에 반

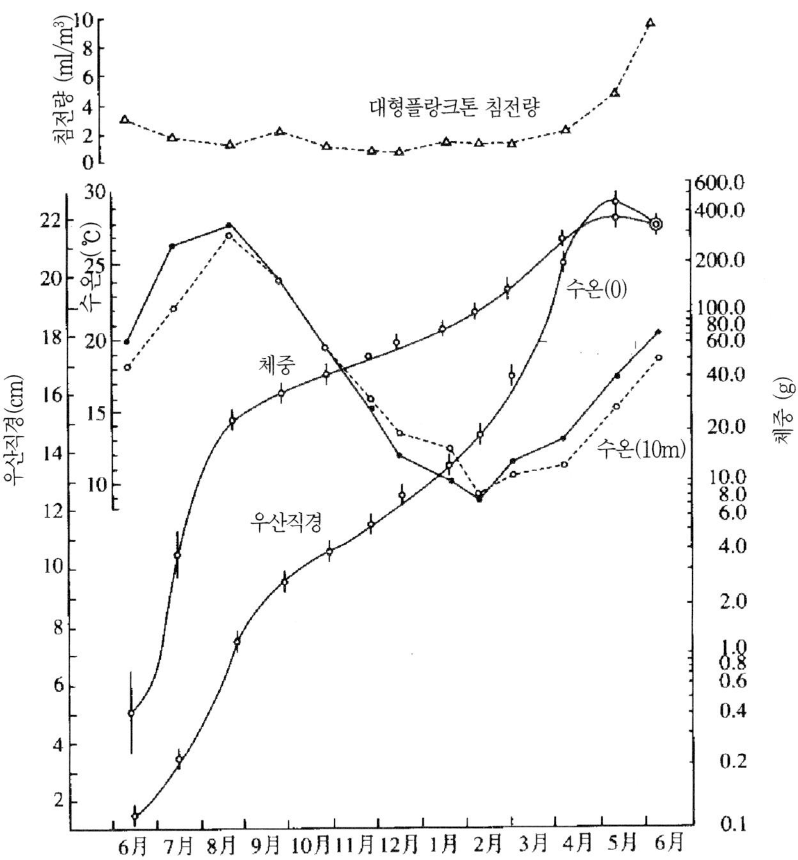

그림 27. 우라소코(浦底)만에서 보름달물해파리 성장과 수온, 플랑크톤침전과의 관계.

하여, 동경만에서는 5개월 이내, 빠른 것은 1-2개월에 같은 크기로 성장하였다. 이와같이 해역에 따라 이 종의 성장은 현저히 다른 것으로 나타났다. 필란드 남서해안에서는 7월에 우산직경이 2-3cm였던 것이 8월에는 6cm로 성장하였다는 보고가 있어, 우라소코(浦底) 만에서의 성장과 매우 유사한 경향을 나타내었다. 이에 반해 서독일 킬만에서는 6월에 1cm였던 것이 7월에 5cm, 8월에는 20cm까지 성장하여 동경만과 유사하였다. 그러나 와카야마(和歌山)현의 우라가미(浦神)만에서는 2월에 평균 3cm였던 해파리가 4월에 20cm, 5월에 25cm까지 성장하는 것으로 추정되고 있으며, 세또나이카이(瀨戶內海)의

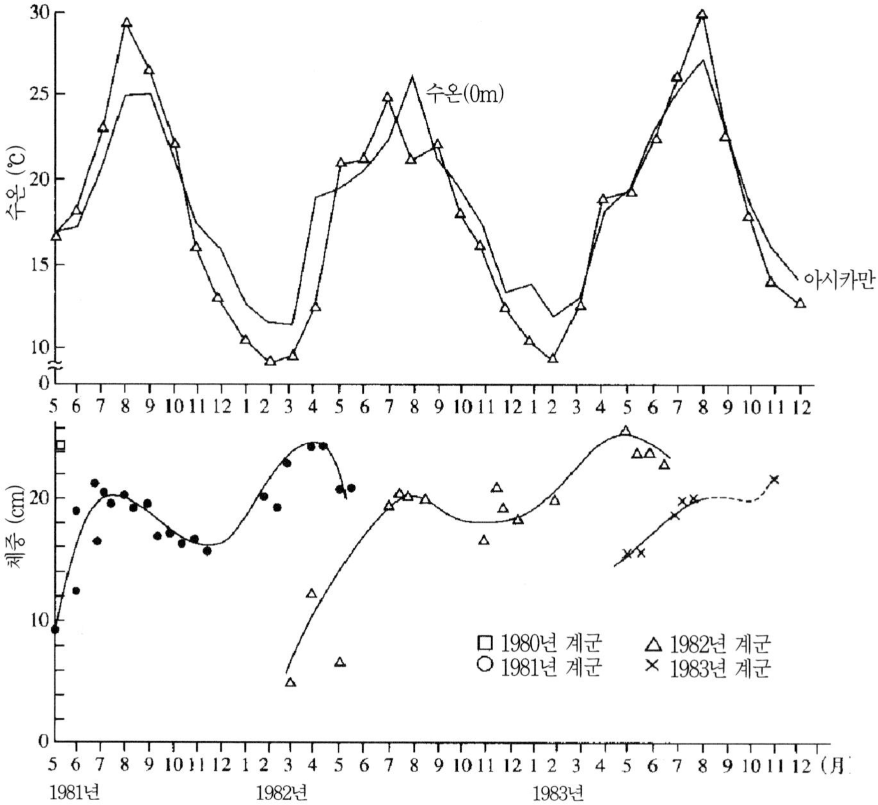

그림 28. 동경만의 수온 연변화와 보름달물해파리의 성장곡선(佐木. 1990을 일부 수정).

구레(吳) 연안에서는 4월에 평균 2cm이던 것이 5월에 10cm, 7월에 27cm로 성장하였다. 이와같이 보름달물해파리는 수온이나 먹이생물량 등 서식환경조건이 다르면, 그 성장 또한 다양한 형태를 나타내는 것으로 생각된다. 또한, 동일 해역 내에서도 카고시마(鹿兒島)만에서 이 종의 최대 우산직경의 계급값은 18-23cm로 연변동을 보였다.

수온이 하강기에 들어서는 9-11월에 동경만에 나타난 보름달물해파리의 우산직경의 크기는 1-2cm 감소하였는데 이러한 현상은 미국의 캘리포니아주 토말레스만이나 서독일의 킬만에서도 알려져 있다. 특히, 카고시마(鹿兒島)만에서는 최대 우산크기가 18-23cm에서 해마다 4-7cm, 세또나이카이(瀨戶內海)에서도 평균 22cm에서 10cm로 우산직경이 현저하게 감소하는 것이 확인되었다.

본 종의 사육실험에서는 수온이나 먹이 등 사육조건이 나빠지면 사육 후 몇일이 지나 우산직경이 5cm에서 4cm로 축소되었으며, 먹이를 주지 않고 사육한 경우에는 약 1개월 만에 반정도의 크기로 축소되었다고 한다. 이들 결과는 수온하강에 의한 우산 박동수 저하와 그에 따른 먹이섭취량의 감소에 의해 나타난 현상이라 판단된다. 또한, 동경만에서 7-8월에 발생한 당해년도 발생군의 다수가 우산직경 20cm로 충분히 성숙한 크기에 도달하였으며, 일부 개체군은 방란, 방정을 시작하면서 우산의 성장이 정지, 또는 축소하는 것으로 판단된다.

우라소코(浦底)만과 동경만 양 해역 모두 1-2월에서 3-5월에 걸쳐 2차적인 성장이 나타나며, 우산직경이 22cm (400g)에 달한 5-6월에는 다시 우산의 축소가 나타났다. 이들 대형군은 플라눌라의 부착상황에서 적어도 반년 이상의 기간을 거치며 수회에 걸쳐 방란, 방정을 지속하며, 그 말기에는 소화기관의 위사가 밀려나와 차츰 쇠약해지면서 우산이 축소되다가 나중에는 죽는 것으로 보인다.

V-5. 생물학적 최소형

세계 각국에서 보고된 보름달물해파리의 성숙개체 또는 수정란이나 플라눌라를 부착한 개체의 우산크기에 대하여 정리하였다(표 9). 이에 의하면 멕시코산을 제외하고는 생물학적 최소형이 대부분 약 6-10cm 전후였다. 특히, 대형개체가 조기에 성숙하여 방란, 방정을 하는 사례도 있었지만, 저자의 조사결과 중 1970년 1월의 우산크기의 조성(그림 25)에 의하면 어느 정도 크기까지 성장한 후, 환경요인(예를 들어 수온 등)에 의해 일제히 그것도 급격하게 성숙하여 방란, 방정을 할 가능성이 높은 것으로 생각된다. 성비는 거의 1:1이며, 암수에 따른 우산크기의 차이는 나타나지 않는 것으로 판단된다.

표 9. 보름달물해파리의 생물학적 최소형 [130)]

우산 직경 (cm)	해협
7~8	아도리아해
9~9.5	프리머스연안
8.5	나포리만
6~9	토루가스연안
4~9	덴마크연안
6~7	서독일
19~31	멕시코만
10~20	아사무시지방
7~31	우라소코만
13~40	동경만
7.8~31	카고시마만

V-6. 연령과 수명

보름달물해파리의 연령과 수명에 대한 상세한 보고는 거의 없으므로 저자가 우라소코(浦底)만에서 얻은 자료를 기초로 하여 정리하였다.

5-6월에 들어서면 처음으로 우산크기가 1-2cm인 어린 소형의 해파리군이 출현하여 대형군으로 성장해 가는데, 이는 1966년도에 얻은 자료와 거의 일치한다(그림 25). 에피라의 출현성기가 4월 전후라고 생각하면 이 소형 해파리군은 에피라에서 1-2개월 후에 변태한 당해년생 군으로 보아도 무방하다.

한편, 1969년 4-5월에는 우산크기 20-22cm인 대형해파리군이 대부분을 차지하고 있으나 이것은 7월 중순까지 낮은 확률로 출현하며, 1966년의 채집에서도 10월 하순까지 다수 개체가 출현하였다(그림 25).

그런데 와카야마(和歌山)현의 시라하마(白浜) 해안에서는 오래전부터 2-3월에 대형의 보름달물해파리가 많이 출현하는 것으로 알려져 있으며, 와카사(若狭)만의 서부해안에서 겨울철인 12-3월에 조업하는 해삼통발에 간혹 보름달물해파리가 다량 혼획되는 사례가 있었다. 또한, 1972년 7월에 채집된 531개체의 성체 해파리는 14cm를 경계로 하여 평균 8±3.1cm 와 16±2.4cm 의 두 군으로 나눌 수 있었다(그림 29). 이와 같은 사실을 고려할 때, 이 종은 에피라에서 변태하여 당해년도에 죽지 않고 그 일부가 겨울을 넘기는 것으로 나타났다. 이러한 가능성은 최근 동경만이나 카고시마(鹿兒島)만에서도 지적되고 있다. 그러나 우라소코(浦底)만의 보름달물해파리 발생시기는 12-6월로 성숙한 해파리는 방란, 방정 후에 위사의 기능이 저하되기 시작하여 점차 쇠약해져 사망하는 것으로 생각된다.

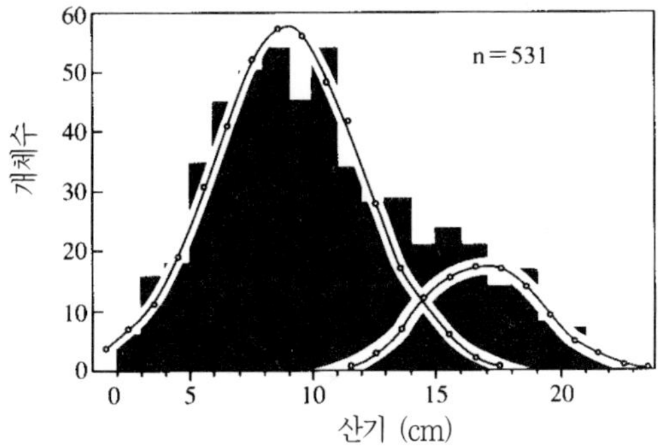

그림 29. 보름달물해파리의 우산 크기의 조성(1972년 7월 21일, 우라소코(浦底)만).

이상의 결과로부터 본 종은 발생한 그 해에는 죽지 않고 겨울을 지나며 다음 해 처음으로 일제히 성숙하여 방란, 방정을 한 후, 겨울을 지나 점차 흩어지거나 죽는 것으로 추정된다. 따라서 이들 개체군은 1년(12개월) 이상, 2년(24개월) 미만의 수명을 가진 것으로 보인다. 외국의 경우, 미국의 토마레스(Tomales)만에서는 8개월 이상, 독일의 킬만에서는 8-10개월로 추정하고 있는 것에 반해, 일본의 세또나이카이(瀨戶內海)에서는 7-10개월, 카고시마(鹿兒島)만에서는 10-20개월, 동경만에서는 7개월 이상으로 추정되며, 최장이 우라소코(浦底)만과 거의 같은 22개월의 수명을 가진 것으로 추정된다.

미국의 메인(Maine)만이나 아이슬란드 연안 및 구주(九州)연안에서 조사, 기록된 대형 보름달물해파리는 매우 예외적으로 우산크기 60cm-1m 이상까지 수년간 생존하는 것으로 생각된다. 이 종의 수명을 제한하는 요인으로는 우산과 위강의 축소, 촉수의 소실, 우산의 구멍발생 등의 노화, 먹이생물의 감소, 해파리벼룩(*Hyperia galba*)의 기생 등이 있으며, 다른 강장동물, 두족류, 어류, 바다거북류, 바다조류 등에 의한 포식을 들 수 있다. 그 외 수온, 염분의 변화나 태풍에 의한 교란 등의 환경요인 변동이 해파리의 활력이나 생리에 끼치는 영향도 생각할 수 있다. 또한, 인류의 천해역 출입 및 레져 등으로 인한 소형선박 등의 빈번한 이용이 우산이나 구완에 상처를 주는 경우가 있으며, 국소적이기는 하지만 해수의 교란 등도 수명에 영향을 주는 큰 요인으로 생각된다.

Ⅵ. 자연에서의 생활사

Ⅵ-1. 와카사(若狹)만 해역(若狹灣, 浦底灣의 분지)

우라소코(浦底)만에서 실시한 보름달물해파리의 조사결과를 정리하였다(그림 30). 본 해역에 출현하는 보름달물해파리 성체는 우산이 7cm 이상으로 성숙하면 12월 중순-6월 중순(수온 8-19℃)에 걸쳐 방란, 방정을 하며, 주 산란시기는 1-5월(8-18℃)이였다. 위강(胃腔) 내에서 수정된 수정난은 장경 0.5-0.7mm의 플라눌라 유생으로 발달하여 성숙한 해파리의 구완(口腕) 또는 하산(下傘)에 부착하였다가 분리되어 내만 또는 연안해역의 해산식물(잘피나 모자반)이나 모래자갈에 부착한다. 부착한 플라눌라의 변태과정을 보면, 종래 널리 알려져 있던 '플라눌라-폴립-횡분체-에피라'의 생활사를 거치지 않고, 플라눌라가 바로 1개의 에피라로 변태하는 간단한 과정을 거치는 것이 보다 일반적인 것으로 확인되었다. 부착 후 플라눌라에서 에피라가 되어 방출되기까지의 기간은 3-18일(6-28℃)이 소요되며, 에피라 방출은 일제히 이루어지는 것으로 나타났다.

한편, 소형 플라눌라(0.2-0.3mm)는 대부분이 폴립으로 성장하며, 그 일부는 부착 후 24-47일을 거쳐 2-3매의 접시를 겹쳐놓은 것과 같은 모양의 횡분체가 된다. 횡분열은 17-86일간 일어나며 산발적으로 에피라로 방출된다. 폴립은 영양상태가 좋은 경우에만 출아하여, 주근상에서 소형폴립이 돋아나지만 대부분의 폴립은 직접 이분하여 증식한다.

방출 직후의 에피라Ⅰ기(우산직경 1.5-3.6mm)는 12월 하순-6월에 출현하며 출현성기는 3월 하순-4월이다. 이 단계에서 9-14일이 경과하는 동안에 약 60% 이하가 자연 감소하며, 그 나머지가 에피라Ⅱ기(3.5-5.2mm)로 성장하여 5-10일 후에 메테피라Ⅰ기(6.2-7.5mm)가 된다. 그 후 4-6일만에 메테피라 Ⅲ

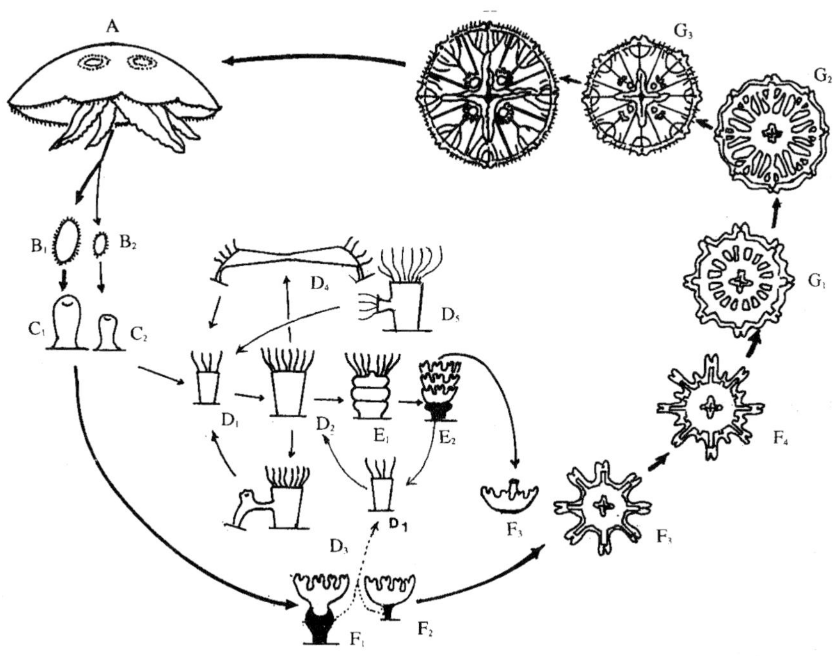

그림 30. 보름달물해파리의 자연조건하에서의 생활사(安田, 1988년 일부수정)(굵은 선은 동해의 일본측 연안의 우라소코(浦底)만, 가는 선은 동경만 외의 연안수역의 주 사이클을 나타냄).

A: 성숙해파리, B_1: 대형플라눌라, B_2: 소형플라눌라, C_1,C_2: 정착한 플라눌라, D_1:어린 폴립, D_2: 성장한 폴립, D_3: 주근상에 출아한 폴립. D_4: 몸을 직접 이분한 폴립, D_5: 성장한 폴립상에 출아한 폴립, E_1,E_2: 횡분체(스트로빌라), F_1,F_2: 플라눌라에서 직접 변태한 에피라, F_3: 에피라Ⅰ기, F_4: 에피라Ⅱ기, G_1: 메테피라Ⅰ기, G_2: 메테피라Ⅱ기, G_3: 메테피라Ⅲ기(F_1,F_2:의 일부는 조건이 좋으면 D_1이 된다. 점선).

기(7.2-9.6mm)로 성장하고, 다시 8일이 지나면 메테피라 Ⅲ기(9.5-12.0mm)가 된다. 이들은 이후 18일 이내에 소형 해파리(12-22mm)로 성장한다. 이 소형 해파리의 출현빈도는 초기 에피라 양의 10% 이하(약 6%)에 지나지 않는다. 이처럼 현장에서는 4개월 이내에 에피라 Ⅰ기에서 메테피라 Ⅲ기 또는 어린 해파리까지 성장하며, 이들 중 다수는 1-2개월 만에 성장하는 것으로 추정된다. 그리고 5-6월에는 1-2cm (체중0.2-0.9g)의 어린 해파리로 성장하며, 해수의 흐름에 의해 분산되어 와류역에서 정체 또는 모이게 된다. 이들은 여름(7-8월)에서 초가을(9월)까지 급격하게 성장하며, 12월에는 대부분이 우산 크기 12-13cm (70-80g)에 달하는 성숙기에 들어 그 해를 넘긴다. 이와 같이 어린 해파리로 6-7개월을 지나, 다음해 1월부터 일제히 성숙하여 방란, 방정을 시작한다. 방란, 방정 후에도 3-4월까지 성장을 계속하여 11개월 후에는 많은 개체의 우산직경이 22cm (400g)에 달하고, 6월 하순까지 방란, 방정을 계속한다. 그 후 점차 우산이 축소하면서 폐사하는 것으로 판단된다.

현장에서 처음으로 보름달물해파리의 생활사가 구명되었으며, 우라소코(浦底)만 해역에서 본 종의 수명은 수정 후 1년 이상-2년 미만인 것으로 밝혀졌다. 여기서 특이할만한 사항은 우라소코(浦底)만과 그 주변해역에서 출현하는 에피라의 대부분은 플라눌라에서 직접 변태한다는 것이다. 오래전부터 알려져 왔던 폴립의 횡분열에 의해 생기는 에피라의 형성은 의외로 보조적인 것으로 추정되었다. 이를 뒷받침하는 다른 근거로, 아사무시(淺虫)해역의 사육실험에서는 10월에도 횡분체가 형성되었으나, 우라소코(浦底)만과 주변해역의 플랑크톤네트 채집에서는 현재까지 가을철 횡분열을 증명하는 자료가 전혀 수집되지 않았다는 점이다. 플라눌라에서 변태한 폴립이 1개의 에피라만을 형성하는 현상은 먹이를 주지 않고 장기간 사육한 경우에만 관찰된다는 보고가 있다. 그러나 저자의 실험에서는 로티퍼를 충분히 주어 사육한 것과 본 조사해역에서 보름달물해파리의 번식시기나 에피라의 출현시기 전후에 동물플랑크톤인 요각류나 지각류가 다른 계절보다 고밀도로 출현한 점 등을 고려하면, 많은 플라눌라가 폴립의 단계를 생략하고 직접 에피라로 변태한다고 생각하여도 큰 무리는 없을 것으로 판단된다(그림 30, 두꺼운 선).

또한, 동해의 일본 연안 측에 위치한 우라소코(浦底)만 해역에서 채집된 개체의 성숙란이나 대부분의 플라눌라가 북유럽, 북아메리카, 동경만 및 카고시마(鹿兒島)만산보다 2배나 크며, 초기발육이나 변태형태도 달랐다. 따라서 보름달물해파리의 유전적인 지리적 분화가 존재할 가능성도 있는 것으로 판단된다.

Ⅵ-2. 동경만 해역

동경만의 보름달물해파리는 우산이 13-14cm 이상으로 성숙하고, 수정란이나 플라눌라를 가진 개체가 거의 매년 나타난다. 성체 해파리의 조성율이 30% 이상을 나타내는 시기는 연도에 따라 차이가 있지만, 대부분 7월에서 다음해 2월 사이에 나타난다.

본 해역의 플라눌라(장경 0.16-0.312mm)는 약 1주간 모체에 부착하여 있지만, 그 후 모체에서 떨어져 유영하다가 적당한 기반에 부착하면 폴립으로 변태한다. 폴립은 우라소코(浦底)만에서 나타난 2가지의 방법 외에 친폴립에서 소형폴립을 만들어내는 출아에 의한 무성생식일 경우, 2개월 만에 4배 이상의 수로 증식한다. 이들 폴립은 12월경부터 횡분열을 시작하여 5월까지 계속한다. 횡분체의 접시수는 1-8매(대부분 1매)이며, 여기서 에피라로 방출되어 1-2개월 후에 1cm 전후의 어린 소형해파리가 된다(그림 30, 가는 선).

에피라는 12-5월(성기 2-3월)에 출현하고, 소형해파리가 된 후 4-5월에 걸쳐 급격히 성장하여, 우산크기가 15cm (150g)가 된다. 그 후 7-8월에는 다수의 개체가 20cm (300g)로 성장하여 성숙한 성체 해파리가 된다. 이 성숙한 군의 일부는 방란, 방정을 마친 후에 우산의 크기가 감소하면서 죽지만, 다른 일부는 겨울을 지나 성장을 계속한다. 그리고 다음해 봄에는 우산 크기가 22-30cm (400-830g)로 되면서 다시 방란, 방정을 하며, 지난해의 일부 개체와 같이 우산의 축소현상이 나타나 노화, 쇠약하여, 초여름(6월) 이후 점차 사멸하는 것으로 판단된다.

즉, 본 해역의 보름달물해파리는 우라소코(浦底)만과는 아주 다르게 이전부터 알려진 초기생활사(플라눌라-폴립-스트로빌라-에피라)를 거쳐 어린 해파리가 된다. 이들은 발생한 연도 내에 성숙하여 1-2회의 방란, 방정을 끝낸 후 사망하는 패턴을 반복하는 것으로 밝혀졌다. 수명은 7-22개월로 추정된다. 또한, 봄에서 여름에 걸쳐 부착한 폴립군체는 그 시기에 우점종인 부착생물인 홍합류와 서식장소 등의 공간경쟁에서 패하여 1년 이내에 죽는 것으로 나타났다. 단지, 가을에서 겨울에 걸쳐 부착한 폴립만이 생존하여 다음해에 성체 해파리로 성장하여 출현량에 큰 영향을 주는 것으로 판명되었다.

VI-3. 기타 해역(카고시마만)

카고시마(鹿兒島)만의 보름달물해파리는 우산이 약 8-10cm 이상으로 성숙하며, 2월 하순부터 성숙이 시작된다. 플라눌라의 크기는 동경만과 같은 0.2-0.3mm로 보유기간은 1-3개월 내외로 연변동이 있지만, 주로 3-10월에 발생하며, 성기는 6월이다. 이 시기에 성체 해파리의 플라눌라 보유율은 64%에 달한다. 부교(뜬 다리)의 뒷면이나 부이(발포스치로폴)에 부착한 본 종의 폴립군체를 관찰한 결과, 횡분체는 12월 하순-2월 하순에 출현하며, 그 성기는 1월이었지만, 출현율은 전체의 10% 정도에 지나지 않았다. 횡분체의 접시수는 최대 14매이며, 대부분은 7-9매였다.

에피라는 1-3월(성기 2월)에 출현하며, 어린 해파리는 2월 하순부터 확인되었다. 3월에 우산 1-2cm였던 소형해파리는 다른 해역과 같이 수온이 상승하는 4-6월에 급격한 성장을 이루어 15-18cm (170-320g)가 되었다. 7-8월에는 우산 크기가 18-23cm (320-600g)까지 성장하며 9-11월에는 우산 크기가 6-8cm로 감소하는 현상을 보이다가 사망한다. 처음으로 해파리의 연령사정(査正) 형질로 수관의 분지회수를 이용한 결과, 6-7회 이상 분지하는 개체가 월동하는 것으로 보여진다. 이들의 대다수는 우산직경이 최대 23cm (600g)에 달하는 것으로 밝혀졌다. 월동군은 동경만의 경우와 같이 발생한 그해에 성숙하여, 봄-여름에 걸쳐 방란, 방정한 무리의 일부가 다음해의 봄-여름에 다시 2차

방란, 방정을 한 다음, 우산의 축소현상을 나타내다가 점차 죽어가는 것으로 추정된다. 즉, 본 해역의 보름달물해파리의 수명은 10-20개월로 판단된다. 또한, 플라눌라의 크기에서 알 수 있는 것처럼 에피라에서의 직접발생은 없었다.

폴립의 생명력은 강하여 조건이 나쁘면 퇴화, 시스트상이 되지만, 조건이 좋아지면 원래의 폴립으로 성장한다는 보고도 있다.

Ⅶ. 출현과 분포

VII-1. 지리적분포

보름달물해파리는 거의 전 세계의 해안에서 출현하는 것으로 기록되어 있다(그림 31). 지리적 분포범위를 보면 북반구에서는 적도 바로 아래에서부터 북위 70°의 한해(寒海)에 이르기까지, 남반구에서는 남위 40°까지 광범위하다.

한편, 일본 및 주변해역에 있어서는 그림 32에 나타낸 것과 같이 대만, 오키나와(琉球)열도, 큐슈(九州)의 아모쿠사(天草)지방, 세토나이카이(瀨戶內海), 타나베(田辺)만, 하마나코(浜名湖), 동경만 및 무쯔(陸奧)만 외에 일본해 연안에서는 와카사(若狹)만, 사도(佐渡)에서 북해도의 오쇼로(忍路)만에 이르기까지 출현하는 것으로 확인되었으며, 그 이북 해역에서도 보름달물해파리가 분

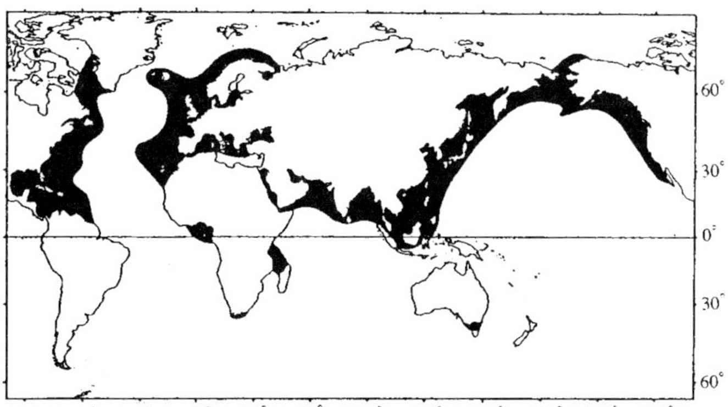

그림 31. 보름달물해파리속의 지리적 분포.

포하였다.

VII-2. 출현시기

1) 에피라: 보름달물해파리의 에피라의 출현시기는 북유럽이나 북아메리카에서 오래전부터 보고되어 왔으나, 일본에서는 저자에 의해 기록된 쯔루가(敦賀)반도 북부의 우라소코(浦底)만과 니부(丹生)만 및 주변해역에서의 플랑크톤네트 채집에 의한 조사결과가 최초이다. 그 후, 최근 들어 많은 연구자들에 의하여 동경만 이외에 카고시마(鹿兒島)만에 있어서도 상세한 조사가 이루어지고 있다(VI. 생활사 부분 참조). 비록 조사방법은 각기 다르지만 현재까지 판명된 출현기록을 고위도에서 저위도에 걸쳐 정리하였다(그림 33). 이에 따르면, 독일의 킬만에서는 9-10월을 제외한 전 월에 걸쳐 출현하며, 10개월이라는 장기간에 걸쳐 출현한다. 노르웨이의 베르겐이나 스웨덴의 구루머협곡에서는 봄 이외에 가을, 겨울에 걸쳐 출현하며, 북아메리카의 우즈홀에서도 봄 이외에 여름에서 가을사이에 두번의 출현시기가 있는 것이 특징이다. 또한, 우라소코(浦底)만과 동경만에서는 출현시기가 겨울에서 초여름까지 6개월 이상이며, 킬만에서도 장기간 출현하고 있다. 이에 비해 남방에 위치한 카고시마(鹿兒島)만에서는 출현기간이 4개월 미만으로 앞의 혼슈(本州) 두 해역보다 2개월 짧았다. 각 해안의 에피라 출현시기를 볼 때, 폴립의 횡분열은 그 이전부터 시작된 것으로 추정된다(단, 우라소코(浦底)만과

그림 32. 일본 및 근접해역에서의 보름달물해파리속의 분포.

니부(丹生)만의 경우, 대부분이 플라눌라에서 직접변태하여 단기간에 유리(방출)한 에피라군이라는 것은 이미 설명하였다). 에피라 출현의 지리적 차이는 주로 수온, 염분이나 먹이생물량 등의 환경조건(요인)의 차이에 기인한 것으로 판단된다.

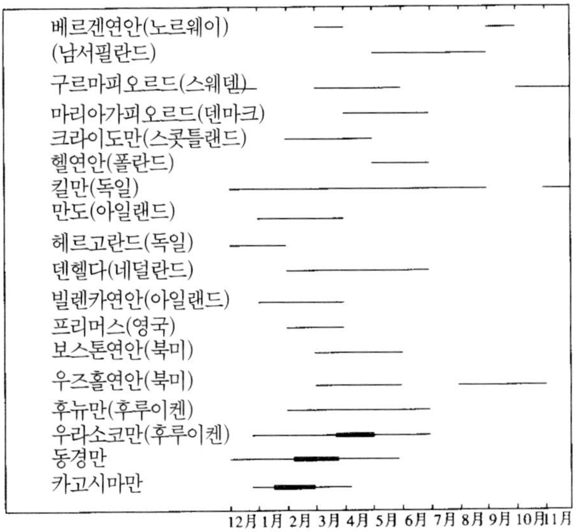

그림 33. 세계 각국 연안에서 보름달물해파리의 에피라 출현 시기(—)와 그 성기(━)(安田, 1988년 일부수정).

2) 성체 해파리: 와카사(若狹)만 해안과 킬만에서 본 종의 성체 해파리를 매년 정량적으로 채집하여 출현시기나 그 성기를 상세히 조사하여 보고하였다. 최근 들어 구레(吳)를 중심으로 한 세또나이카이(瀨戶內海)나 동경만 및 카고시마(鹿兒島)만 등에서 조사한 결과가 지속적으로 정리되어져 왔다.

정확한 비교는 어렵지만 육안으로 확인한 정성적(定性的)인 자료를 포함하여 세계 각국 연안지역에서 성체 해파리의 출현시기를 정리하였다(그림 34). 이에 따르면 덴마크, 독일의 헤로곤랜드 섬, 일본 및 멕시코만 이외의 해역에서 보름달물해파리는 거의 봄에서 여름 또는 늦가을에 걸쳐 출현하는 경우가

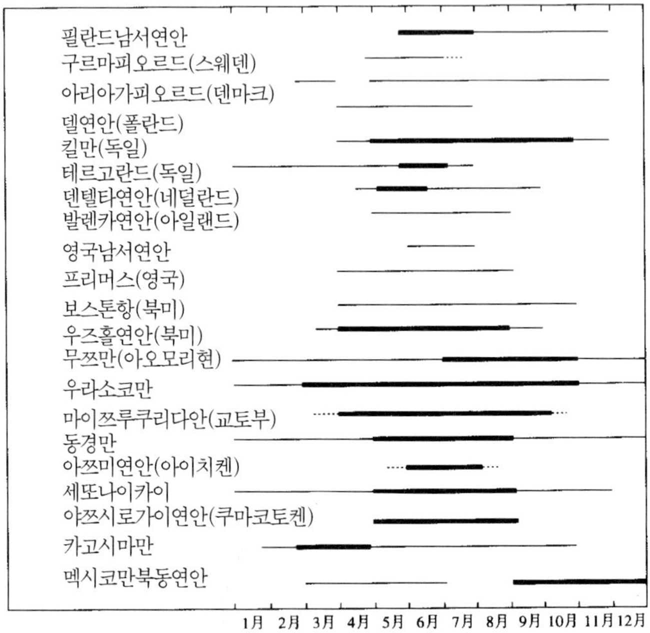

그림 34. 세계 각국 연안에서 보름달물해파리 성체형 출현 시기(—)와 그 성기(━)(安田, 1988년 일부수정).

많았다. 멕시코만을 제외한 대부분의 경우, 성기는 봄에서 가을까지였다. 이것은 해파리의 출현이 주로 수온과 그 변화양상에 영향을 받은 결과로 추정된다. 특히, 우라소코(浦底)만과 동경만 및 무쯔(陸奧)만에서는 매년 출현하고 있으며, 우라소코(浦底)만의 성기는 가장 긴 8개월인 것이 특징적이다. 이 결과와 에피라의 출현상황을 고려하면, 우라소코(浦底)만과 동경만이나 무쯔(陸奧)만은 보름달물해파리의 서식, 성장에 매우 적합한 환경조건을 갖추고 있는 것으로 판단된다.

VII-3. 수평분포

1) 플라눌라와 폴립

보름달물해파리의 플라눌라나 폴립의 분포에 대한 간단한 기록으로는 북아메리카의 우즈홀이나 북유럽 각지 연안에 대한 것이 있다. 저자는 우라소코(浦底)만에서 다음 방법으로 플라눌라와 초기폴립의 출현과 분포상황을 조사하였다.

플라눌라와 초기폴립을 채집하기 위하여 해면에 길이 3m의 대나무봉을 띄워, 각장 5-6cm의 가리비껍질 5장을 아밀란사로 수평 또는 수직으로 연결하여 3-500g의 추를 연결한 채집기를 제작, 설치하였다. 각각 3조(그룹)의 채집기를 표면, 2, 5, 10m 층에 1개월간 수하하였다. 이것을 매월 끌어올려 각 면에 부착한 플라눌라나 초기폴립을 계수하고, 각 층의 수온, 염분을 측정하였다(그림 35).

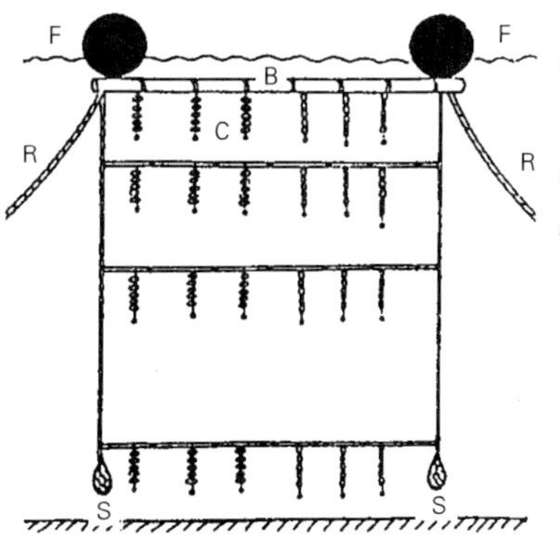

그림 35. 플라눌라와 폴립의 착생용 장치. F: 부자, B: 대나무장대, R: 추를 붙인 로프, S: 소형 침자, C: 가리비의 윗껍질을 수하시킨 채집기.

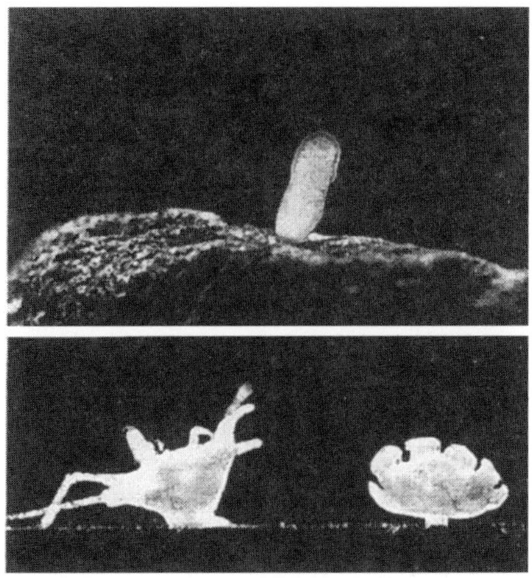

그림 36. 부착을 완료한 플라눌라(상)와 초기 폴립(하, 왼쪽) 및 직접 변태한 에피라(하, 오른쪽) (상: 아쿠아커뮤니티, 하: 동경시네마신사 제공).

이에 의하면 0.7mm 전후의 플라눌라 또는 1-2mm의 초기폴립은 주로 수평으로 유지된 패각의 상면에 1패각당 1-2개체가 관찰되었다. 출현시기는 1-6월이며, 특히 3-5월에 그 출현량이 현저히 많았다. 또한, 만내에 출현하는 사례가 많았는데 5-6월에는 만입구에서도 관찰되었다. 10m 층에서는 1-3월에

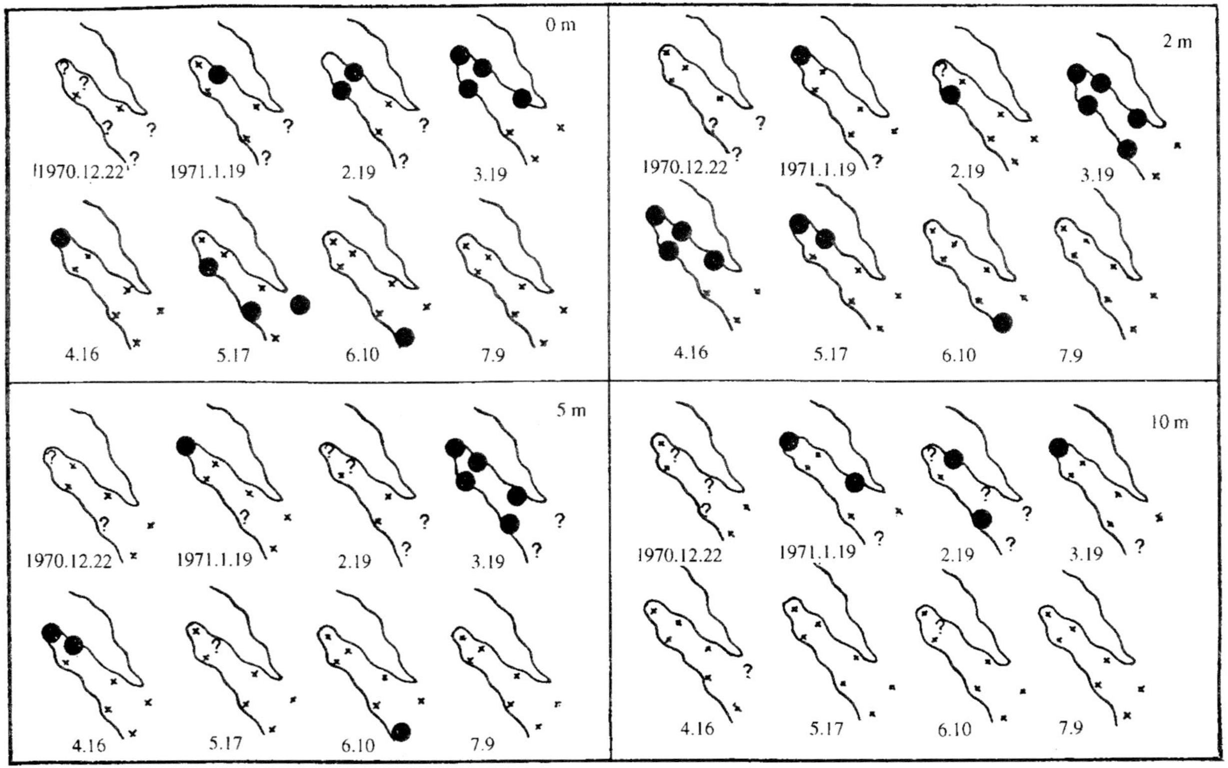

그림 37. 수평으로 지지된 가리비의 껍질위에 확인된 플라눌라 또는 초기 폴립의 월별, 층별 출현상황(1970년 12월-1971년 7월).
×:없음 ●:플라눌라 또는 초기폴립의 출현지점.

출현하기도 하였다. 덴마크의 마리아가협곡에서는 진주담치(*Mytilus edulis*) 1개의 패각에서 100개체 이상의 폴립이 발견되었다. 이에 비하면 우라소코(浦底)만에서 부착개체수가 매우 적었던 것은 이미 조사한 것처럼 대부분의 플라눌라가 폴립으로 성장하기 보다 직접 1개의 에피라로 변태하여(그림 36 하단 오른쪽) 단기간 내에 방출되었기 때문인 것으로 판단된다. 또한, 수평으로 묶인 패각의 윗면에 부착개체가 나타난 것은 성숙한 해파리에서 떨어진 플라눌라가 유영력이 약하여 점차 침강하면서 수평으로 묶인 패각의 윗면에 부착한 것으로 생각된다.

0-5m 수층에서는 3-5월에 만내에서 출현한 예가 많았는데 이 시기는 보름달물해파리 번식기에 속하며, 특히 3-5월은 성기에 해당한다. 3월 중 · 하순이 되면 겨울 계절풍에 의한 강한 파랑도 점차 줄어들어 해수유동이 약해지고 분산이 적은 만 안쪽 수역일수록 부착 개체수가 많아지기 때문인 것으로 판단된다. 이러한 경향은 북아메리카의 체사피크만에서 쐐기풀해파리의 일종인 *Chrysaora quinquecirrha*의 폴립분포에서도 언급된 바 있다.

5-6월이 되면 만 입구에서도 출현하는데, 이는 수온상승과 함께 성숙한 해파리의 운동이 활발해져 만내에서 만입구로 향하여 분산, 이동하거나 만입구에 형성되는 와류역에 해파리가 집적, 정체되기 때문인 것으로 생각된다. 또한, 10m층에서 1-3월에 플라눌라나 폴립이 출현하는 것은 이 시기에 성숙한 해파

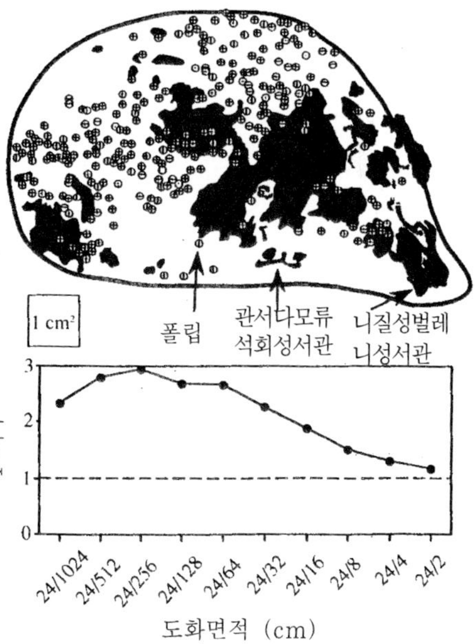

그림 38. 가고시마(鹿兒島)만 연안에서의 지중해담치 상의 폴립 군체의 분포사례.

리가 해저부근에서 월동하는 것과 관련이 있는 것으로 생각된다.

최근 카고시마(鹿兒島)만의 타니야마(谷山) 지방의 폭 30m 수로에 설치된 부교(浮橋: 길이 15m, 폭 3m)에서 많은 수의 폴립군체가 발견되어 이에 대하여 상세한 관찰과 분석을 실시하였다(그림 38 상, 하). 폴립은 1-2mm (평균 1mm) 크기로 부교 아래쪽의 스티로폴 뒤측 아래면(수심 2-5m)에 패치(patch)모양으로 부착되어 있었다. 그 가운데 지중해담치(*Mytilus galloprovincialis*)의 껍질 위에 부착되어 있던 폴립의 밀도는 (그림 38상) 4.2 개체/mm^3 였다. 森下는 분포집중도지수(Is) (1 이상: 집중분포, 1: 랜덤 분포, 1 이하: 어느 정도 분포)를 이용하여 분석하였다(그림 38하). 이로부터 256 구획수($9.4mm^2$)에서 지수가 약 3이 되었다. 즉, 이 그래프에서 폴립군체는 전체에서는 소집단을 가진 집중분포이지만 군체간에는 같은 양상의 분포를 보인다는 것을 알았다. 이

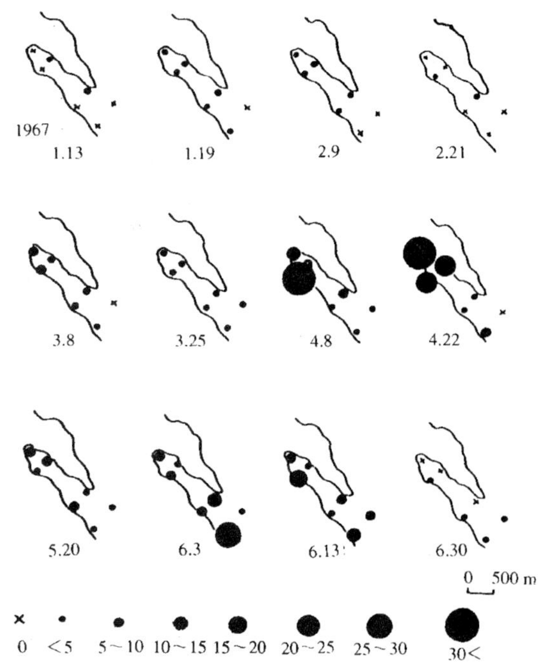

그림 39. 우라소코(浦底)만에서 초기에피라의 $1m^3$당 출현개체수의 월변화(1966년 11월-1967년 10월, 출현이 확인되지 않았던 월은 생략).

들 중 폴립의 개체사이에는 어느 정도의 거리가 유지되었으며, 폴립사이에는 어떤 종내의 관계, 즉 다른 개체와의 공간을 인식하는 능력이 있는 것으로 추정된다.

2) 어린(幼型) 해파리(에피라와 메테피라)

에피라에서 메테피라 및 어린 해파리에 이르기까지 발육단계별 수평분포에 대한 보고는 우라소코(浦底)만과 쯔루가(敦賀)만에서 얻어진 결과가 유일한 것이다. 1966년 11월-1967년 10월에 걸쳐 우라소코(浦底)만의 7개 정점에서 매월 약 2회, 특수 네트(구경45cm, 망목 0.33mm, 길이 80cm)로 해저에서 표면까지 수직으로 끌어올려 채집한 초기에피라의 출현상황을 조사하여 분석하였다(그림 39). 보름달물해파리의 에피라는 이 해역에서 번식기와 거의 같은 기간인 1월 중순-6월 하순 사이에 출현하였으며, 다른 기간에는 전혀 채집되지 않았다. 특히, 30개체/m^3 이상의 고밀도 분포는 4월 상순, 하순에 만 안쪽에서 나타났으며, 그 외의 경우에는 정점간 분포밀도에 있어 큰 차이가 없었다. 또한, 상세한 분포를 알기 위하여 1972년과 73년 4월 하순에 같은 만과 주변 해역에 26개 정점을 정하여 같은 방법으로 발육단계별 에피라와 메테피라 및 어린 해파리를 채집하였다. 1972년 4월 25일(수온13-16℃, 염분 34)의 조사결과는 그림 40(왼쪽)에 나타낸 바와 같다. 이에 의하면, 초기에피라Ⅰ기는 만 안쪽에서 30개체/m^3 이상의 고밀도분포를 나타내었고, 만입구 서쪽에서도 20-25개체/m^3 전후의 약간 높은 고밀도로 분포하였으나, 다른 해역에서는 다소 낮은 5-10개체/m^3 이하로 출현하였다. 에피라Ⅱ기 이상에서는 분포밀도가 급격히 저하하였고, 메테피라Ⅰ-Ⅲ기에서는 전 해역에서 5개체/m^3 이하로 출현하였으며, 만내에서는 전혀 출현하지 않는 정점도 있었다. 이렇게 성장에 따라 만 안쪽부분에서 만입구를 향하여 분산하다가, 어린 해피리가 되면 만내, 만입구의 일부나 만 외해역에서 패치(patch)상으로 분포하는 경향을 나타내었다(그림 40 왼쪽).

1973년 4월 20일(수온 12-19℃, 염분 33.6-34.3)의 조사결과를 보면(그림

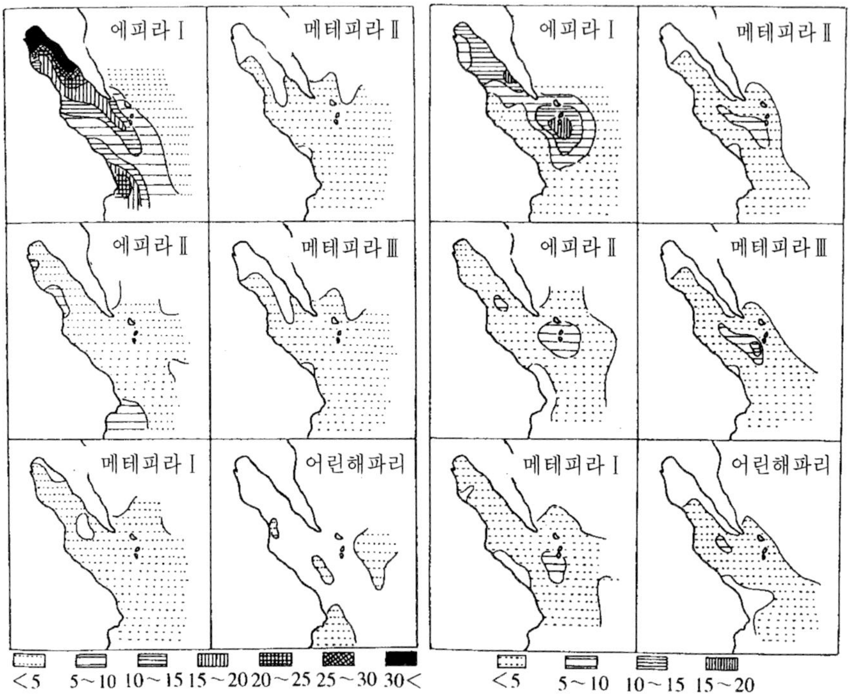

그림 40. 우라소코(浦底)만에서의 에피라Ⅰ, Ⅱ, Ⅲ기 및 어린 해파리의 수평분포(왼쪽: 1972년 4월 25일, 오른쪽: 1973년 4월 20일)(하단의 범례는 1m³당 개체수를 표시).

40, 오른쪽), 에피라Ⅰ기는 만내에서 약간 고밀도로 출현하였으며, 만입구 동쪽의 천해(淺海)역에서도 비슷한 분포밀도를 나타내었다. 에피라Ⅱ기와 메테피라Ⅰ-Ⅲ기의 분포밀도는 대부분의 해역에서 5개체/m^3 이하로 낮았으며, 분포범위 역시 좁았다. 어린 해파리는 더욱 국소적으로 출현, 분포하는 경향을 나타내었다(그림 40, 오른쪽).

한편, 1973년 5월 15일에 쯔루가(敦賀)만내 20개 정점에서 동일한 특수네트를 수직으로 끌어올려 채집한 결과와 환경요인을 분석하였다(그림 41). 상단에는 표층과 10m층의 수온, 염분, 투명도 및 플랑크톤 침전량의 수평분포를 나타내었다. 표면수온은 만 후부(後部)와 안쪽에서 약간 높은 17℃ 이상이

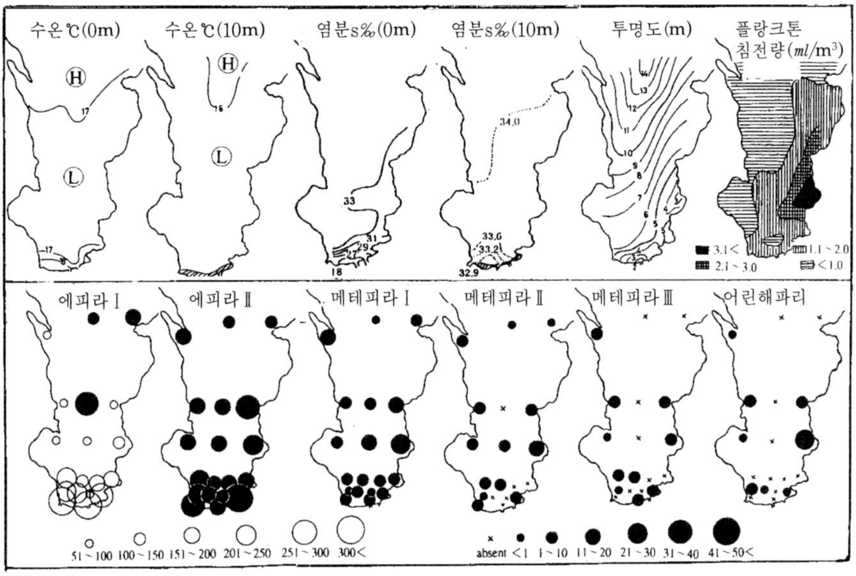

그림 41. 쯔루가(敦賀)만에서의 보름달물해파리의 발육단계별 1m³당 출현개체수와 환경조건(1973년 5월 15일).

며, 만 중앙부에서는 이보다 낮았다. 10m 층에서는 만 후부(後部)에서 16℃ 이상의 다소 고온을 나타내었으나, 만 전체적으로는 거의 차이가 없었다.

표층 염분은 만 안쪽에서 유입되는 쇼노(笙の)강과 이노구찌(井の口)강의 영향을 받아 연안쪽은 18-31이었으며, 쯔루가(敦賀)시에서 만 입구의 오카자키(岡崎)에 이르는 동부해안에서는 33 이하의 저염분을 나타내었다. 그러나 10m층에서는 표층염분과 같은 정도의 차이는 없었으며, 오카자키(岡崎) 이북의 만 후부(後部)에서 34 이상의 고염분을 나타내었고, 만 안쪽 해역도 32.8-33.6 이였다. 투명도는 만입구에서 만서부에 걸쳐 10m 이상으로 높았으나, 만 안쪽 해역 및 동쪽연안 해역에서는 5-6m 이하로 낮아 표층 염분의 분포와 유사한 경향을 보였다.

대형플랑크톤 침전량은 만 안쪽 일부 해역을 제외한 만 동쪽해역의 중앙에서 높았으며, 특히 아카사키(赤崎)연안에서 3.1 ml/m^3 이상으로 높은 값을 나타내었으나, 서쪽해역의 중앙 해역에서는 1.0*ml*/m³ 이하였다. 이때 우점종은 야광충, 요각류인 *Acartia clausi* 및 대형규조류인 *Coscinodisucus wailesii* 등이었다.

앞서 설명한 해양환경을 보면 만 외의 표층수는 서쪽연안을 따라 만내로 유입되고, 하천수는 만내에서 동쪽연안을 따라 만입구로 북상하는 것으로 나타났다. 특히 아카사키(赤崎)연안에서 플랑크톤 침전량이 많았던 것은 그 당시 관찰된 환경요인만으로는 충분히 설명되지는 않지만, 그곳에 약한 와류가 형성되어 있었을 가능성이 있다는 것을 배제할 수는 없다(그림 41 상단). 하단의 그림은 에피라와 메테피라 및 어린 해파리의 1m³당 개체수의 분포를 나타내었다. 그림 41에 의하면, 에피라 Ⅰ기는 만안쪽 연안에서 분포밀도가 높으며, 최고 300개체/m³ 이상의 분포밀도를 나타내었다. 만안쪽 해역에서 만 중앙부분의 연안을 따라 51-150개체/m³의 분포밀도를 보인 반면, 만입구에서는 20개체/m³ 이하의 낮은 밀도를 나타내었다. 에피라 Ⅱ기도 만 안쪽 해역에서 중앙부에 걸쳐 밀도가 높으며, 카네가사키(金ヶ崎)와 오카자키(岡崎)연안에서는 31-50개체/m³를 나타내었으나, 만입구에서의 분포밀도는 10개체/m³ 이하로 낮았다. 분포밀도가 가장 높은 만 안쪽이나 마쯔가사키(松ヶ崎)연안에서 에피라 Ⅱ기의 밀도는 Ⅰ기의 약 1/2-1/10 정도에 지나지 않아, 에피라 Ⅰ기에서 Ⅱ기 사이의 감소현상이 뚜렷하였다. 메테피라 Ⅱ기의 분포밀도는 각 정점에서 거의 같은 값을 보였으며, 일부 만입구와 아카사키(赤崎)연안에서 21-30개체/m³로 약간 높은 밀도를 보였다. 평균 밀도도 20개체/m³ 이하로 낮아졌다. 이러한 경향은 어린 해파리에서 더욱 현저하며, 연안에 와류가 형성되었다고 생각되는 지점의 부근에 주로 분포하는 경향을 보였다(그림 41 하단). 이처럼 우라소코(浦底)만보다 훨씬 광대한 쯔루가(敦賀)만 해역에서도 초기에피라의 분포밀도가 만내 안쪽부근 해역에서 높은 것은 이미 설명한 것처럼 파랑이 작고 잔잔하여 해수의 분산, 교류가 한정된 해역에 플라눌라가 고밀도로 가라앉아 폴립의 착생이 이루어짐에 따라 보름달물해파리의 주요 발생장소가 되었기 때문이다.

또한, 실내 사육실험이나 네트 채집에 의한 발육단계별 개체수 조사결과에서도 이미 밝혀진 것과 같이(Ⅳ. 번식과 발생), 에피라Ⅰ기에서 Ⅱ기로 옮겨가는 사이에 감소가 현저한 것은 이 시기가 보름달물해파리의 어린 해파리에 있어 주된 감소시기이기 때문인 것으로 생각된다. 이처럼 초기 에피라 발육에 있어 높은 사망률을 나타내는 다른 해파리강류로는 쐐기풀해파리(*Chrysaora helvola*)의 일종을 들 수 있다.

3) 성체 해파리

어떤 한정된 해역에서 보름달물해파리 성체의 수평분포를 상세하게 조사한 사례는 적다. 실제로 이종을 채집하여 출현개체수를 확인한 후에 수평분포를 분석, 보고한 것으로는 메인만에서의 조사사례가 최초인 것으로 생각된다. 일부 수정 자료(그림 42)에 의하면, 이 만에서 보름달물해파리는 케이프코드(Cape cod)에서 노바스코시아(Nova Scotia)의 야마스 남부연안에 이르는 작은 만 또는 강 입구, 하구 부근의 연안쪽에서 주로 출현하고 있다. 100m 등심선의 외측 1-2마일 이상의 근해에서는 거의 출현하지 않으며, 단지 한 해역에서 출현한 예가 있을 뿐이다.

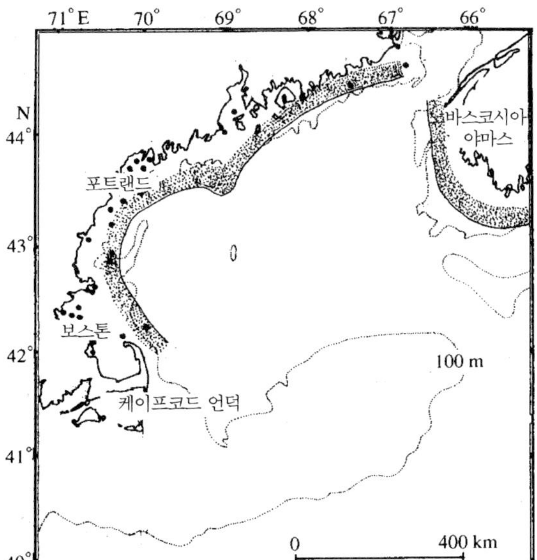

그림 42. 메인만에서 보름달물해파리의 출현범위(띠모양 부분)과 채집지점(흑점).

메인만보다 훨씬 넓은 해역에 있어서 해파리류(주요종은 보름달물해파리)의 정량적 연구사례로는 1978년 여름철 발트해에서 북해에 이르는 368개 정점에서 대형플랑크톤네트(구경 1m, 망목 0.5mm)로 경사채집된 해파리류의 현존량과 조성에 관한 분석결과(그림 43)가 있다.

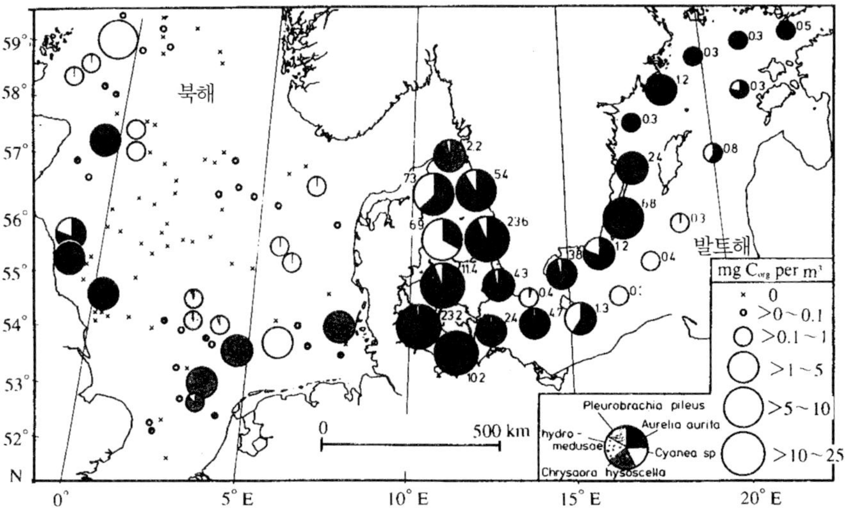

그림 43. 북해와 발트해에서 해파리류의 현존량(탄소량 mg/m^3)과 조성(1978년 8월 1일-9월 15일)
■ : *Aureria aurita* 보름달물해파리, □ : *Cyanea* sp., 사자갈기해파리의 일종,
■ : *Chrysaora hysocella* 쐐기풀해파리의 일종, ■ : Hydoromedusae 히드라해파리류,
□ : *Pleurobrachia pileus* 유즐해파리의 일종.

이에 의하면 채집된 동물플랑크톤은 해파리류와 요각류가 주이며, 체탄소량은 0-162mg C/m^3 였다. 그 중 해파리류의 약 90% 이상은 보름달물해파리였다. 발트해에서 출현한 보름달물해파리의 양은 20.2-2,374.3mg C/m^3 이며, 중앙의 유틀란트반도 남동쪽 킬만에서 최대치를 나타내었다. 이에 반하여 북해에서 보름달물해파리의 출현은 서부연안해역에 한정되어 있으며, 그 양도 9.2mg C/m^3 이하였다. 이 조사로 외양의 근해에 분포하는 유령해파리(*Cyanea nozakii*)나 쐐기풀해파리(*Chrysaora helvola*)와는 대조적으로 메인만의 경우와 같이 연안에 주로 분포하는 보름달물해파리의 특성이 밝혀졌다.

그 조성이나 분포량으로부터 북유럽해역의 동물플랑크톤 해파리류, 그 중에서도 보름달물해파리에 대한 조사연구의 중요성이 최근 들어 재인식되고 있다.

일본에서도 본 종을 정량적으로 다룬 보고는 적지만, 여기에 2, 3개의 사례

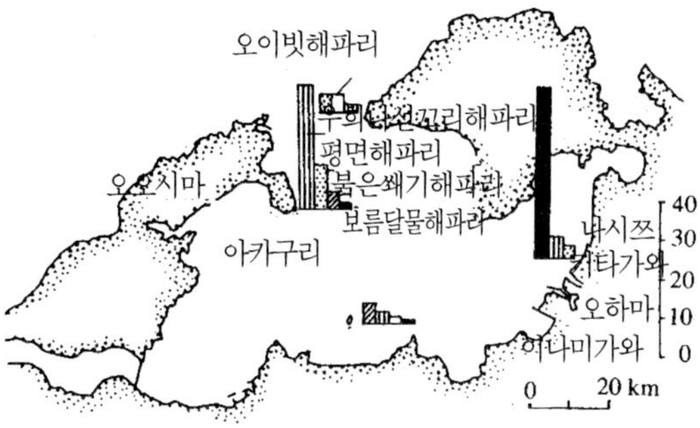

그림 44. 소형저예망에 의한 1양망 당 해파리류의 채집개체수 (安田 원도, 1971년 3-4월).

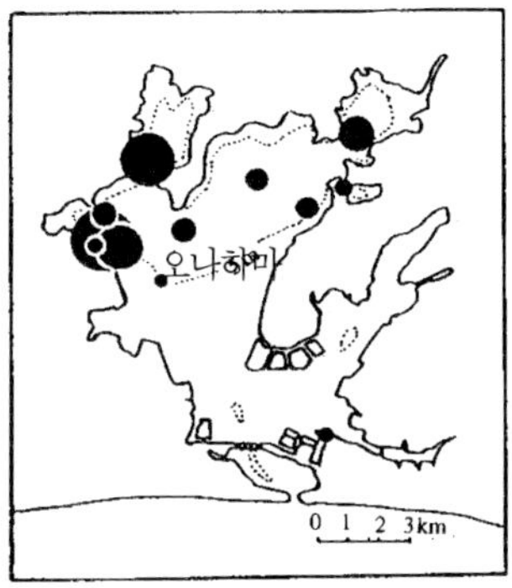

그림 45. 하마나코(浜名湖)에서 보름달물해파리의 수평분포 (로만법으로 나타냄).

를 소개하고자 한다. 1971년 봄, 와카사(若狹)만 중앙부의 오바마(小浜)만에서 보리새우를 대상으로 한 소형저예망(망구 1×8m, 망목 4cm, 말단부 5mm)에서 혼획 된 해파리류의 채집결과를 정리하였다(그림 44). 보름달물해파리가 가장 많이 채집된 곳은 만내의 니시주(西津) 연안해역이었다. 동시에 채집된 유즐동물(有櫛, Ctenophora)인 오이빗해파리(*Betöe cucumis*), 해파리강류의 붉은쐐기해파리(*Ch. melranaster*), 히드라충류인 평면해파리(*Aequoera coerulescens*), 무희나선꼬리해파리(*Spirocodon saltatrix*) 등이 만내에서 만외해역까지 출현하는 것에 비하여, 보름달물해파리는 대부분 만내 해역에서 채집되는 것이 특징적이었다. 대형네트(구경 1m, 망목 5mm)에 의한 수평연직 채집에서도 동일한 결과가 얻어졌다.

그 외에 단 1회의 기록이지만 저자가 사용한 것과 같은 네트로 1965년 여름에 하마나코(浜名湖)에서 채집, 조사한 결과(그림 45)를 보면, 우산직경

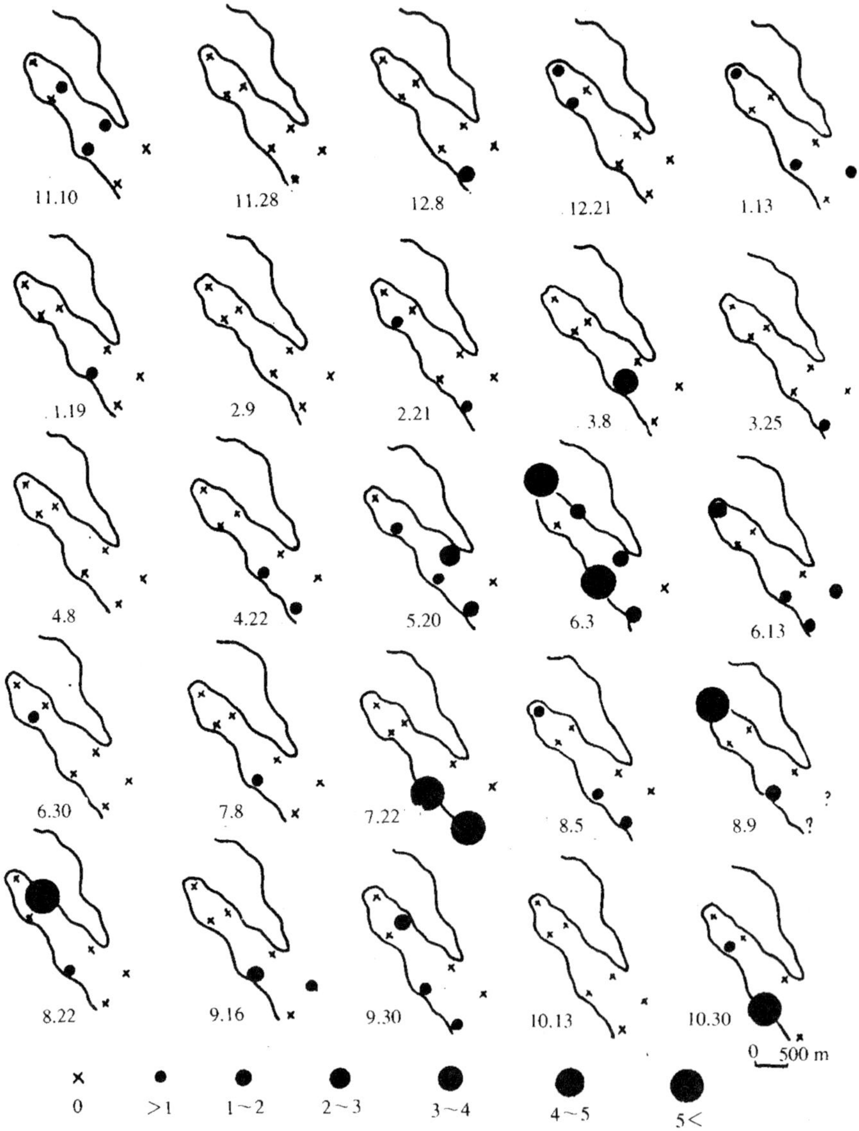

그림 46. 우라소코(浦底)만에서 성체 보름달물해파리의 1m^{3}당 출현개체수의 월변화(1966년 11월-1967년 10월).

6cm 이하인 어린 해파리는 역시 호 내에 많았으며, 해수밀도(σt) 5.5-18.7 범위 중 특히 12.5-16.6인 해역에서 최고 103개체/m^3가 보고되었다. 메인만, 발트해 및 오바마(小浜)만의 조사사례를 보면, 보름달물해파리가 전형적인 연안, 내만성 부유동물이라는 것을 잘 나타내고 있다.

본 종의 수평분포의 월 변화를 조사한 사례로 우라소코(浦底)만에서 중형네트(구경 60cm, 망목 2mm, 길이 2m)로 월 2회 이상 반복하여 연직(수직)으로 채집한 결과를 살펴보면(그림 46), 보름달물해파리는 이 만에 거의 매년 출현하지만, 3개체/m^3 이상의 분포밀도가 기록된 것은 3-10월이며, 만 입구인 서부연안에서 출현빈도가 높았다. 특히, 만 안쪽부 해역에서 6월과 8월에 고밀도로 분포한 것이 특징적이었다. 3월의 고밀도 출현은 겨울에 이 해역에서

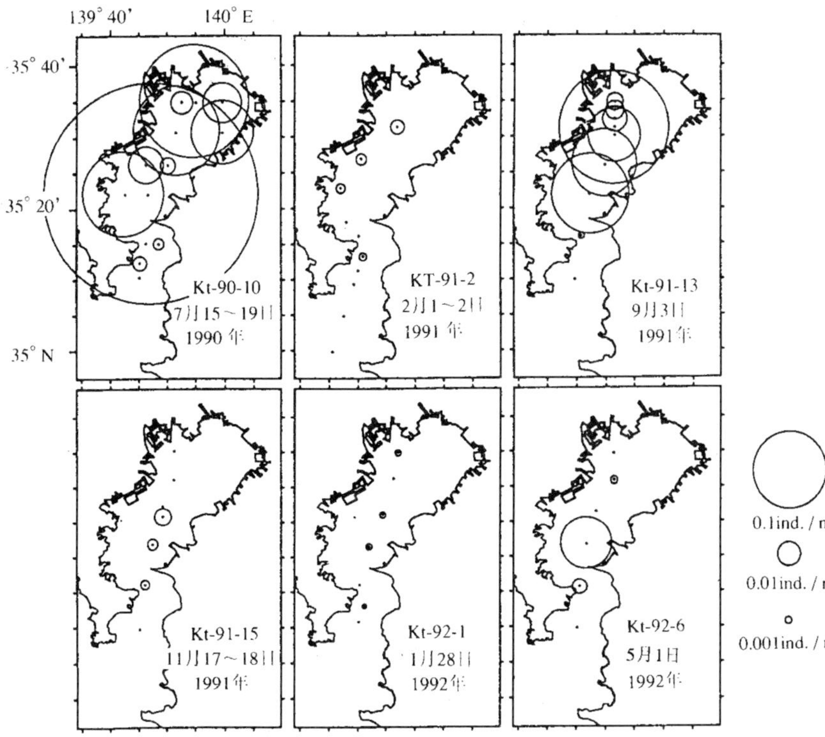

그림 47. 동경만에서 성체 보름달물해파리 수평분포의 계절변화(1990년 7월-1992년 5월).

해삼을 대상으로 하는 소형 저예망이나 형망에 다량의 보름달물해파리가 혼획된 것을 고려할 때 주로 해저부근에 월동한 우산직경 20cm 이상의 대형 성숙해파리군이 봄에 수온상승과 함께 부상하여 채집되었기 때문인 것으로 생각된다. 6월의 고밀도 현상은 앞서 하마나코(浜名湖)의 사례에서 설명한 것처럼, 그 해에 만 안쪽부분에서 발생한 에피라에서 변태한 우산직경 3cm 이하의 어린 해파리가 무리에 합세하였기 때문인 것으로 판단된다(Ⅴ. 영양과 성장). 그 외에 7월과 10월에 만 입구 서부연안의 분포밀도가 높게 나타났는데, 이는 이 부근이 수렴성(收斂性)의 와류가 발생하기 쉬운 해역이기 때문인 것으로 생각된다. 또한, 만 안쪽부분에서 분포밀도가 가장 높았던 8월은 근해역(앞바다의 물)의 해수가 만 내로 매우 많이 유입되는 시기에 해당한다. 그 결과, 수평 이동력이 약한 보름달물해파리가 만외 수괴의 침입으로 만 안쪽부분에 압축되는 상태가 된 것으로 여겨진다.

그 외 다른 해역의 사례로 최근 동경만에서 조사된 보름달물해파리의 수평분포의 월변화를 소개하고자 한다. 동경만 안쪽부분에서 만입구에 이르는 6-13개 정점에서 ORI 네트(구경 1.6m, 망목 1-2mm)로 5-10m 수층에서 수평 또는 경사로 채집한 결과를 분석하였다(그림 47). 보름달물해파리는 봄에서 여름, 초가을에 분포밀도가 높으나, 가을-겨울에 낮아져 대부분의 정점에서 0.01개체/m^3 이하였다.

1990년 7월에 만 안쪽에서 중앙부에 걸쳐 분포밀도가 0.1개체/m^3 이상으로 높았는데, 이것은 아라카와(荒川)에서 발생, 확산되어온 저염분수(28 이하)에 의한 전선과 관계가 있는 것으로 판단된다. 1991년 9월에는 중앙부에서 분포밀도가 높았다. 이는 비가 계속되어 만 안쪽해역의 염분농도가 20 이하의 저염분수가 되었기 때문인 것으로 판단된다. 즉, 담수의 유입으로 고염분수가 남부로 밀려나온 결과로 생각된다. 1992년 5월에는 만 입구 동쪽연안의 한 정점에서만 약간 높은 밀도가 기록되었다. 이것은 다른 정점의 15m 수층에 강한 염분층이 형성되어 있어, 부상(浮上) 개체가 적었기 때문인 것으로 판단된다.

1991년 5월부터 1992년 12월까지 매월, 동경만의 6개 정점(수심 13-29m)에서 중형네트(구경 80cm, 망목 3mm)로 표층에서 5분간 보름달물해파리를 채집하여, 그 출현특성을 분석(그림 48)함과 동시에 조사 정점의 표층과 20m 수층의 수온을 측정하여 그래프로 나타내었다(그림 48 A). 그림 48에 나타난 바와 같이, 해파리 출현개체수의 연변동은 크며, 1991년 7월에 만 안쪽에서 최대밀도 1.53개체/m^3 (342g/m^3)가 되었고, 6개 정점의 평균은 0.32개체/m^3 (73g/m^3) 였다. 또한, 같은 해 4월과 12-1월에도 높은 밀도로 출현하였다(그림 48 B, C).

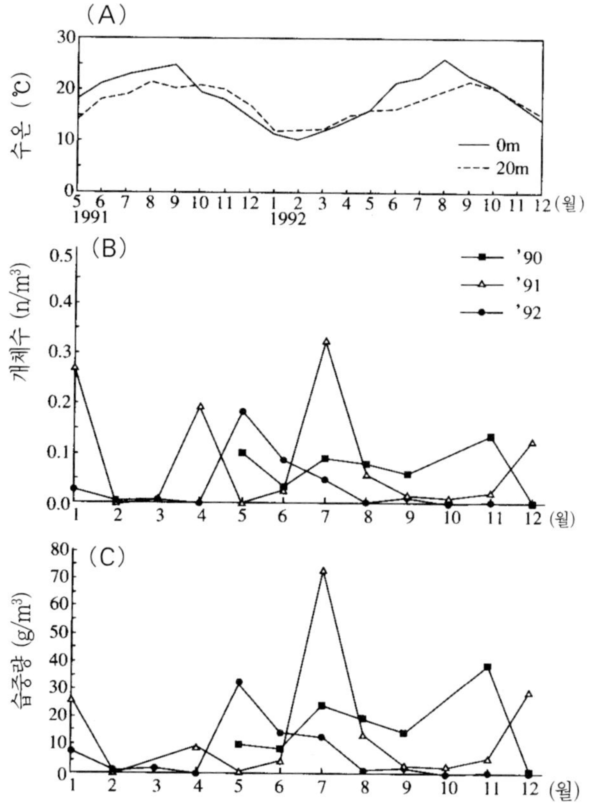

그림 48. 동경만 중앙부 수역에서 수온(0, 20m)의 월변화(1991년 5월-1992년 12월)(A)와 1m^3 당 성체형해파리의 출현개체수(B), 및 습중량의 월변화(C)(1990년-1992년).

전반적으로 동경만은 15℃ 이상이 되는 봄-여름에 보름달물해파리의 출현량이 많으면 1991년과 같이 15℃ 이하가 되는 겨울철에도 봄과 같은 정도로 보름달물해파리가 출현하여, 이 종이 우라소코(浦底)만의 경우와 같이, 발생한 당해년도에는 만내에서 죽지 않고 월동하는 것으로 나타났다.

이상의 결과에서, 동경만내 이 종의

출현과 분포는 수온 외에 만내에 유입되는 하천수와의 혼합이나 해류의 흐름(유황: 流況)에 의한 영향이 큰 것으로 나타났다. 다른 해파리류 및 보름달물해파리의 수평분포는 해류의 흐름에 좌우되며, 조경(潮境) 등의 영향으로 대규모 또는 소규모로 고밀도 분포하는 사례가 국내외의 각 연안해역에서 다수 보고되고 있다.

4) 군집(Patch)과 현존량(Biomass)

보름달물해파리의 군집 또는 집합상태에 대하여서는 오래전부터 연구가 이루어져 왔으며, 그 중에서도 독일 킬만의 사례는 매우 흥미롭다. 독일 킬만에서 우연히 발견된 해파리 군집은 매우 고밀도로 배가 해파리떼 때문에 이동하지 못하였으며, 노를 꽂았을 때 직립상태가 되었다고 한다. 매우 과장된 표

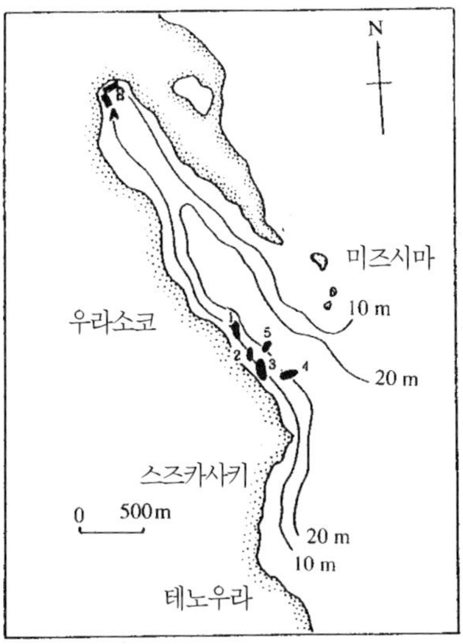

그림 49. 우라소코(浦底)만에서 보름달물해파리군의 형상과 출현위치(만 안쪽부의 장방형은 1967년 8월 9일에 출현한 띠모양의 무리임. 만입구의 타원형은 1968년 10월 17일에 연속적으로 출현한 타원형 무리를 2배로 확대하여 표시하였음).

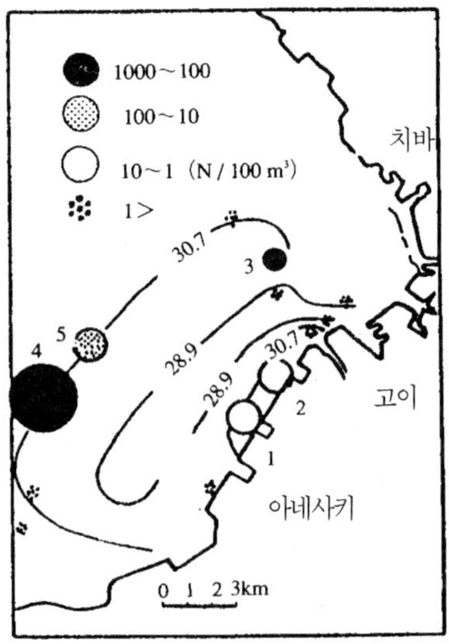

그림 50. 동경만 북동부에서 보름달물해파리 무리의 출현과 염분과의 관계(그림 중의 숫자는 무리의 번호를 표시함).

현인 것 같지만 군집의 크기와 분포밀도가 높았음을 강조하는 일례이다. 저자가 1967년 8월 상순에 우라소코(浦底)만에서 발견한 군집도 바다 가운데 흰 작은섬이 생긴 것과 같은 상태였다(그림 51C). 또한, 수평적으로 연속된 군집의 확산이 수마일에서 수십마일에 이르는 양상이 프리머스연안이나 메인만 등에서도 종종 보고되고 있다. 그 외 저자는 1972년 6월 중순에 쯔루가(敦賀)만의 안쪽 해역에서부터 동쪽 연안에 걸쳐, 크고 작은 보름달물해파리로만 이루어진 폭 약 2km, 길이 8km 이상에 이르는 거대한 군집을 발견하고, 그 장대함에 넋을 잃은 적이 있었다. 그럼에도 불구하고 다른 대형해파리류를 포함하여 보름달물해파리군의 수평분포 범위나 표면적, 용적 및 현존량(Biomass)을 조사, 산정한 사례는 거의 없는 실정이다. 따라서 우라소코(浦底)만과 그보

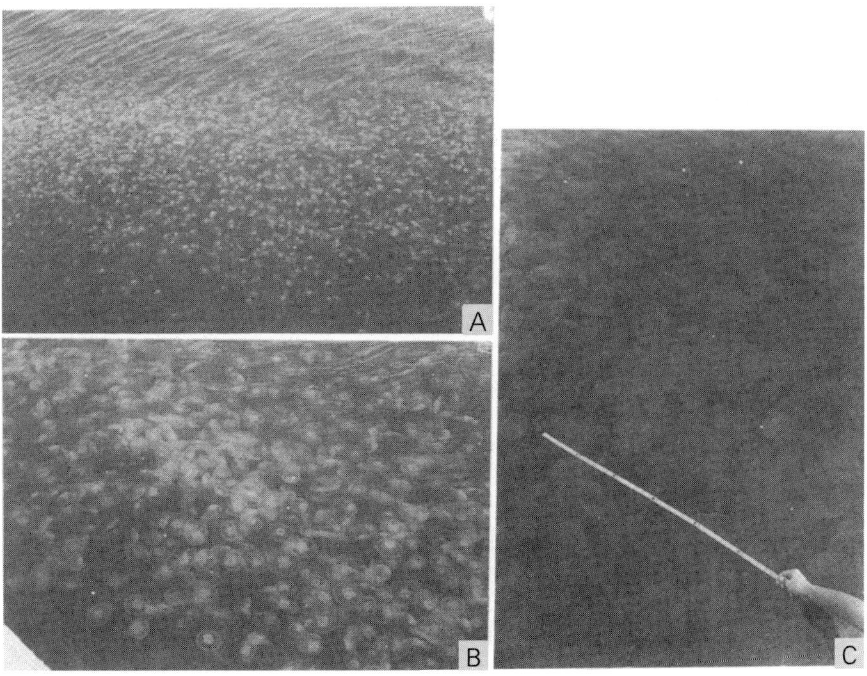

그림 51. 1974년 7월 20일 동경만 북동부 연안에서 출현한 길이 60-100m, 폭 4-5m 띠모양(A와 B: 柏木正史씨 제공) 및 1967년 8월 9일 우라소코(浦底)만 안쪽부분에 출현한 길이 60m, 폭 4m의 같은 형태의 무리(C: 眞鍋 恭平씨 제공).

다 훨씬 넓은 동경만 북동부 해역에서 목격된 군집의 크기, 형태 및 산출된 현존량의 결과를 설명하고자 한다.

보름달물해파리의 군집 형태는 일반적으로 띠모양 또는 긴타원형으로(그림 49, 50, 51), 그 면적, 용적, 분포밀도 및 우산크기와 체중간의 관계로부터 현존량을 계산하였다(표 10a, b). 즉, 우라소코(浦底)만에서 발견된 띠모양의 A와 B 군집(폭 2-4m, 길이 30-60m)의 분포밀도는 실제 약 600개체/m^3 였으며, 현존량은 1.4-9.2톤 이였다. 또한, 연속적으로 출현한 긴타원형상의 No. 1-5 군집(단경 10-20m, 장경 100-130m)은 1.0-13.0톤에 달하는 것으로 계산되었

표 10. 보름달물해파리의 크기와 현존량

a) 후쿠이현 우라소코만의 사례

년·월·일	무리번호 및 형태	면적 (m^2)	두께 (m)	용적 (m^3)	분포밀도 (N/m^3)	최다우산직경 (㎝)	체중 (g)	현존량 (ton)
1967년	A띠모양	60	3	180.0	596.4	6~7	(13.1~21.5)	1.4~2.3
8월 9일	B띠모양	240	3	720.0	596.4	6~7	(13.1~21.5)	5.6~9.2
1968년	1타원모양	1177.5	1	1177.5	41.6	8~10	(30.3~52.5)	1.4~2.6
10월 17일	2타원모양	1177.5	2	2355.0	25.0	8~10	(30.3~52.5)	1.7~3.1
	3타원모양	2041.0	1	2041.0	120.8	8~10	(30.3~52.5)	7.5~13.0
	4타원모양	2041.0	2*1	4082.0	29.2	8~10	(30.3~52.5)	3.6~6.3
	5타원모양	588.8	2*1	1177.5	29.2	8~10	(30.3~52.5)	1.0~1.8

b) 동경만 북동부의 사례

년·월·일	무리번호 및 형태	면적 (m^2)	두께*2 (m)	용적 (m^3)	분포밀도 (N/m^3)	평균우산직경 (㎝)	평균체중 (g)	현존량*3 (ton)
1967년	1타원모양	15,700	5	78,500	0.055	21 (441)	441	1.98
6월	2타원모양	15,700	5	78,500	0.046	23 (581)	581	2.1
20~22일	3타원모양	3,930	5	19,650	2,770	24 (651)	651	35.4
	4타원모양	62,800	5	314,000	5,250	24 (651)	651	1073.1
	5타원모양	15,700	5	-	-	-	-	
1967년 7월 8일	A띠모양	1,000	5	5,000	24,920	26 (791)	791	98.6

*1 이들 중 일부 개체가 중·저층으로 침강하였으므로, 2m 이하의 수평적인 범위 확인 불가. 따라서 현존량은 2m 이내 분포 개체를 대상으로 산정.

*2 추정치.

*3 평균 우산직경과 체중으로 계산한 수치.

다. 이들 군집은 흐름의 방향이 불규칙적이며, 유속이 약한 0-11 cm/sec. 이하인 곳에서 발견되었다.

한편, 동경만 북동부에서 어선과 헬리콥터를 동원하여 발견한 10개의 군집 중, 규모가 매우 큰 5개 군집(그림 50)은 모두 타원형으로 장경이 100-400m에 달하며, 비록 분포밀도는 5.25개체/m^{3}로 낮았지만 우산직경이 20cm를 넘는 대형개체의 군집이었다. 현존량은 최고 1,000톤을 넘었다. 또한, 띠모양의 A군집은 분포밀도가 약 25개체/m^{3}로 조사기간 중 가장 높았으며, 약 100톤에 달하는 것으로 추정되었다. 이들 군집 중 타원형의 군집은(그림 50) 주로 고이(五井)지구의 요로우가와(養老川)에서 유입되는 담수의 영향을 받아, 남서쪽에 분포하는 염분 28.9(염소량 16) 이하의 저염분수대의 바깥가장자리에 분포하였다. 또한, 띠모양은 근해수 영향으로 형성된 염분 31.9(염소량 17.7)대 전선부근에서 발견되었다.

1990-91년 하계에 동일한 만내에서 어군탐지기(Furuno, FQ-50)를 사용하여 우산직경 15-18cm인 해파리군의 크기를 측정하였다. 그 결과, 20-140m 규모의 군이 많았고, 최소는 14m, 최대는 약 800m에 달하며, 분포밀도는 0.9-13.4개체/m^3 였다. 1994-97년의 3년간에 걸쳐 치어네트로 5m 수평끌기로 채집한 결과에 의하면, 이 만의 해파리(우산직경 15cm) 현존량은 7월 1일 시점에 14만-52만톤으로 추정되었다.

그 외, 구마모토(熊本)현 야쯔시로(八代)시에서 수산사무소, 시청직원 및 어협청년부가 야쯔시로카이(八代海)의 연안 50km^{2}에 이르는 광대한 해역의 보름달물해파리량을 조사한 예가 있다. 조사 방법은 몇 명이 선상에서 수심 1m까지의 해파리수를 목시하여, 1m^{3}당의 분포밀도를 계산하여 그 평균치에서 1km^{2}의 개체수를 구한 결과이다. 그 결과, 조사 해역에서는 1억 3천만마리(중량 11만톤)의 보름달물해파리가 서식하고 있는 것으로 추정되었다.

앞서 설명한 것처럼, 해파리의 분포가 해류의 흐름에 좌우된다는 사실과 본 조사가 정량채집의 결과를 기초로 한 것이 아니기 때문에 우라소코(浦底)만이나 동경만에서의 조사결과와 비교할 때, 오차가 큰 것으로 나타났다. 그러나

이 해역에서 보름달물해파리의 현존량이 매우 많다는 것은 쉽게 이해할 수 있다.

이상과 같이 이 종이 대량으로 분포하는 해역에서 해파리의 현존량을 추정하기 위하여서는 상당히 대규모의 조사가 필요하다. 또한, 군집의 수평, 수직 분포범위와 밀도 및 우산크기 조성 등을 가능한 상세하게 파악하여야 하며 동시에 군집의 이동을 좌우하는 흐름(항류, 조석류, 취송풍)에 대한 자료도 같이 수집해야 할 필요가 있다. 최근들어 계량형어군탐지기(FQ-50)의 적분형으로 해파리군의 탐지와 판별이 가능하게 되었으며, 플랑크톤네트 등의 병용(併用)으로 추후 정확한 현존량을 계측할 수 있을 것으로 판단된다.

VI-4. 수직(연직)분포

1) 플라눌라와 폴립

보름달물해파리의 플라눌라 또는 폴립의 수직분포에 대하여 다음과 같은 기록이 남아있다. 우즈홀 연안에서 잘피류가 번성하는 천해대에 본종의 횡분체(strobila)가 다량 출현하였으며, 마리아가협곡에서는 수심 1-2m에 부착하여 서식하는 진주담치 패각 표면에 초기폴립의 부착이 확인되었고, 남서 필랜드에서는 수심 4-5m에 서식하는 갈조식물의 일종인 *Fucus* sp.에 초기 폴립이 부착한 것이 발견되었다고 한다. 저자는 우라소코(浦底)만에서 패각을 사용하여 실시한 수하실험에서 플라눌라나 초기폴립은 주로 해수표면에서 수심 5m 사이에 출현한다는 것을 밝힐 수 있었으며, 경우에 따라서는 수심 10m까지 분포하는 것을 관찰하였다. 초기에피라도 같은 천해대에서 채집되었다. 최근 들어 카고시마(鹿兒島)만에서 잔교(임시선창)의 수심 2-5m 스티로폴 아래쪽면에서 다수의 폴립군체를 발견할 수 있었으며, 구루마해협곡에서도 수심 5m와 10m에 수하된 도자기로 된 시험판(15×15cm) 중, 수심 5m에 수하된 시험판에서 다수의 폴립이 발견되었다. 이 외에도 동일 지역의 수심 25m인 해저에서 채집된 돌조각이나 패각에서도 폴립이 발견되었다는 보고도 있다. 메인만에서 본 종의 발생장소는 수심 20m 이내로 추정되고 있으며, 킬만의 경우, 수심 20m 이상에서 폴립은 발견되지 않았다고 보고되고 있다. 이상의 기록이나 보고, 초기에피라의 출현상황 등을 고려할 때, 보름달물해파리의 플라눌라나 폴립은 수심 25-20m (특히 10-5m) 이내의 모래자갈, 암초 또는 해산식물이 많이 자라있는 얕은 바다가 주요 부착, 생육장소인 것으로 추정된다.

2) 어린 해파리(유형해파리)

에피라에서 메테피아에 이르는 어린 해파리의 수직분포나 이동에 관한 보고로는 우라소코(浦底)만에서의 조사사례가 유일한 것이다.

① 연직(수직)분포: 어린 해파리는 4개의 중형네트(그림 52; 구경51cm, 망목 0.33mm, 길이 145cm)를 직접 1가닥의 로프에 부착시켜 표층, 3, 7, 15m의 수층에서 0.5m/sec의 속도로 15분간 동시에 수평으로 끌어 채집하였다. 1972년 5월의 결과를 보면(그림 53), 에피라, 메테피라는 수심 15m까지 분포하며, 주야에 따라 현저한 수직이동을 하는 것으로 나타났다. 즉, 에피라와 메테피라는 낮에는 수심 7m 이하의 중, 저층에 많았지만, 그 이후에는 수심 3m 이내의 표층으로 이동, 일몰 전에는 전 채집개체의 70% 이상이 해수면에서 채집되었다. 그러나 일몰 직후에는 일부개체가 중, 저층에서 출현하기 시작하여 야간에는 각층에서 거의 균일하게 분포하였으며, 중층에서 약간의 고밀도로 출현하였다. 해가 떠오르면 다시 해수표면에 많이 출현하여, 7시 20분에는 어

표 11. 어린 해파리의 부상 · 침강속도

발육단계	부상속도 (m/h)	침강속도 (m/h)
에피라Ⅰ기	1.1~5.4	1.2~7.2
에피라Ⅱ기	1.1~5.4	1.2~7.2
메테피라Ⅰ기	1.1~5.4	1.2~7.2
메테피라Ⅱ기	1.1~7.5	1.2~8.1
메테피라Ⅲ기	2.1~7.5	3.2~8.1

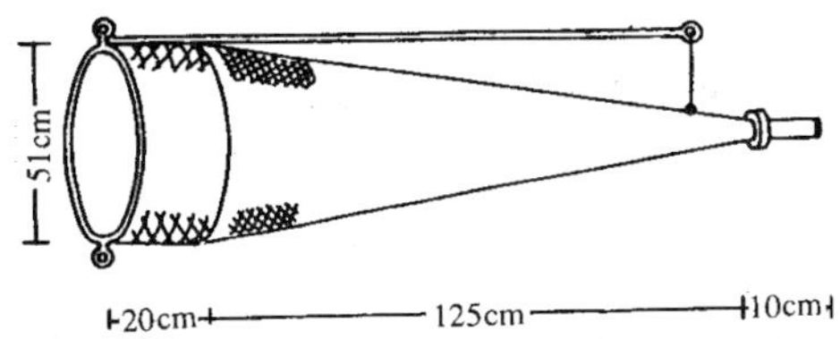

그림 52. 유형(幼型)해파리 채집용 플랑크톤네트(安田 原圖).

린 해파리의 60% 이상이 해수표면에서 채집되었다. 그 후 시간의 흐름에 따라 주 분포층이 해수표면에서 수심 3m층으로 하강하는 것으로 나타났다.

이처럼 일몰 전이나 해돋이 후에 어린 해파리가 표층으로 부상하는 경향은 특수네트(구경 1.3m, 망목 0.33mm, 길이 4.5m)로 표층과 7, 15m의 3개 층에서 동시에 수평끌기 한 결과에서 동일하게 확인되었다. 즉, 이 종의 어린해파리도 다른 일반 동물플랑크톤과 같이 박명(薄明) 이동형의 이동주기를 나타

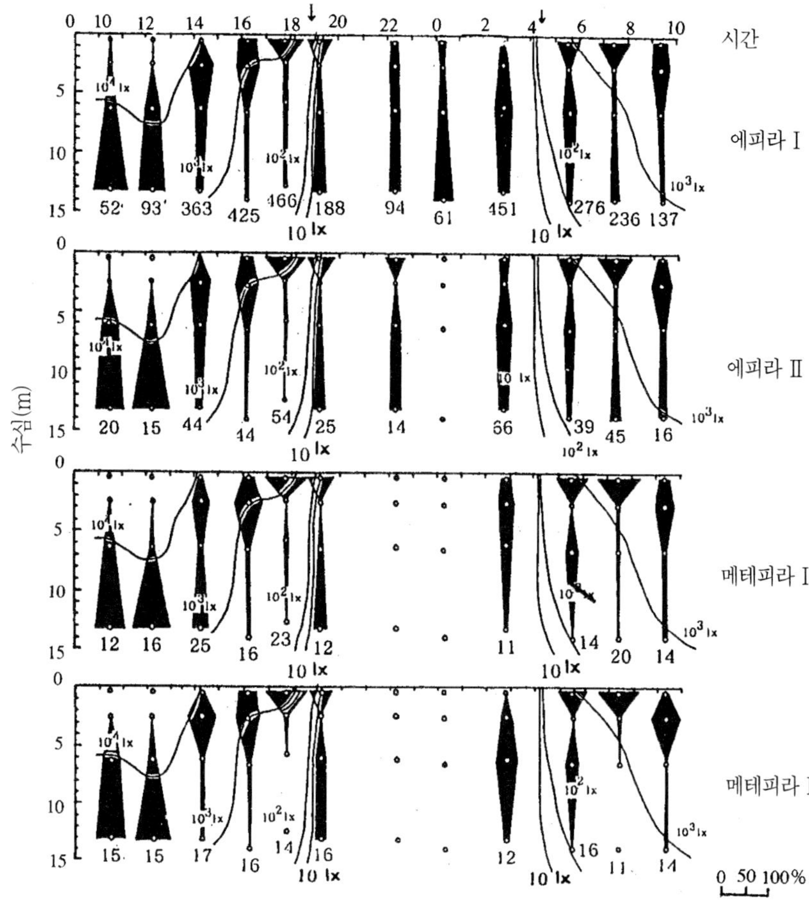

그림 53. 우라소코(浦底)만의 수중조도와 유형해파리의 수직분포(1972년 5월 26일 10시-27일 10시, 맑거나 때때로 구름, 풍랑 0-2, 수온 16-20℃, 염분 34‰, 그림 가운데 숫자는 채집개체를 나타냄).

내는 것으로 생각된다. 또한, 발육단계에 따라 분포층의 범위에도 차이가 있는 것으로 나타났으며, 발육이 진행된 개체일수록 깊이 이동하는 현상을 보였다. 이것은 에피라에서 메테피라를 거쳐 어린 해파리로 성장하는 과정에서 크게 변화하는 중간감각연변 등의 운동기관의 형성 및 발달에 의한 유영능력의 차에 의한 것으로 생각된다.

수온 15-20℃, 염분 33.2-34.1에서 특수네트로 수평끌기를 하여 채집한 어린 해파리의 부상, 침강속도를 추정하였다(표 11). 추정결과 성체 해파리(후술, 표 12)와 비교하면, 메테피라Ⅱ기 이후에는 성체 해파리의 부상 및 침강속도와 비슷한 경우도 있었으나, 메테피라Ⅱ기 이전의 어린 해파리의 부상속도는 성체 해파리의 약 1/2-1/7, 침강속도의 하한(下限)은 성체해파리의 약 1/2-1/10 정도였다. 침강속도가 발육전기에 낮은 것은 현장의 미약한 해수유동에 의한 영향을 어린 해파리가 성체 해파리 보다 크게 받기 때문인 것으로 판단된다.

② 계절(월)변화: 1971년 12월부터 다음해 6월 중 어린 해파리의 출현시기로 예측되는 시기에 우라소코(浦底)만에서 매월 13-15시에 앞에서 설명한 중형네트로 4개 수층(표층, 3m, 7m, 15m)에서 동시에 수평끌기를 하였다. 연속채집이 이루어진 정점과 출현개체수가 많았던 정점을 분석하였다(그림 54 a, b). 현장에서는 겨울철인 12-3월에 각 수층의 수온은 거의 동일하나, 표층 수온은 평균적으로 1-2℃정도 낮은 것이 일반적이다. 그러나 이 관측결과에서는 5m 수층 이심의 표층수온이 높게 나타났다. 이는 만 안쪽에 건설된 원자력발전소에서 배출된 온배수의 영향에 의한 것으로 판단된다. 초기 에피라는 12-6월 사이에 채집되었으며, 주 출현시기는 6월이었다. 1월에 표층에서는 시료가 채집되지 않았으나, 에피라Ⅰ기는 수심 7m의 중층에서 다소 많이 출현하였으며, 다른 발육기(發育期)의 해파리는 각 수층에서 거의 균일하게 나타났다. 2월에 어린 해파리는 3m나 7m 수층에 주로 분포하였으며, 4월에는 7m 수층 이심에서 분포밀도가 높았다. 그러나 3, 5, 6월에는 거의 중층 또는 표층에서 고밀도로 분포하였다. 이처럼 매월의 관찰 결과, 어린 해파리의 수직분

포나 그 변화는 일정한 패턴을 유지하지 않았으며, 조사정점이나 채집시간 및 환경조건 등(특히 수중 照度)에 의하여 많이 변하는 것으로 나타났다. 또한, 발육단계가 진행됨에 따라 나타나는 분포범위나 이동, 집합상태의 차이도 주야이동의 경우와 같이 나타났다. 앞에 기술한 바와 같이 염분농도의 차가 적은 해역에서의 분포나 이동에 가장 큰 영향을 미치는 요인은 수중조도의 변화인 것으로 생각된다.

3) 성체 해파리

① 연직(수직)분포: 보름달물해파리 성체의 수직분포를 정량적으로 조사한 예는 드물며, 하마나코(浜名湖)의 수심 11m 이내(以內)에서 현장밀도(σt)와의 관계를 분석한 것이 대표적이다. 이외에 중, 대형플랑크톤네트(구경 60-100cm, 망목 2-3mm)로 수심별로 채집하여 얻어진 우라소코(浦底)만과 동경만에서의 수직분포 사례를 들 수 있다(그림 55 위, 아래). 또한, 어군탐지기(FQ-50)로 동경만에서 분포상황을 조사, 분석한 사례가 있다(그림 56). 위와 같이 조사, 분석된 사례에서 미루어 볼 때, 이 종의 성체는 네트채집에서는 적어도 수심 20m, 어군탐지기로는 수심 30m까지 분포하는 것으로 나타났다. 또한, 저자는 1973년 5월, 쯔루가(敦賀)만 입구의 30m 수층에서 대형네트(구경1m, 망목 5mm)로 약 10분간 수평끌기를 실시하였다. 본 조사에서 143개체(우산직경 1-25cm)가 채집되어, 본 종은 30m 수층까지 분포하는 것으로 나타났다. 최근 쿠시로(釧路) 앞바다에서 유사종인 北물해파리(*Aurelia limbata*)의 수직분포를 ROV (원격무인탐사기)로 관찰하였는데, 이 해파리(우산직경 25-30cm)는 수심 200-432m (수온 2℃ 이하, 염분 33.4-33.5)까지 분포하며, 해저로부터 0.8-3.2m 부근에 집적되어 있었다. 또한, 암컷개체는 플라눌라를 보유하고 있었다. 따라서 메인만에 출현하는 보름달물해파리의 경우에서처럼 수심 30m 보다 더 깊은 곳까지 분포할 가능성이 있는 것으로 판단된다. 우라소코(浦底)만에서는 성체 해파리가 주로 표층(5m 이상), 중층(5-10m), 저층(10m 이하)에 분포하는 것으로 나타났다(그림 55-상단). 이러한

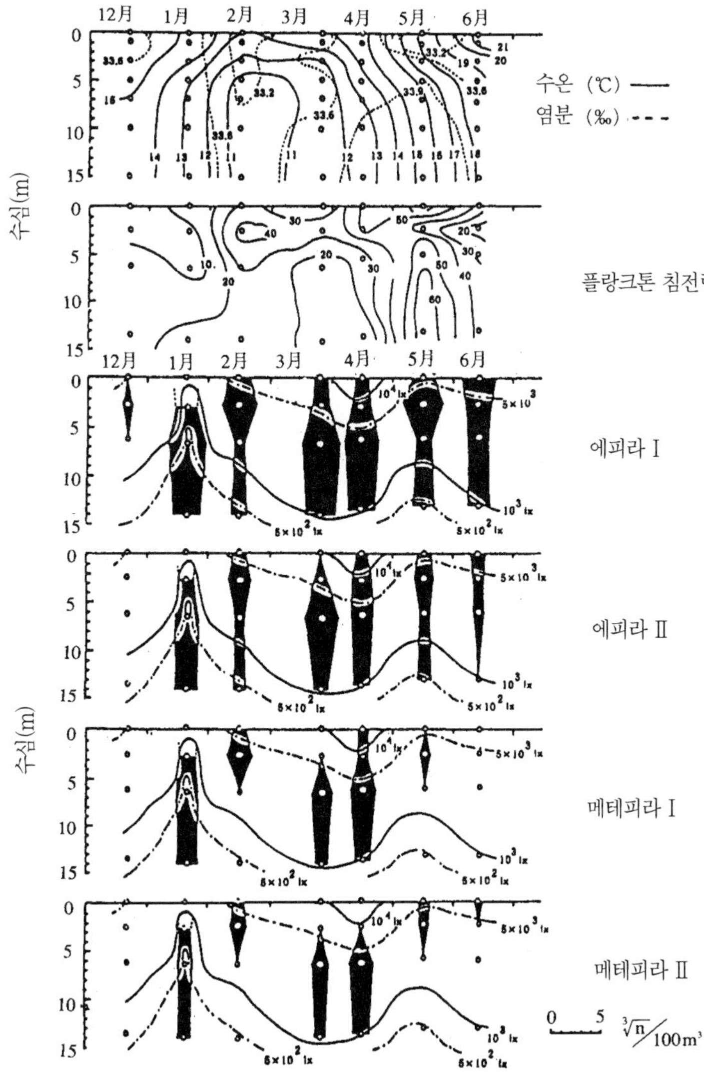

그림 54a. 우라소코(浦底)만 입구의 환경요인과 유형해파리 수직분포의 월 변화(1971년 12월-72년 6월, 100m³ 당 개체수를 표시).

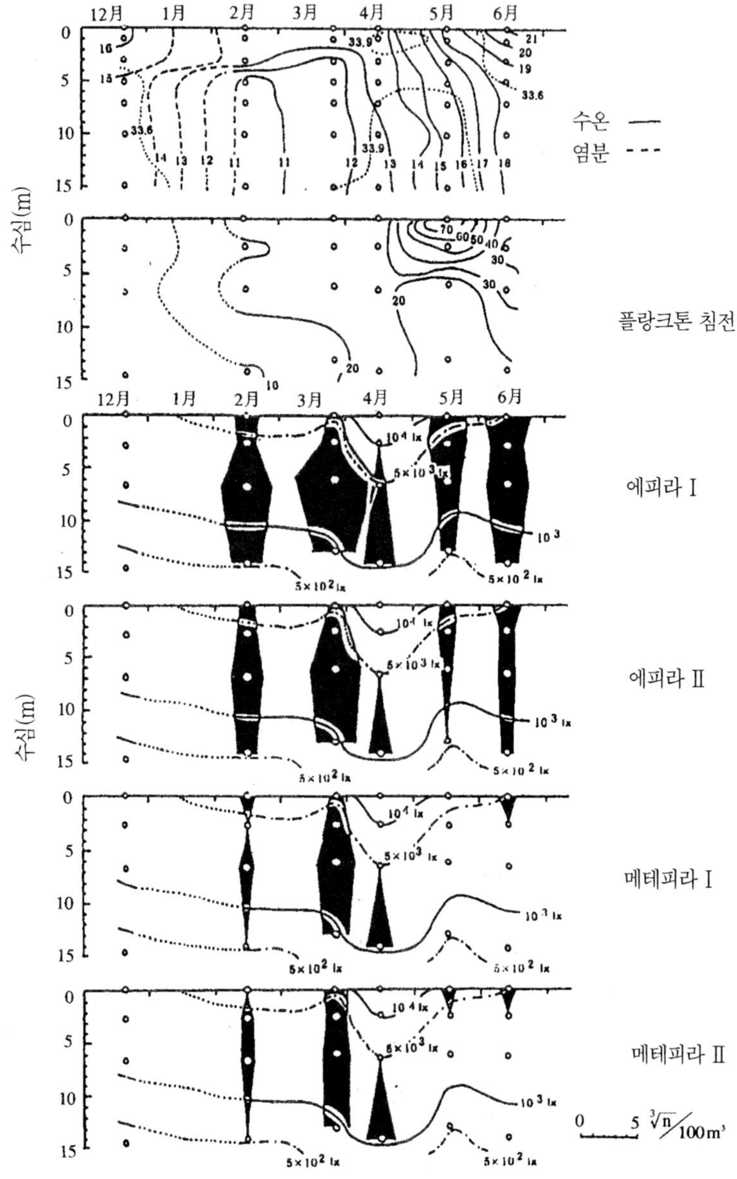

그림 54b. 우라소코(浦底)만의 환경요인과 유형해파리 수직분포의 월 변화(1971년 12월-72년 6월, 100m³당 개체수를 立方根으로 표시).

수직분포 양상은 수온이나 염분, 현장밀도(σt)의 분포나 변화로는 설명되지 않는다. 그러나 동경만(e)의 경우(그림 55-하단), 염분농도가 7m 수층에서 표층보다 낮게 나타나 하천수의 유입이나 혼합으로 수직혼합이 이루어진 경우로 판단되며, 성체 해파리의 수직분포 또한 변화하기 쉬운 것으로 추정된다.

해파리의 분포조사를 위한 가장 확실한 방법은 어군탐지기를 사용하는 것이며, 어군탐지기를 사용한 조사 결과, 표층 저염분수에 의한 영향과 해파리의 출현과는 관계가 있는 것으로 나타났다. 그러나 해저면으로부터 2-5m 상

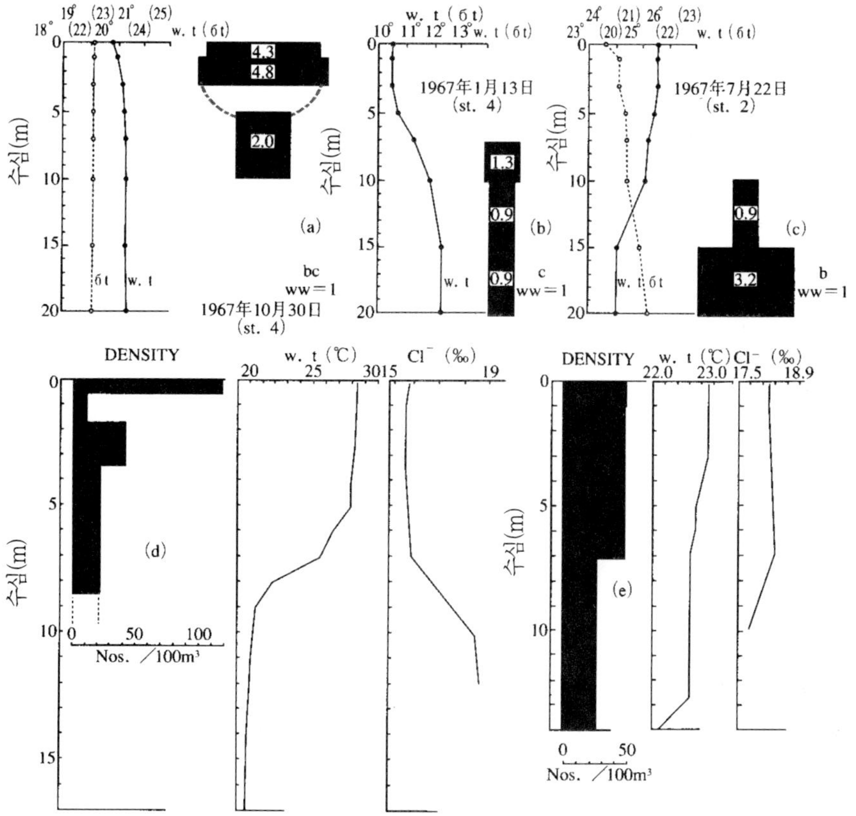

그림 55. 성체 해파리의 수직분포 예.
상단: a, b, c는 우라소코(浦底)만 및 주해수역. 그림 중의 숫자는 1m³당 개체수를 표시.
하단: d, e는 동경만 북동부 해역.

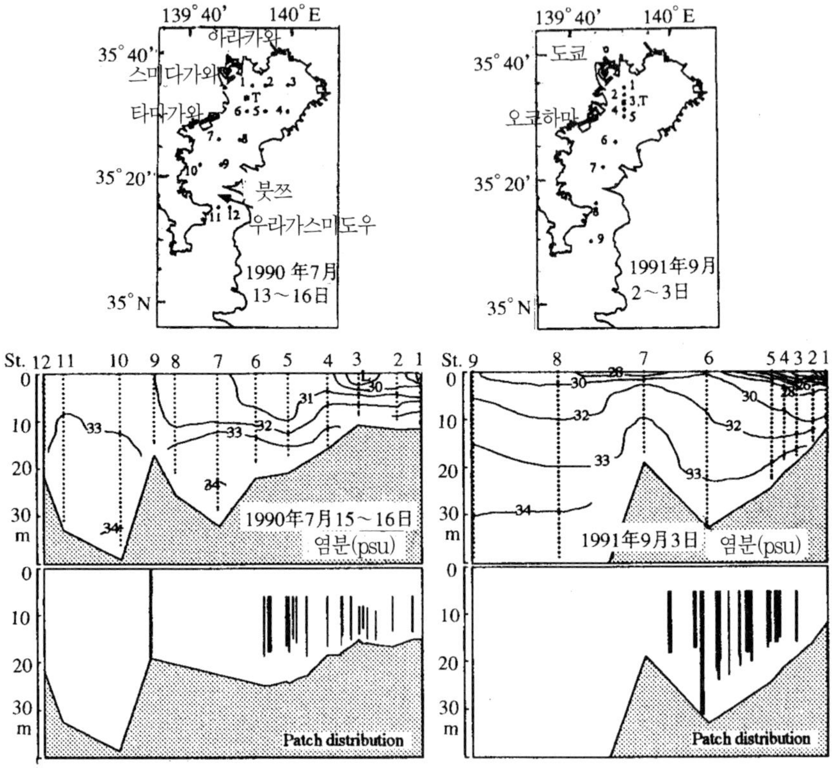

그림 56. 조사정점 및 어군탐지기의 기록으로 추정한 보름달물해파리 무리의 출현과 수직 분포(좌: 1990년 7월 15-16일, 우: 1991년 9월 3일).

층에 분포하는 현상에 대해서는 설명하기 어려우며, 향후 네트채집과 수질, 저질조사를 병행하는 조사, 분석이 이루어져야 할 것으로 판단된다.

② 주야이동: 1925년 6월 중순에 영국의 프리머스연안에서 대형 동물플랑크톤(보름달물해파리 포함)의 주야이동을 구명하기 위하여, 대규모의 조사(구경 2m, 길이 9m인 대형네트로 5-6개 수층에서 끌어올리기)가 이루어졌다. 그러나 본 종의 채집개체수가 적어 그 이동상태를 명확하게 밝힐 수는 없었다. 따라서 저자는 수중텔레비전(잠수연제 500형)이나 폐쇄식 기상대 C 네트(구경51cm, 망목 0.33mm, 길이 1.8m)에 의한 수층별 채집 이외에, 해파리용 대

형네트(구경 1m, 망목 5-10mm, 길이 2.2m)로 몇 개의 수층에서 동시에 수평끌어올리기(그림 57)를 하여, 본 종의 수직분포나 그 주야이동 현상을 처음으로 관찰할 수 있었다. 그 결과 중 주요 사례를 소개하고자 한다.

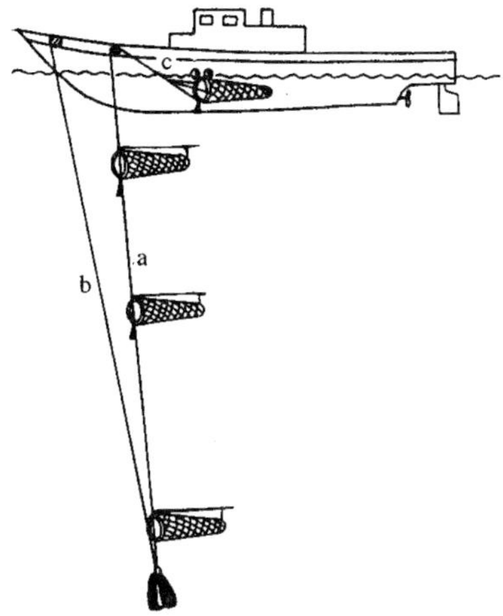

그림 57. 성체 해파리의 4개 층별 동시수평끌기 방법.
a: 중층네트용 로프,
b: 보조로프, 저예망 a와 b를 동시에 끌어올림.
c: 표면네트용 로프.

1968년 10월 중순, 우라소코(浦底)만 입구에서 발견된 보름달물해파리군(그림 49)을 추적하면서, 이 무리의 중심부에 수중텔레비젼이 위치하도록 하였다. 영상면 전체(100%)에 대하여 해파리가 차지하는 대략의 비율을 깊이 1m마다 기록하였다(그림 58-상단). 이때 수온은 20-21℃로 수층별로 거의 차이가 없었다. 낮 시간인 13-16시에 해파리는 거의 모두 수심 3m 이내의 표층에서 출현하였다. 16시 이후에는 모니터(텔레비전) 화면의 전면을 차지할 만큼의 고밀도로 출현하였으며, 일몰 후에는 해수면에서 3-13m의 중층까지 분포범위가 확대되었다. 조도가 거의 0에 가까운 일몰인 18시에는 수심 24m의 저층에까지 분포하는 것으로 나타났다.

기상대 C 네트로 2m 수심 간격으로 수층별 채집을 실시한 결과(그림 58-하단)는 수중 텔레비전으로 조사한 출현, 분포범위와 약간의 차이가 있었다. 주간에서 일몰 후에 이르는 사이의 해파리의 하강(침강)현상은 거의 비슷한 양상을 보였다. 수중조도의 등직선(等直線)과 비교하면, 이들의 수직분포의 변화는 어린 해파리의 경우와 같이 수온이나 염분보다는 수중조도와 밀접한 연관이 있는 것으로 확인되었다.

1969년 9월 상순, 수심 3, 7, 13m의 3개 수층에서 동시에 대형네트로 수평

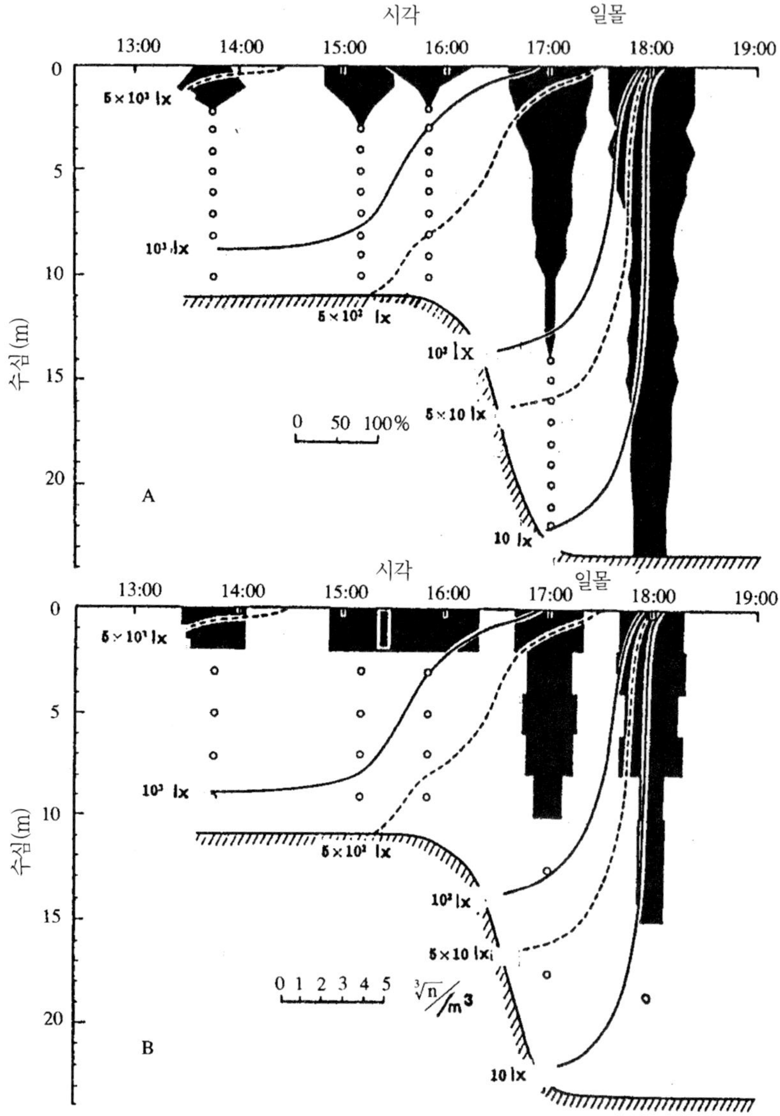

그림 58. 보름달물해파리의 수직분포와 그 시각변화(1968년 10월 17일 13-19시).
A: 수중텔레비젼으로 관찰한 결과,
B:기상대 C 네트에 의한 1m³당 채집개체수.

끌기를 실시하였다(그림 59 A). 이 조사시기의 수온이나 염분은 수심별로 거의 차이가 없었으며, 해파리는 우산직경 4-12cm로 모두 당해년에 발생한 미

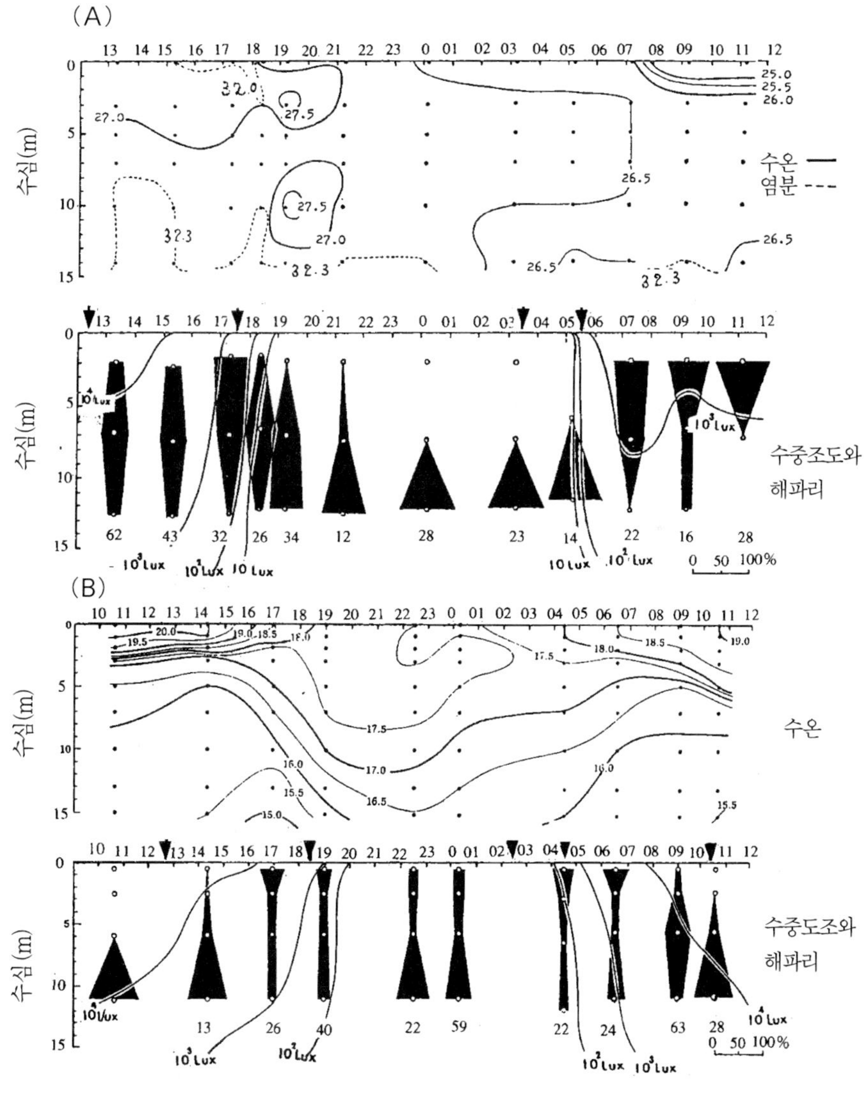

그림 59. 환경변화와 보름달물해파리의 주야 이동사례(A: 1969년 9월 9일-10일, B: 1970년 5월27일-28일. 그림 중의 숫자는 채집개체수를 표시).

성숙 개체였다(Ⅴ. 영양과 성장 참조). 전체 채집개체수에 대한 각 층별 개체수 비율(%)을 보면, 해파리는 낮 동안에는 7m 전후의 중층에서 다소 출현율이 높았으며, 3개 수층 모두에서 출현하였다. 그러나 일몰 전에는 50% 이상의 해파리가 수심 2m 부근의 표층으로 부상하였으며, 일몰 후인 18시 10분에는 다시 수심 7m층의 중층으로 주요 분포층이 변화하였다. 야간인 19시에서 다음날 새벽 5시까지는 모든 해파리가 수심 12-13m인 저층에 머물렀으나, 7시경에는 수심 2m 부근의 표층으로 이동하였다. 비가 소량 내린 오전 11시에는 표층에서만 채집되었다(그림 59 A).

1970년 5월 하순, 표층 3, 7 및 12m의 4개 수층에서 동시에 수평끌기를 하여 해파리를 채집, 분석하였다(그림 59 B). 조사시 수온은 표층과 저층간 5℃ 전후의 차이가 있었지만, 염분은 각 층별 차이가 없었다. 채집된 해파리의 우산직경은 3-12cm로 당해년 발생군으로 추정되었다. 이들 해파리는 맑은 날의 낮시간인 10시 40분에는 수심 10m 이하의 저층에서만 분포하였으나, 14시 10분에는 일부가 수심 6m의 중층으로 부상하였으며 일몰 전인 17시 경에는 각 층으로 확대되어 약 50%의 해파리가 표층에서 채집되었다. 그러나 일몰인 19시에 표층에서는 해파리의 출현비율이 약간 감소하였으나, 수심 10m 이하의 저층에서는 출현율이 증가하였다. 야간인 22시 30분 및 0시 20분에 채집한 시료에서는 10m 수층 이하의 저층에서 출현율이 높았으며, 22시에는 전체 채집개체의 60% 이상이 저층에서 출현하였다. 다음날 새벽인 4시 30분에는 표층에서의 출현율이 약간 증가하였으며, 6시 35분에는 50%의 해파리가 해수면에서 채집되었다. 그러나 맑은 날, 오전 9시에는 주요 분포층이 수심 6m의 중층으로 하강하였으며, 10시 30분에는 10m 이하의 저층에 분포하였다(그림 59 B).

1970년에는 수온기인 가장 높은 8월 중순에 시료를 채집하여 분석하였다(그림 60 A). 이 경우, 만 안쪽에 있는 원자력발전소의 온배수로 인하여 표층수온이 30℃ 이상이었다. 그러나 염분은 수심에 따라 뚜렷한 차이를 나타내지 않았다. 이때 해파리는 주로 우산직경이 10-17cm인 중형군이었으며, 맑은 날

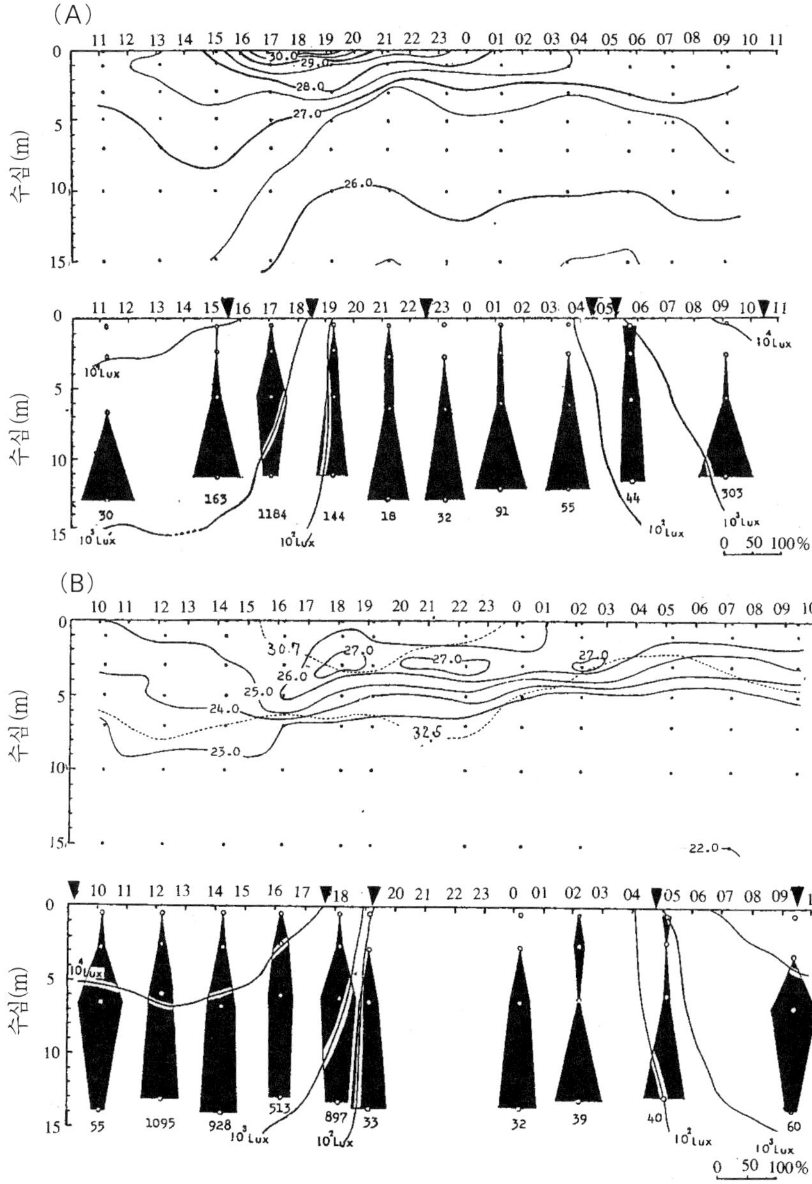

그림 60. 환경변화와 보름달물해파리의 주야 이동사례(A: 1970년 8월19-20일, B: 1972년 7월 21-22일. 그림 중의 숫자는 채집개체수를 표시).

의 낮동안에는 저층에 분포하였으나, 일몰 전에는 저층에서 중층으로 부상하였고, 야간에는 다시 저층으로 하강하는 양상에 있어서는 봄의 경우와 거의 같았다. 그러나 일몰 전후 표층수온이 30℃이상일 때에는 해수면으로 부상하는 개체가 전혀 관찰되지 않았다는 사실이 특히 주목할만한 현상이었다(그림 60 A).

1972년 7월 하순에 해파리를 채집하여 분석하였다(그림 60 B). 이 조사기간의 약 1주일 전부터 최고 130mm의 호우가 계속되었다. 표층은 저염분수로 덮여 있었으며, 특히 15-23시에는 수심 3m층까지 30 이하의 저염분수가 확산되었다. 이 때 해파리의 우산직경은 2-22cm 였으며, 8cm 이후의 당해년도 발생년군과 16cm 이후의 월동군이 혼재되어 있었다(Ⅴ.영양과 성장 참조). 이들은 낮에서 일몰이 되기까지는 중층으로 이동하는 양상이 전월 8월의 사례와 거의 유사하였으며, 역시 이때에도 18시부터 23시 사이, 해면으로 부상하는 개체가 전혀 없었다(그림 60 B). 이상의 결과를 종합하면 다음과 같다.

봄, 여름철의 맑은 날에 해파리군은 낮에는 중 · 저층에 있다가 일몰전에는 표층으로 이동하며, 야간에는 저층으로 하강하였다가 다시 일출 후에는 일부가 표층으로 이동하며, 낮에는 중 · 저층으로 이동하는 수직이동을 반복한다.

가을철에는 날씨에 따라 다소 차이는 있지만, 낮에는 표 · 중층에 분포하다가 일몰전에는 표층으로, 그리고 야간에는 저층으로 하강한다. 다시 일출 후 및 낮에는 표층으로 이동한다. 즉, 성체 해파리는 어린 해파리와 같이 새벽이 밝아 올 때(박명: 薄明) 이동하는 것으로 판단되며, 일몰이 가까워지면 예외없이 부상하여 상층으로 이동하는 것으로 밝혀졌다. 또한, 해파리의 수직분포나 이동에 가장 관련이 깊은 요인은 수중조도이지만 해수표면 수온이 30℃ 이상이 되면 우산의 박동수가 감소하고, 표층에 31 이하의 저염분수가 분포하면 몸의 안정을 유지하지 못하고 도립(倒立)상태가 되어(Ⅷ. 환경적응 참조), 해수면으로 부상하기 힘든 것으로 밝혀졌다.

해파리의 시간별 분포에서 추정된 부상속도는 약 2-7m/h, 침강속도는 2-10m/h로 계산되었다(표 12). 단, 이들 수치는 환경조건이나 우산의 크기에

표 12. 성체 해파리의 부상 · 침강속도)

우산직경 (평균) (㎝)	수온 (℃)	염분 (‰)	부상속도 (m/h)	침강속도 (m/h)
8~12	20.4~21.0	-	2.0	9.0~9.8
4~12 (7)	25.0~27.6	32.0~32.3	3.1~4.8	5.0~6.8
3~12 (7)	15.0~20.0	34.0~34.1	4.1	2.0~3.1
5~17 (11)	25.5~30.0	32.7~32.9	2.8~5.0	1.7~3.3
3~22	22.0~27.0	32.9~34.0	3.5~4.0	3.3~7.6
1~3	17.0~22.1	33.1~33.8	2.1~7.5	3.2~8.1

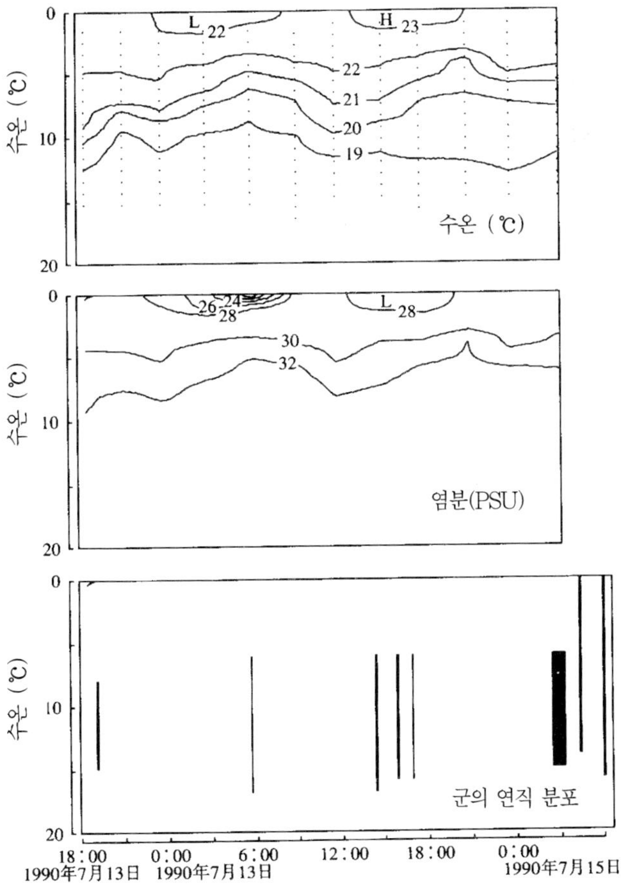

그림 61. 동경만 안쪽에서의 수온, 염분과 어군탐지기의 기록으로 추정되는 보름달물해파리 무리의 수직분포의 경시변화(1990년 7월 13일 18:00-15일 6:00).

따라 차이가 클 것으로 예상되므로, 앞으로 더 많은 자료를 수집한 후에 분석이 이루어져야 할 것으로 판단된다.

조사방법에 있어서는 차이가 있었지만 조석에 의한 간만의 차가 큰 해역에서 실시된 조사결과로부터 이 종의 조석에 의한 이동을 설명하고자 한다. 1990년 여름, 동경만 안쪽의 타마가와(多摩川) 앞바다에서 보름달물해파리 성체의 수직분포와 그 시간변화를 어군탐지기로 추적하였다(그림 61). 추적 결과, 해파리는 7월 15일 오전 4-7시를 제외하고는 수심 5-17m에 분포하며, 약 12시간 주기로 출현하였다. 그 분포밀도는 0.9-1.4개체/m^{3}였으나, 분포범위는 거의 일정하였다. 이 경우, 수심 5m 이천(以淺)은 수온이 22℃ 이상이며, 염분 30 이하의 저염분수가 존재하였으므로, 해파리가 표층으로 부상하기 어려웠던 것으로 추정된다. 12시간 주기의 출현패턴은 고온·저염분으로 되는 간조시와 일치하였다. 고이(五井)화력발전소의 사고조사에서도 간조 직후에 해파리의 내습이 많았던 것으로 나타났다. 7월 15일 오전 4-7시 사이에 해수표면까지 해파리가 이동, 분포하는 것으로 나타났다. 이러한 현상은 우라소코(浦底)만에서 일출 전후의 박명(薄明: 희미하게 밝은 때) 시에 있었던 부상현상과 매우 일치하였다. 이처럼 동경만에서 해파리의 출현은 조석과 관련이 깊었으며, 박명(薄明)시간을 제외하고는 분포층의 시간

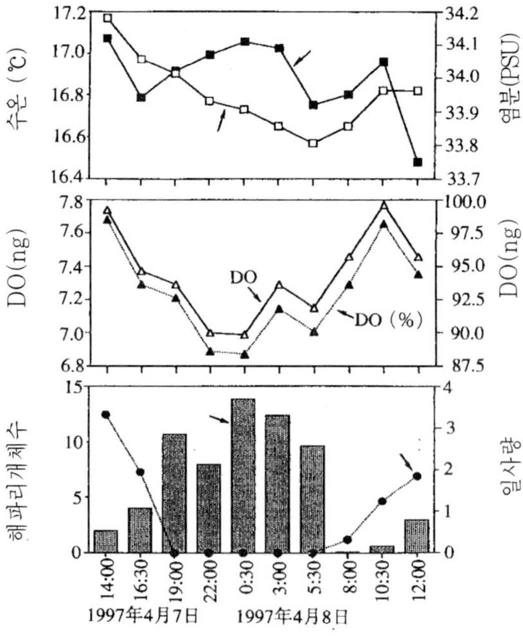

그림 62. 카고시마(鹿兒島)만 표면에 분포하는 보름달물해파리 개체수 변화와 환경요인의 변화.

별 변화가 나타나지 않았다는 사실이 특징적이었다. 앞으로 층별 네트채집으로 정량조사를 실시하여 주요 분포층의 변화를 추적, 파악하여야 할 것이다.

표층에서만 실시한 조사, 분석결과이기는 하지만 다른 해역에서의 주야이동의 예를 설명하고자 한다. 1997년 봄에 카고시마(鹿兒島)만 연안의 표층에 출현한 해파리의 개체수를 시간별로 조사한 결과를 그림 62에 나타내었다. 그림 62에 나타난 바와 같이 해파리는 많은 동물플랑크톤에서 알려져 있는 것처럼 저녁시간부터 출현 개체수가 증가하여 야간에 최대밀도가 되며, 날이 밝아짐과 동시에 출현 개체수가 감소하였다. 환경요인 중에서는 용존산소 및 일사량의 변화와 관련이 깊었지만, 18시경부터 조수가 밀려들면서 7-8m의 수심층으로부터 34.15의 고염분수가 침입하여 심야까지 영향을 준 해역과 해파리의 출현량과 잘 일치하였다. 이 해역에서 조석에 의한 수괴의 이동이 해파리의 주야이동에 영향을 주는 것으로 추정된다. 약 35년 전, 네덜란드의 덴훼르다 연안에서 숲뿌리해파리와 쐐기풀해파리의 주야이동을 조사한 결과, 조도변화 이외에 조석과 관계가 있는 것으로 나타났으며, 조석류가 생기면 수중의 해파리 개체수가 증가하는 현상이 확인되었다. 이것은 조석류에 의해 해저의 모래자갈이 섞여 올라오면, 해파리가 그것을 피하기 위한 행동의 결과라고 생각되어진다. 하지만, 이것은 해수유동이 우산의 박동(운동)을 자극하여, 박동수가 증가 또는 촉진됨에 따라 많은 개체가 부상하는 것으로 보는 것이 타당할 것으로 판단된다. 앞으로 일본에서 간만의 차가 큰 해역에서 보름달물해파리를 포함한 대형해파리류의 층별 채집이나 수직이동 조사가 많이 이루어져야 할 것으로 생각된다.

③ **계절변화**: 성체 해파리의 수직분포에 대한 계절변화를 우라소코(浦底)만 입구해역에서 조사하였다.

해파리의 수직분포를 보다 정확하게 파악하기 위하여, 1969년 4월부터 다음해 4월까지 대형폐쇄네트(그림 63: 구경 1m, 망목 5-10mm, 길이 2.5m)로 수심 2-3m마다 수직끌기로 시료를 채집하였다. 이 조사기간 동안 수온은 9-27℃, 염분은 32.2-34.3였으며(그림 64 A, B), 채집된 해파리의 우산직경은 1-

31cm 였다(Ⅴ.영양과 성장 참조). 해파리의 수심별 개체수를 세제곱근으로 나타낸 계절별 수직분포를 보면(그림 64 C), 수직분포에서 설명한 것처럼 수심 22m까지는 확실하게 출현하는 것으로 나타났다. 이 그림에서 주목할 만한 것은 비록 그 분포형태가 같지는 않지만, 봄-초여름(3-6월)사이에 해파리는 각층에서 분포하며, 한여름(7월 하순)에는 수심 18m 이하의 저층에서만 고밀도로 분포하였다. 여름이 끝나갈 무렵에서 가을-겨울에 걸쳐 1월을 제외하고는 거의 수심 5m 이천의 표층에 출현, 분포하였다. 특히, 가을철에 이런 경향이 현저하며, 수심 5m 이천의 표층에서 분포밀도가 높았다. 저자는 이 해역에서 중형네트(구경 60cm, 망목 2mm, 길이 2m)로 채집한 수심별 개체수의 차이로 구한 수직분포의 결과를 사계절로 나누어 분석하였다. 가을(9-11월)에는 수심 5m 이천의 표층에 가장 고밀도로 분포하는 것으로 이미 보고하였지만, 이번 조사결과도 유사하게 나타났다. 이 결과는, "매년 여름이 지나가면 해파리가 나타난다" 라는 지역주민이나 어업인들의 경험적인 증언과도 일치하고 있다.

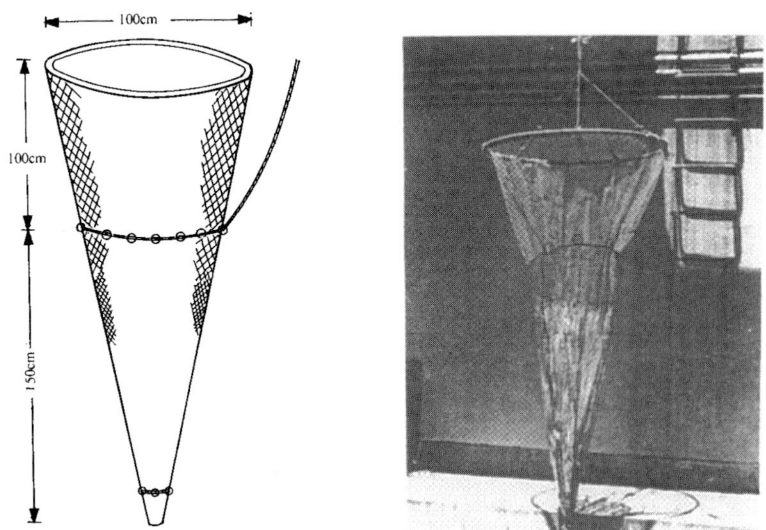

그림 63. 보름달물해파리 채집용의 대형폐쇄네트(좌: 모식도, 우: 외형).

이번 사례에서도 해파리의 수직분포나 계절변화를 조절하는 요인은 역시 수중조도이며, 조도가 점차 낮아지는 8월 하순 이후에 해파리가 표층에서 출

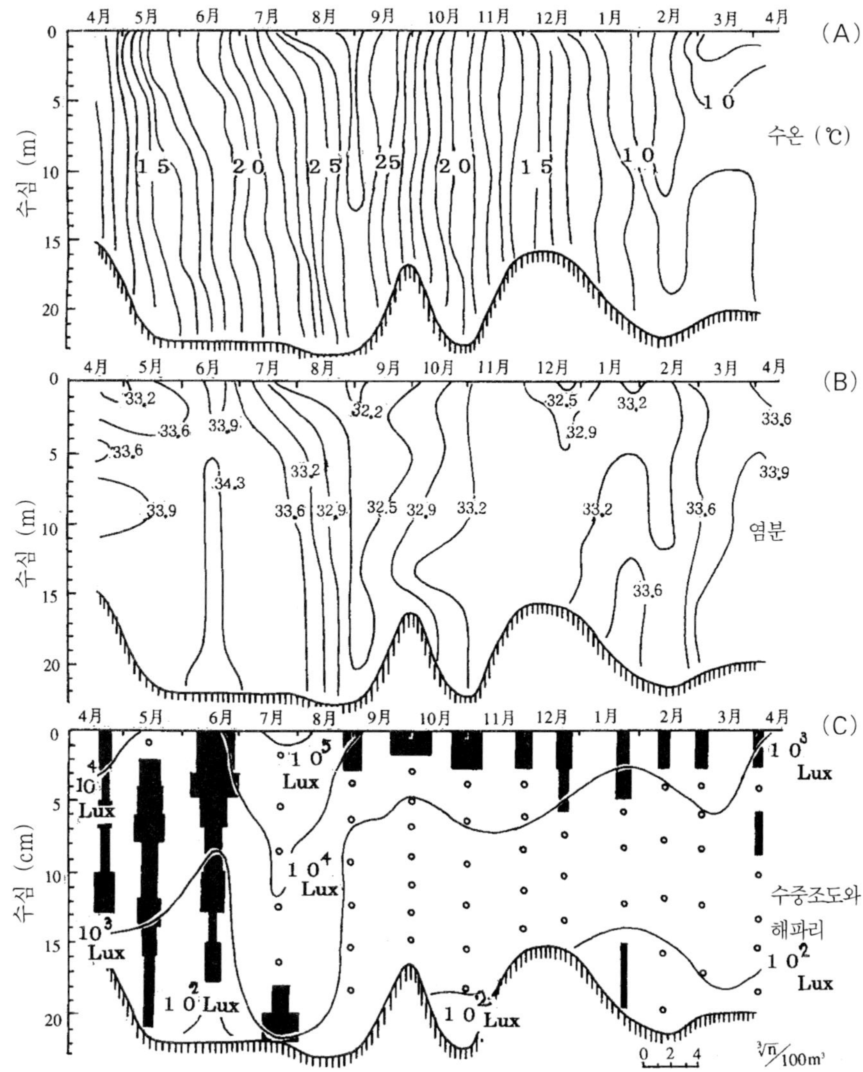

그림 64. 우라소코(浦底)만 입구 서부연안의 환경요인과 보름달물해파리 수직분포의 계절변화(1969년 4월-1970년, 개체수는 1m³당 세제곱근으로 표시).

현하기 쉬워지는 것으로 판단된다. 앞으로 일본 각지의 연안해역에서 이러한 조사가 이루어져 본 종의 수직분포나 그 변화상황에 관한 자료가 축적된다면 일본뿐 아니라 바다를 인접한 전 세계인들이 활용할 수 있는 자료들이 발간될 것이며(제2장 해파리류와 인류산업활동에 상술), 인류 공통의 귀중한 자료가 될 것으로 믿는다.

Ⅷ. 환경적응

Ⅷ-1. 플라눌라와 폴립

1) 수온

플라눌라의 서식수온에 대한 조사기록은 없지만, 폴립은 덴마크 연안에서 1℃부터 출현한다고 보고되고 있으며, 실내실험에서는 킬만의 폴립을 0-2℃에서 6-8주간 사육한 예가 있다. 또한, 상한 수온에 대하여서는 아사무시(淺虫)지방에서 5-28℃에서 사육한 폴립을 30℃에서 실험하였다는 기록이 있다. 저자의 실험에서 플라눌라에서 폴립으로의 변태는 6-28℃의 넓은 수온범위에서 이루어진다고 밝힌 바 있다(Ⅳ. 번식과 발생 참조). 또한, 우라소코(浦底)만에서의 착생실험에서 플라눌라 및 초기폴립은 표층에서 수심 10m층, 수온 9-19℃에서 출현, 분포하였다(그림 65). 최근 카고시마(鹿兒島)만 연안의 잔교(棧橋: 판자다리) 아래에 착생하고 있는 폴립은 수온14-30℃에서 서식하는 것으로 밝혀진 바 있다. 이상의 사육실험이나 현장에서의 관측결과를 종합하면, 보름달물해파리의 플라눌라, 폴립의 서식수온은 0-30℃로 매우 광범위하였다.

2) 염분

염분과의 관계를 살펴보면, 덴마크 연안에서는 13.9-15.0, 남서필란드에서는 정상해수의 1/6 이하인 5.4 전후에서 본 종의 폴립이 발견되었다. 또한, 발트해의 성숙 해파리에서 얻어진 플라눌라는 6.3-19.9에서도 이상없이 폴립으로 변태하였다고 하며, 남서필란드 연안에서 얻어진 폴립은 담수 및 정상해수의

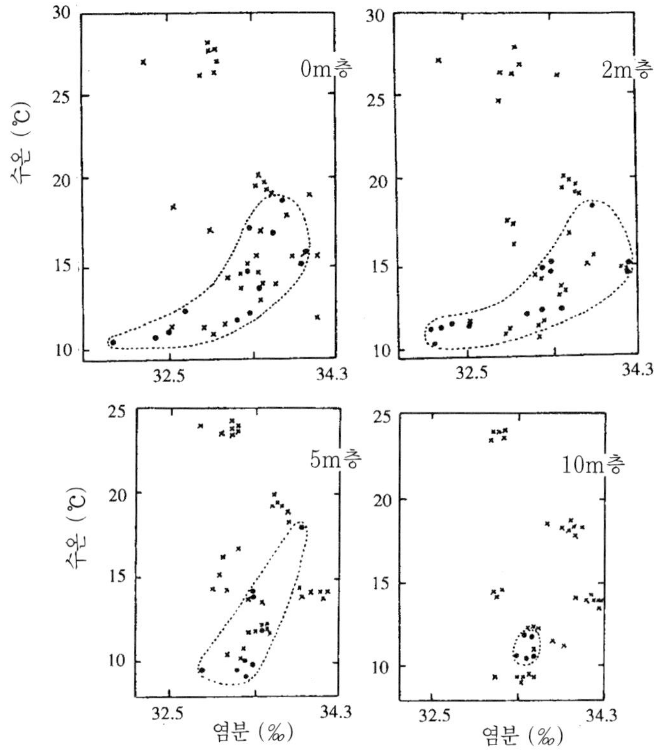

그림 65. 플라눌라, 폴립의 출현과 0-10m층별 수온, 염분과의 관계(점선안은 주요 출현범위, 검은원은 출현, ×는 출현하지 않은 것을 표시).

2배인 고염분에서도 생존하였다고 한다.

한편, 우라소코(浦底)만의 실험에서는 31.8-34.3에서 플라눌라나 초기폴립이 나타났으며(그림 65), 쯔루가(敦賀)반도에서는 초기에피라가 18의 염분농도를 나타내는 만 안쪽 저염분해역에서 출현하였다는 사실을 볼 때, 이 정도의 염분농도는 플라눌라나 폴립의 생존에 영향을 미치지 않는 것으로 판단된다. 즉, 앞서 설명한 결과를 고려해 보면, 본 종의 플라눌라나 폴립의 염분 적응범위는 수온의 경우와 같이 매우 광범위한 것으로 생각된다. 또한, 최근 폴립을 염분 20-40에 사육하면서 실시한 염분실험에서 폴립의 군체형성이 저염분으로부터는 양의 자극을, 그리고 고염분으로부터는 음의 자극을 받는 효과가 있다는 것을 알 수 있었다. 이로부터 경우에 따라서는 현장에서의 염분농도의 변화가 폴립의 성장이나 군체 형성에 촉진 또는 억제요인으로 작용하는 것으로 추정된다.

3) 부착기반

플라눌라나 폴립의 부착기반은 암석, 작은 돌 및 모래자갈이다. 또한, 해산식물로는 대형갈조류, 잘피, 일반 갈조류, 다시마류 *Laminaria* sp. 등이 알려져 있으며, 동물로는 진주담치, 가리비의 껍질, 따개비류, 관서다모충류인 서관, 단각류(*Amphipoda*)의 泥棲管, 히드라충류 및 우렁쉥이류 외에 살아있는 부채새우(*Ibacus ciliatus*)의 복면에 까지도 부착하는 것으로 기록되어 있다. 단, 흙탕물이 수조 내로 다량 유입된 경우, 부채새우에 부착되어있던 폴립이나 횡

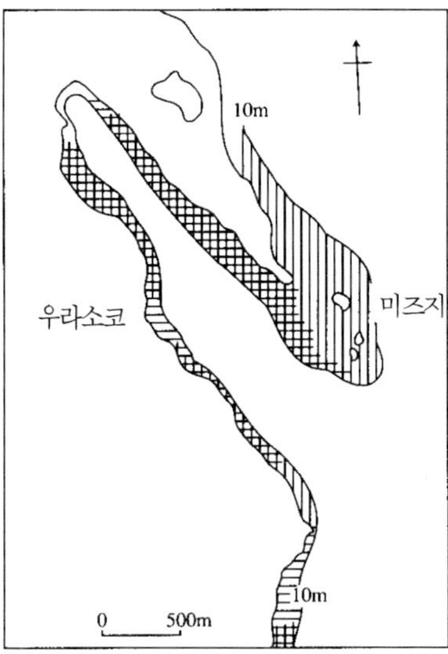

그림 66. 우라소코(浦底)만에서 우점하는 해산식물 수평분포. ▥: 모자반류, ▦: 거머리말류.

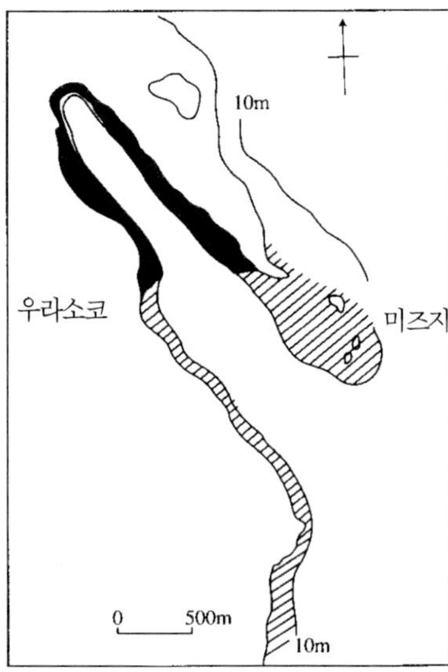

그림 67. 플라눌라 또는 초기 폴립의 착생실험과 초기 에피라의 출현상황을 추정한 보름달물해파리의 발생장소(사선범위 중 흑색부는 재생산이 이루어진 주요 해역을 표시).

분체는 모두 사망하는 것으로 기록되어있다. 쐐기풀해파리(*Chrysaora* sp.)의 폴립도 진흙이 0.3mm 두께로 쌓인 경우에는 무성생식이 억제되어 높은 사망률을 나타내었다고 한다. 따라서 진흙지대로 침강한 플라눌라는 생존이 어려운 것으로 판단된다.

한편, 우라소코(浦底)만 해역에 서식하는 해산식물 가운데 우점종인 모자반이나 잘피류는 수심 10m 이천에 분포하며(그림 66), 그 이심에서는 거의 진흙으로 덮여 있다. 따라서 가리비껍질을 이용한 착생실험과 초기에피라의 출현상황(Ⅶ. 출현과 분포 참조)을 검토하여 보면, 이 해역에서 플라눌라나 폴립의 주 착생장소는 만내의 해산식물 번성지역대일 것으로 추정된다(그림 67). 인접한 쯔루가(敦賀)반도의 경우, 진흙이 적은 모래자갈지대는 극히 연안부에 한정되어 있다(그림 68). 이 만에서의 초기 에피라의 플라눌라나 폴립의 주 착생, 생육장소는 안쪽연안에서 마쯔가사키(松ヶ崎)에 이르는 매우 얕은 연안

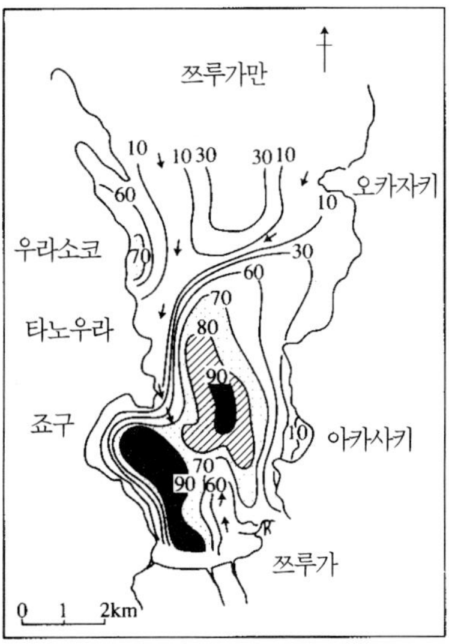

그림 68. 쯔루가(敦賀)만의 저질(그림 가운데 숫자는 진흙성분의 백분육을, 화살표는 해저부근의 흐름방향을 나타냄)(福井水諭, 1968).

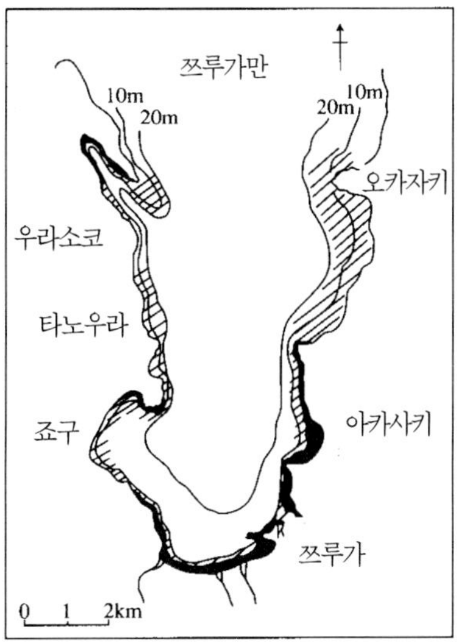

그림 69. 초기 에피라의 출현상황과 저질도에서 추정한 쯔루가(敦賀)만의 보름달물해파리 발생장소(사선범위 가운데 흑색부분은 재생산이 이루어지는 주요 해역을 나타냄).

모래자갈 수역대일 것으로 생각된다(그림 69).

4) 공식(共食)

최근 폴립군체 형성에 관한 실험에서 흥미있는 결과가 있어, 그 개요를 소개하고자 한다. 본 실험에서 증식개체수가 1개월 만에 한개에서 70개로 증식한다는 사실이 밝혀졌으며, 군체의 확산속도, 이동거리 등이 조사되었다. 특히 주목할 만한 현상은 먹이공급을 중지시키면 폴립사이에 공식현상이 나타난다는 것이다(그림 70).

즉, 폴립은 주체부(柱体部)를 가늘고 길게 연장시켜 공식(共食)형태가 되어, 가까운 개체가 아닌 보다 멀리 있는 폴립을 포식하며, 24시간 만에 완전히 소화하였다. 이는 크기와는 관계가 없었다. 더욱이 발생장소(계통)가 다른 폴립의 공식율(共食率)은 60-100%가 되는데 반해, 같은 장소에서 태어난 형제자매(클론) 폴립의 공식율은 20% 이하로 낮았다. 이를 볼 때 보름달물해파리의 폴립이 혈연관계를 인식하는 능력이 있는 것으로 생각되며, 이는 흥미로운 사실이다. 일본 연안에 분포하는 보름달물해파리는 [Ⅳ. 번식과 발생]이나 [Ⅵ. 생활사]중에서도 설명한 바와 같이, 각 해역마다 아종이 존재할 가능성이 크다.

VIII-2. 횡분체(横分体:strobila)

본 종의 횡분체 형성에 대해서는 오래전부터 많은 연구자들이 관심을 가져왔다. 따라서, 그 형성요인에 대한 다수의 보고 중 중요한 것을 정리하였다.

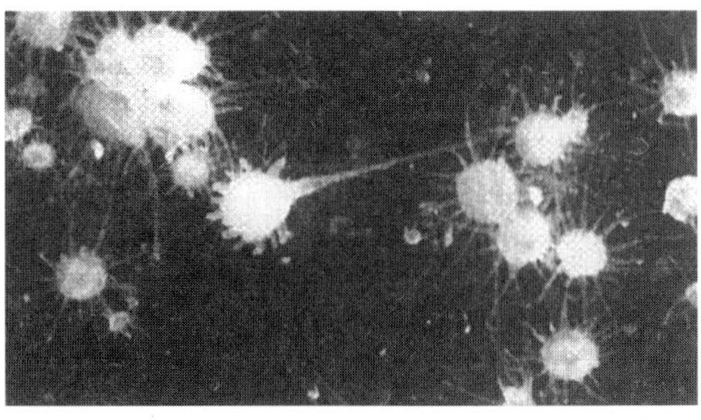

그림 70. 자루부분을 늘인 공식형의 폴립(더 멀리있는 폴립을 포식하고 있음).

1) 수온

현장에서 수행된 해파리에 관한 조사 중 가장 상세히 이루어진 킬만에서의 조사결과를 정리하면 다음과 같다. 킬만에서는 12월 하순-5월 하순(2-18℃)에 횡분체가 나타나며, 최대 절정기는 12월 하순-3월 하순(2-8℃), 2차 절정기는 4월 하순-5월 하순(10-18℃) 이였다. 실내 사육실험에 의하면, 아사무시(淺虫) 지방에서 3-4월과 10-11월에 횡분체가 형성되었으며, 수온은 0-30℃로 최적수온은 15℃ 였다. 오사카만에서는 3-4월, 수온 17-20℃에서 폴립으로부터 유리(遊離)한 에피라수가 가장 많았다고 한다. 독일의 스틸트 지방에서는 11-12월(6-7℃)에 횡분열을 시작하며, 여름에 5℃로 수온이 낮아져도 횡분열을 하는 것으로 관찰되었다. 또한, 영국의 Whitstable산 해파리에서 얻어진 폴립은 가을-겨울철의 극한온도에 가까운 5.3-11℃에서도 횡분체의 형성이 이루어지는 것으로 확인되었으며, 멕시코만산 폴립은 19℃를 유지한 경우에도 횡분체를 형성하였다. 저자는 우라소코(浦底)만의 폴립을 자연해수에서 사육하였을 때, 3-5월(6.2-21.5℃)에 횡분체가 출현하였으며, 약 20℃ 이하에서 횡분체가 형성되는 사례가 많았다. 최근 동경만에서 12-5월(7-16℃), 그리고 카고시마(鹿兒島)만에서 12-2월(14-17℃)에 수온 20℃ 이하에서 각각 횡분열이 일어나는 것이 관찰되었다. 27℃에서도 횡분열을 하지만 횡분열 능력은 19℃를 유지하였을 때 보다 훨씬 빨리 저하하는 것으로 나타났다. 저자의 실험에서는 20℃ 이하에서 수온이 상승한 경우, 횡분열의 형성이 촉진되는 반면, 그 지속기간은 단축되는 경향을 나타내었다(Ⅵ. 번식과 발생, 표 4 참조).

이상의 보고를 정리하면, 본 종의 폴립이 횡분열을 일으키는 온도는 약 20℃ 이하의 저온이며, 수온이 낮을수록 그 지속기간이 길어지는 것으로 예측된다. 또한, 20℃ 이하의 저수온에서 횡분열이 일어나는 예는 다른 해파리강에서도 알려져 있다. 사자갈기해파리의 일종인 *Cyania lamarckii* 는 7.2℃, 쐐기풀해파리의 일종인 *Chrysaora hysoscella*는 7-10℃, *Ch. quinquecirrha*는 18-19℃에서 각각 횡분열이 시작된다고 보고된 바 있다.

2) 염분

횡분체의 출현과 염분과의 관계를 기술한 보고는 많지 않으며, 염분농도 34.4와 그것을 1/3로 희석한 인공해수에서 사육한 폴립군에서 횡분체를 얻은 사례가 있다. 저자의 실험에서는 31.1-33.4의 범위에서 횡분체가 출현하였으며, 31.6-33.2에서는 가장 장기간인 86일간이나 출현하였다. 따라서 이 정도의 염분농도는 횡분체의 생존은 물론, 횡분열에도 영향을 미치지 않는 것으로 판단된다. 또한, 앞서 설명한 데로 폴립은 때로는 담수나 해수의 2배가 되는 고염분수에서도 잘 견딘다는 보고가 있다. 부착장소의 예를 보면, 쯔루가(敦賀)반도에서 나타난 것처럼 하천수가 유입되는 해역 및 극히 연안해역인 얕은 바다에서 횡분체가 출현하는 것을 볼 때, 횡분체의 염분에 대한 적응범위도 폴립의 경우와 같이 광범위한 것으로 판단된다.

3) 수중조도

빛이 횡분열에 미치는 영향에 대해서는 매우 흥미있는 보고가 있다. 아사무시(淺虫)지방에서 얻어진 폴립군체를 15℃에서 20cm 간격으로 시설된 10와트 형광램프 아래에서 실험, 관찰한 결과(그림 71), 가을과 봄 이외에 여름에도 70-80%가 횡분열을 한 것에 반하여, 조도시설(照射)을 하지 않은 경우에는 거의 횡분열이 일어나지 않았다. 이에 반해 영국의 Whitestable 지방에서 채집된 폴립군체는 5.3-11℃ 아래서 3럭스의 형광램프를 26cm 거리에 시설하여 매일 조사하였을 때, 앞의 실험결과와는 반대로 조도시설을 하지 않은 폴립군체에서만 횡분열을 하였다고 한다. 따라서 강한 조명 하에서

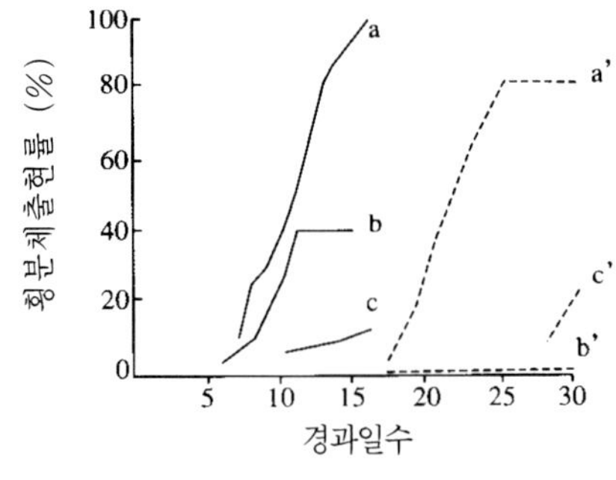

그림 71. 온도와 광처리에 의한 횡분체의 출현사례.
a-c: 4월의 실험, a'-c' : 1월의 실험, a, a' : 15℃, 형광램프, b, b' : 실온, 암실, c, c' : 15℃, 암실.

폴립의 횡분열은 오히려 억제되는 것으로 추정되었다. 현장에서 늦가을-겨울에 조도와 수온이 점점 낮아지는 것이 횡분열을 일으키는 결정적인 자극 요인이 되는 것으로 판단된다. 빛의 강약 범위나 그 변화 속도 및 파장이 횡분열에 어떻게 영향을 미치는가의 문제는 앞으로 남겨진 흥미있는 과제이다.

4) 먹이환경

킬만에서 상세하게 관찰된 폴립의 횡분열에 대한 기록에 의하면, 만내와 만외에서의 폴립의 출현율은 확실하게 차이가 있었다. 먹이가 풍부한 만내에서의 출현율이 훨씬 높으며, 연 2회 나타나는 절정기 중 한번은 동물플랑크톤인 요각류나 지각류의 증식기와 일치하였다. 따라서 먹이생물의 양이 횡분열을 일으키는 중요한 요인 중 한가지인 것으로 추정된다. 많은 연구자들도 이와 같은 추측을 하고 있지만, 반대로 먹이 부족이 횡분열을 촉진한다는 견해도 있다. 저자가 실시한 폴립의 사육실험에서는 로티퍼를 공급하지 않은 경우와 매일 공급한 경우를 비교하였다. 먹이를 공급하지 않았을 경우에는 횡분열이 시작되기까지 장기간이 소요되었으며, 횡분열지속기간도 14일로 짧았다. 또한, 횡분체상 형성되는 접시수도 적게 나타나 앞서 설명한 먹이생물의 중요성을 뒷받침하였다(Ⅳ. 번식과 발생, 표 3 과 4 참조).

5) 기타 환경요인

폴립이 횡분열을 일으키는데 필요한 화학물질에 대하여는 멕시코만에 서식하는 폴립의 실험 예가 있다(표 13). 이 실험에 의하면 요소이온이 매우 중요하며, I_2 또는 KI를 1: $10^{7\text{-}8}$ 비로 희석하든지 또는 10-100㎍/ l 의 농도를 유지하면 2주 이내에 횡분열을 시작하는 것으로 나타나있다. 그리고 5일 이내에 모든 폴립군에서 횡분열이 일어난다고 한다. 이에 반해, 인공해수 중에 요소를 포함하지 않은 경우, 횡분열은 전혀 일어나지 않았다(표 13). 사이록신($C_{15}H_{11}I_4NO_4$)도 중요한 것으로 밝혀졌다. 사이록신을 1:10^7으로 희석하여 투여하면 최고 87%가 횡분열을 유발하여, 고등동물의 변태를 촉진하는 호르몬

표 13. I2 또는 KI의 희석해수 중에서 사육한 45개체의 폴립군의 횡분체 출현율의 비교

		횡분체 출현율 (%)				횡분체 개시기
약품	농도	실험 I 구	실험 II 구	실험 III 구	평균	(일수)
I_2	$1:10^7$	100	100	100	100	11
	$1:10^6$	73	60	62	65	14
KI	$1:10^7$	87	99	100	95	14
	$1:10^8$	49	84	66	66	14
인공해수		0	0	0	0	14

의 작용과 유사하다고 설명하고 있다(표 14). 그러나 pH 6.5-10.0의 범위 내에서는 횡분열에 어떠한 영향도 주지 않는 것으로 확인되었다(표 15).

표 14. 사이록신($C_{15}H_{11}I_4NO_4$)의 희석해수에서 14일간 사육한 45개체의 폴립군의 횡분체 출현율

사육군 No.	횡분체 출현율	대조구 (인공해수)
15	77	0
20	53	0
24	31	0
10	71	0
19	68	0
10	43	0
7	87	0

VIII-3. 어린 해파리

에피라의 출현시기에 관한 기록은 많지만, 환경요인을 포함하여 논의한 보고는 한정되어 있다. 본 장에서는 초기 에피라를 중심으로 그 개요를 설명하고자 한다.

표 15. pH가 다른 인공해수에서 8일간 사육한 90개체의 폴립군의 횡분체 출현율

pH	횡분체 출현율 (%)	pH	횡분체 출현율 (%)
6.0	0	8.0	100
6.5	100	9.0	100
7.0	100	9.5	87.7
7.5	100	10.0	100

1) 수온

네덜란드의 덴헬더연안에서는 에피라의 출현시기가 2-6월(4-15℃)이며, 인접해역인 북부유럽 연안해역에서는 1-4월(4-11℃) 전후인 것으로 추정되었다.

킬만에서 채집된 결과를 보면, 1976-77년의 경우에는 2-6월(2-14℃)에 주로

출현하였으며, 출현성기는 6월(14℃)이였다. 1978-79년에는 1-8월, 그리고 11-12월(2-16℃)에 걸쳐 출현하였으며, 그 성기는 4-5월(4-9℃) 이였다. 또한, 최근 킬만의 북쪽에 위치한 구루머협곡에서는 10-12월(3-13℃)이였다고 보고되어 있다. 저자는 우라소코(浦底)만에서 에피라가 주로 1-6월에 최초로 출현하는 것을 확인함과 동시에 수온, 염분과의 관계를 분석하였다(그림 72). 여기서 에피라는 표면수온 8-22℃에서 채집되었고, 특히 11-21℃에서 분포밀도가 높은 것으로 나타났다. 또한, 인접한 쯔루가(敦賀)반도 서부에 있는 니우라(丹生浦)만에서는 2-6월(6-19℃)에 보름달물해파리의 에피라가 출현하였고, 출현성기는 2월 중순과 6월 중순(10-19℃)이였다. 그 후 1972-73년 4월 하순(수온 12-19℃)에 우라소코(浦底)만에서 초기에피라에서 메테피라에 이르는 다양한 발육단계별 시료를 채집하였다. 인접한 쯔루가(敦賀)반도에서도 같은 해 5월 중순, 수온 16-17℃에서 우라소코만에서와 같이 다양한 발육단계별 시료를 채집할 수 있었다(Ⅶ. 출현과 분포 참조).

한편, 실내사육실험결과 아사무시(淺虫)지방에서는 5℃ 이상부터 사육이 가능하며, 10-20℃가 최적수온인 것으로 나타났다. 저자가 자연해수로 수행한

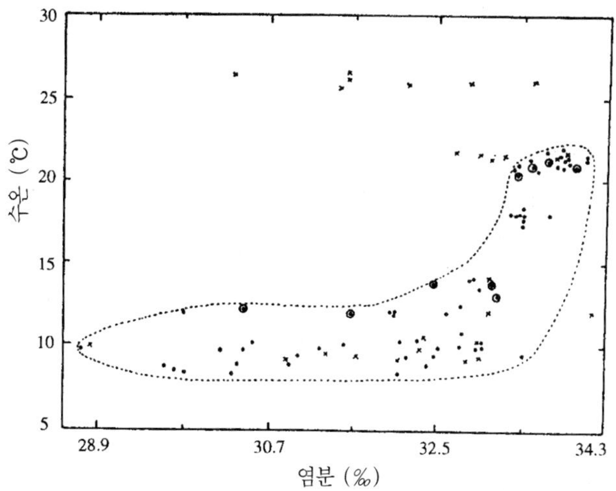

그림 72. 에피라의 출현과 수온, 염분과의 관계(점선안은 주요 출현범위를 나타냄). 1m³당 채집개체수, ×: 0개체, ●: 10개체 미만, ⊙: 10개체 이상.

사육실험에서도 에피라Ⅰ기의 사육 평균수온은 17.7-23.5℃였다(표 5와 6). 또한, 하한수온에 대한 실험결과, 3℃ 이하에서는 먹이를 섭취하지 않으며, 2℃ 이하에서는 죽는것으로 보고되고 있다. 북유럽연안에서는 에피라의 생식 하한수온 또는 그에 가까운 수온에서부터 에피라가 출현하기 시작하였으며, 최고 수온이 20℃를 넘는 기간이 거의 없는 지방에서의 출현 적수온은 4-14℃ 인 것으로 추정된다. 와카사(若狹)만 연안에서는 분포밀도가 높은 시기의 수온과 사육 적수온이 일치하므로 10-20℃ 전후가 보름달물해파리의 에피라 생식에 가장 적당한 온도인 것으로 생각된다.

2) 염분

우라소코(浦底)에서 보름달물해파리의 에피라 출현 및 염분과의 관계를 분석한 결과에 의하면(그림 72), 염분 28.7-34.3에서 에피라가 출현하였으며, 30.5-34에서 분포밀도가 높은 것으로 나타났다. 이 후 같은 만에서 실시한 출현조사 결과에 의하면 출현성기인 4월 하순에 33.6-34.3으로 고염분을 나타내었으며, 염분농도 32.2-33.2에서 실시한 사육실험에서도 에피라가 메테피라나 어린해파리로 변태하였다. 그러나 인접한 쯔루가(敦賀)반도에서는(그림 41), 일상적인 해수 염분농도의 1/2정도가 되는 18에서 32의 넓은 염분 범위에서 출현하였다. 특히, 하천수의 영향을 많이 받는 것으로 생각되는 18-31범위인 만 안쪽 연안해역에서 발생초기의 에피라가 다수 출현하였다.

킬만에서 에피라의 출현과 염분과의 관계에 관하여 검토한 결과, 킬만의 염분농도는 일반 해수염분농도의 1/3 이하인 10-17.9였으며, 구루머협곡 역시 10.3-32.2(평균 22.9)로 저염분이였다. 따라서 에피라의 염분농도에 대한 적응성은 플라눌라나 폴립의 경우와 같이 매우 넓으며, 연안과 내만의 대표적인 유생플랑크톤의 일종으로 볼 수 있다.

일본 각 연안과 오래 전부터 현장연구가 이루어진 북유럽에서 대표적인 킬만에서 보름달물해파리의 에피라 출현과 수온, 염분과의 관계를 정리하였다(그림 73). 이와 더불어 앞서 설명한 것처럼 쯔루가(敦賀)만이나 우라소코(浦

底)만에서 에피라는 8-22℃에서 출현하며, 동경만 역시 이 수온범위에서 에피라가 출현한다. 그러나 남쪽의 카고시마(鹿兒島)만은 하한수온이 14℃ 이상, 하한염분은 32 이상의 고온, 고염분으로 그 출현범위가 좁은 것이 특징이다. 반면 킬만에서는 22℃ 이하의 수온에서 에피라가 출현하는 것은 일본의 만들과 유사하지만, 수온과 염분의 하한치는 일본연안보다는 훨씬 저온, 저염분이였다.

3) 투명도와 플랑크톤량

수온, 염분 이외의 요인과 에피라 출현과의 관계에 관한 자료는 거의 없으므로, 쯔루가(敦賀)만에서 얻어진 결과에 대해서만 기술하고자 한다.

투명도가 10m보다 낮은, 특히 투명도가 5m 이하인 만 안쪽해역에서 초기 에피라가 다수 채집되었다(그림 40). 이러한 결과로 미루어 볼 때, 만 외해수와의 교류가 적으며, 하천수가 유입되어 유기현탁물질이 풍부한 해역일수록 부착 후의 플라눌라나 폴립의 생육에 좋은 조건이 되며, 그 결과 에피라도 다량 출현하는 것으로 생각된다.

플랑크톤량과 에피라 출현량과의 관계는 대형플랑크톤 채집용 특수네트(丸特네트)를 사용하여 시료를 채집, 조사하였으나 뚜렷한 결과는 얻지 못하였다. 그러나 침전량이 많은 해역에서 에피라가 고밀도로 출현하였다는 점과 에피라의 수직분포는 우라소코만의 조사결과와 유사하였다(그림 54 a, b). 에피라가 주로 동물플랑크톤을 섭취한다는 것을 고려할 때(Ⅴ.영양과 성장 참조), 먹이생물의 양이나 밀도가 에피라의 생존이나 성장에 큰 영

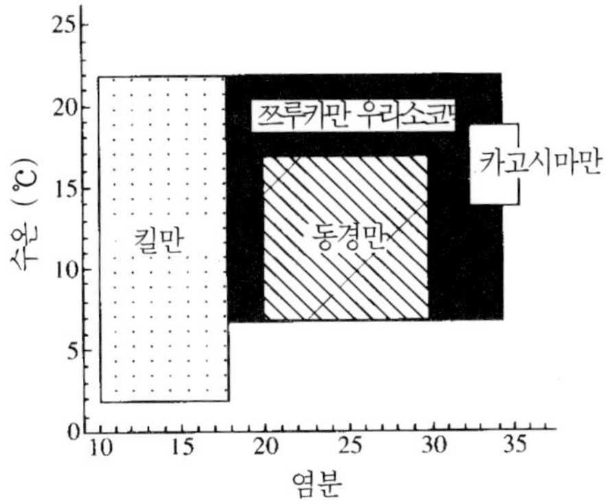

그림 73. 각 해역의 에피라 출현과 수온, 염분과의 관계(安田 原圖).

향을 주는 것으로 나타났다. 또한, 에피라는 먹이생물에 대하여 뚜렷한 포식반응을 나타내어 강한 흥분이 몸 전체에 지속적인 수축을 일으켜 침강하는 경우가 있다고 한다. 따라서 수직분포에 대한 전반적인 고찰을 실시할 경우에는 개체마다의 포식상황을 기록한 후에 검토하는 것이 좋을 것으로 판단된다.

4) 수중조도

앞서 기술한 것처럼, 에피라의 수직분포나 주야, 계절에 따른 이동상태를 판단할 때, 그 조절요인이 수중조도인 것으로 명백히 나타났다. 특히, 분포밀도가 높은 층은 103-104 Lux 대였다. 본 종의 에피라 감각기는 이미 성체 해파리의 것과 매우 유사하였으며, 신경세포나 조직도 성체해파리와 큰 차이가 없었고, 앞서 설명한 조도범위에서 연변(緣弁)의 활동이 가장 활발하였다.

5) 기타 환경요인

그 외의 요인인 기온이나 풍랑(계급 0-2)과 해파리 에피라의 수직분포간에는 명확한 관련성이 없었다. 단지, 1972년 5월 우라소코(浦底)만에서 에피라 채집결과, 야간에는 에피라가 저층으로부터 수심 7m 수층으로 부상하며, 메테피라도 같은 층에 많이 출현하였다(그림 53). 조사 직전이 만조시였기 때문에 만 외해수의 유입에 의한 해수유동으로 어린 해파리의 연변이 자극되어, 일시적으로 상승·이동되었을 것으로 판단된다. 영국의 만섬에서 500-1,000헥토파스칼 조건 하에서 에피라의 운동을 실내에서 실험 한 결과, 압력을 늘이면 위쪽으로, 압력을 줄이면 아래쪽으로 이동하는 것으로 나타났다. 현장에서도 일정 수심까지 침강한 에피라가 수압의 증가에 의해 다시 상승·이동을 할 가능성이 있는 것으로 생각된다.

VIII-4. 성체 해파리

1) 수온

우라소코(浦底)만에서 한 해동안 채집한 시료를 분석하여 해파리의 분포밀도와 수온, 염분과의 관계를 분석하였다(그림 74). 해파리는 수온 7-29℃에서 출현하며, 특히 20℃ 이상(6월 이후에 해당)에서 분포밀도가 높아지는 경우가 많았다. 하마나코(浜名湖)의 내측에서는 7월, 수온 20.8-26.2℃에서 다수의 해파리가 채집되었으며, 동경만 북동부에서도 보름달물해파리의 군집이 관찰된 6-7월의 수온은 19.1-28.6℃로 고온이었다. 이에 반해, 킬만에서는 4-11월(4.3-16.3℃)에 출현하며, 출현성기는 7-9월(14.5-16.3℃)이였다. 출현온도는 일본

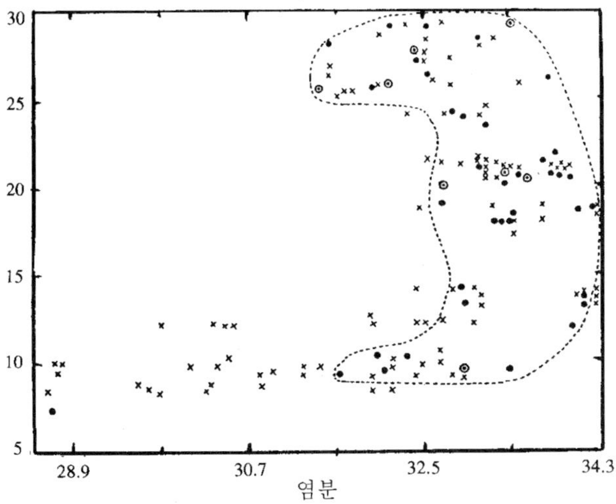

그림 74. 보름달물해파리 성체의 출현과 수온, 염분과의 관계 (점선내는 주요 출현범위를 나타냄). 1m³당 채집개체수, ×: 0개체, ●: 3개체 미만, ⊙: 3개체 이상.

보다 낮지만, 출현성기는 이 지방에서 최고 수온기에 해당하였다.

보름달물해파리의 우산운동(박동)과 온도와의 관계에 대한 다음과 같은 보고가 있다. 캐나다 해리팩스(Halifax)산 해파리는 -1.4℃ 이하와 29.4℃ 이상에서, 북아메리카 플로리다주 토룩카스산 해파리는 7.8℃ 이하와 36.4-38.4℃에서 우산운동이 정지되었다. 그리고 해리팩스(Halifax)산 해파리는 18-23℃, 토룩카스산 해파리는 20-29℃에서 1분당 박동수가 증가한다고 보고되어 있으

며, 북유럽 발트해산 보름달물해파리는 -0.5℃ 이하와 30℃ 이상에서 우산운동이 정지된다고 한다. 저자는 우라소코(浦底)만 및 주변해역에서 5-9월에 채집한 해파리의 박동수와 수온과의 관계를 우산크기별로 조사하였다(그림 75). 조사결과 수온 0-30℃에서는 수온이 상승함에 따라 박동수도 증가하는 경우가 많았으며, 20-25℃에서는 박동수가 최대에 달하였다. 그러나 30℃ 이상에서는 예외없이 감소하기 시작하여 35℃ 이상에서는 급격히 감소하거나 운동을 정지하였으며, 35℃에서는 35분, 40℃에서는 10분만에 모든 개체가 죽는 것을 확인할 수 있었다. 하한수온의 경우, 0℃에서 순간적으로 박동이 정지하였으나, 자연해수온도(17-26℃)로 환원시켜주면 몇 분 이내에 다시 정상운동을 하는 것을 관찰할 수 있었다.

이상의 조사결과와 보름달물해파리의 지리적 분포가 매우 광범위한 것 등을 고려할 때, 성체 보름달물해파리의 온도적응력은 매우 넓어, 북아메리카 북부나 북유럽에서는 영하의 수온에서, 북아메리카 남부에서는 35℃전후의 고온에도 견딜 수 있을 것으로 생각된다. 또한, 우라소코(浦底)만을 중심으로 한 연중 출현상황과 우산운동에 관한 실험결과로 미루어, 일본의 보름달물해파리

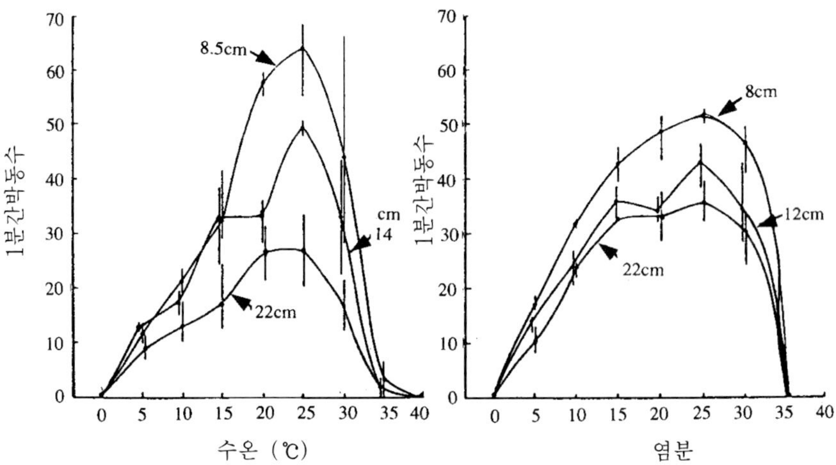

그림 75. 우라소코(浦底)만산 보름달물해파리의 수온과 박동수와의 관계(安田 原圖, 좌: 1975년 5월 11일, 우: 1975년 6월 12일, 그림 중의 숫자는 우산 직경을 나타냄).

는 북쪽에 위치한 해리팩스나 발트, 그리고 남쪽에 위치한 토룩카스해의 보름달물해파리 서식수온의 중간대 수온으로 최적 수온범위는 20℃ 이상 30℃ 미만이며, 주로 이 수온대에 분포하고 있는 것으로 보인다.

또한, 수직분포에서 30℃를 넘는 경우, 해파리의 부상(浮上)개체가 보이지 않았던 현상(그림 60 A)은 이 때의 수온에서 우산의 박동수가 현저히 저하하여, 해면으로의 상승이동을 할 수 없었던 것으로 판단된다. 수온 30℃ 이하의 경우, 봄철 주야이동이나 계절변화에 따른 분포(그림 59 B)에서 나타나는 바와 같이, 5℃ 이내의 수온 변화층이 있어도 해파리의 이동에는 거의 영향을 주지 않는 것으로 판단된다.

2) 염분

보름달물해파리는 염분 26.7-34.3에서 출현하며, 31.4-33.6에서 분포밀도가 높았다(그림 74). 또한, 오바마(小浜)만, 하마나코(浜名湖)및 동경만 북동부해역에서는 32.5 이하의 저염분에서 나타났다. 마리아가협곡에서 일상적으로 해수 염분농도의 1/2 이하인 13.9-15인 해역에서 보름달물해파리가 서식하고 있는 것으로 알려졌다. 킬만의 자료를 검토한 결과, 본 종의 출현기간인 4-10월의 염분은 12.3-17.9 이었다. 더욱이 발트해의 경우는 킬만보다 더 낮은 염분 7.3으로 보고되고 있다. 또한, 남서 필란드연안에서는 일반해수의 1/10 이하인 3정도의 염분농도인 해역에서도 생존이 가능한 것으로 알려져 있다. 저자는 1982년 여름, 쯔루가(敦賀)반도 안쪽으로 유입되는 이노구찌(井ノ口)강의 하구로부터 약 1.5km 상류지점에서 우산직경 3cm인 어린 해파리가 상류를 향하여 활발하게 운동하고 있는 것을 목격한 적이 있다.

염분에 대한 내성을 조사하기 위하여 34.4의 인공해수 중에서 사육한 예가 있으며, 조사결과, 염분 60까지 견디는 것으로 알려져, 본 종의 염분에 대한 내성도 수온의 경우와 같이 매우 강한 것으로 나타났다. 그러나 일반적으로 앞서 기술한 수평분포의 사례에서 추정할 수 있는 것처럼, 연안의 비교적 저염분 해역이 본종의 주요 서식장소인 것으로 판단된다. 단지, 우라소코(浦底)

만에 있어서는 염분 31.4-33.6에서 분포밀도가 높으며, 특히 1968년 8월 하순, 만 안쪽에 출현한 고밀도 군의 주변해역은 33.5의 고염분이었다. 이것은 염분 그 자체가 해파리가 고밀도로 분포하는데 관여했다기보다, 만 외의 우세한 고염분수가 연안해역으로 유입됨에 따라 연안에 서식하는 수평이동력이 1-3cm/sec로 낮은 보름달물해파리가 만 안쪽으로 집적되었기 때문인 것으로 판단된다.

수직분포에 미치는 염분의 영향에 대하여서는 1972년 예(그림 60 B)에서 나타난 것처럼, 표층이 30.7 이하의 저염분인 경우에 해파리가 해면으로 부상하는 것을 관찰할 수 없었다. 이와 동일한 현상은 하마나코(浜名湖)에서도 관찰되었다. 실내실험에서 발트해산 보름달물해파리를 염분 7.3에서 5로 조절하면 이들 해파리는 안정된 체위(体位)를 유지하지 못하고 수조 바닥에 침강하며, 박동수도 감소하는 것으로 알려져 있다. 저자도 우라소코(浦底)만에서 얻은 우산직경 7-23cm인 해파리를 33.6에서 29.3의 해수에 넣어, 그 상태를 관찰하였다(그림 76). 관찰결과, 해파리는 순간적으로 도립(倒立)상태가 되면서 1분당 박동수는 오히려 정상해수에서보다 1.5-1.7배로 증가하였으나, 이보다

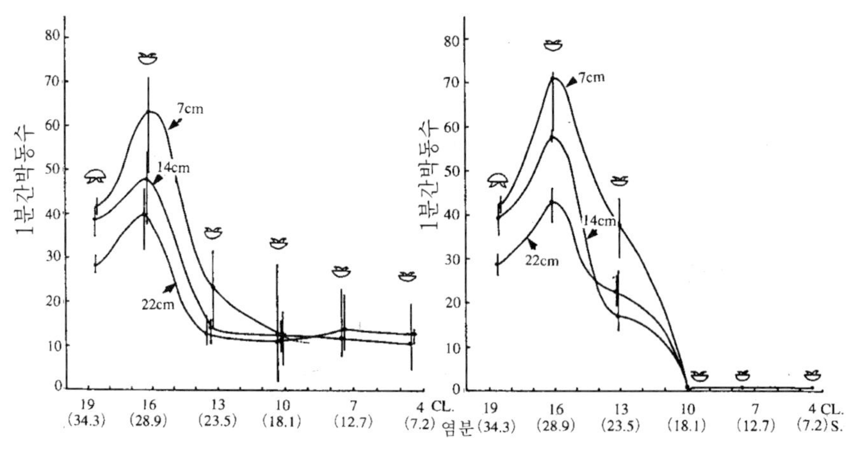

그림 76. 염분농도의 차이에 따른 우라소코(浦底)만산 보름달물해파리 박동수의 변화(좌: 투입 직후, 1975년 5월 8일, 우: 투입15분 후, 1975년 5월 8일, 그림 중의 숫자는 우산 직경을 나타냄).

낮은 염분에 노출된 경우에는 박동수가 감소하는 것으로 나타났다. 본 종은 비중 조정능력이 있으며, 서식환경과 동일한 비중에 도달하는데 3-4시간 이상이 소요되는 것으로 알려져 있다. 표층의 염분이 30.7 이하인 저염분수로 덮혀있는 경우, 중·저층에 분포하는 해파리는 단시간에 표층으로 부상할 수는 없다. 일시적으로 부상하였다고 하더라도 우산의 방향이 역행되어 박동수도 증가하며, 결국에는 원래의 분포층으로 침강 또는 하강할 수밖에 없는 것으로 밝혀졌다. 또한, 역으로 염분을 증가시키면 우산의 박동수가 증가하여 바닥으로의 이동은 불가능해지며, 우산도 두께를 증가시켜 위쪽으로 굽어지는 것처럼 된다고 한다.

일본의 각 연안과 북유럽을 대표하는 킬만에서 보름달물해파리 성체의 출현과 수온, 염분과의 관계를 정리하였다(그림 77). 앞서 기술한 것처럼 쯔루가(敦賀), 우라소코(浦底)만에서는 수온 7-29℃, 염분 18-35에서 출현하며, 동경만도 그 범위에 들어가지만, 세또나이카이(瀬戸内海), 카고시마(鹿兒島)만과 같이 남쪽에 위치한 해역에서는 수온과 염분의 상, 하한치가 점점 고온, 고염분화되며, 그 범위도 좁아지는 경향이 있는 것으로 나타났다. 이에 비하여 킬만에서는 일본연안과는 달리, 수온 22℃ 이하의 저온과 18 이하의 저염분수에서 서식하는 것으로 나타나 그 범위가 일본보다 훨씬 좁은 것이 특징적이었다. 즉, 보름달물해파리 성체는 분포해역의 환경에 잘 적응하며, 그 적응범위가 넓기 때문에 거의 전 세계의 연안에 분포하는 대표종으로 되었다. 또한, 앞서 기술한 것처럼, 저자는 1982년 여름, 쯔루가(敦賀)만의 하구로부터 약 1.5km 떨어진 상류에서 유영하는 소형해파리를 관찰하였다. 그 후 2001년 7월 하순에 같은 지점의 교각 아래에서 월동한 것으로 판단되는 우산직경 20cm 전후의 2-3개의 대형무리가 5-6m 정도의 타원형으로 강 저층에 분포하고 있는 것을 발견하였다. 이로써 본 종은 수온뿐만 아니라 염분에 있어서도 광범위한 내성을 가진 강한 적응력을 보유하고 있는 대형 동물플랑크톤이라는 것을 알 수 있다.

3) 수류

우라소코(浦底)만에서 발견된 군집 주변의 해류 흐름은 불규칙하며(그림 78), 유속은 11cm/sec 이하로 약한 와류 형성 해역이였다. 또한, 보름달물해파리는 오바마(小浜)만이나 동경만 북동부에서 나타난 것처럼 정상적인 환류(還流)의 연변부 및 육지에 가까운 해수와 연안수가 접하는 경계 등에 고밀도로 분포하였다. 이상의 결과를 고려할 때, 해수유동이 해파리 군집의 형성이나 이동에 크게 관여하고 있다는 것을 쉽게 이해할 수 있다. 그러나 위와 같은 원인으로 해파리 군집이 형성된 것인지, 아니면 역으로 어떤 생물학적 요인에 의하여 해파리 군집이 형성되어 위의 결과가 나타난 것인지에 대하여는 앞으로 지속적인 조사, 연구가 이루어져야 할 것이다. 또한, 수직분포에 미치는 해류의 영향으로 숲뿌리해파리나 쐐기풀해파리의 일종은 고조와 저조의 사이, 해수가 가장 심하게 이동하는 시간에 표층으로 부상한다는 사실이 덴헬드연안에서 관찰되었다. 그러나 간만의 차가 적어 조석류가 약한 일본해측의 우라소코(浦底)만과 주변해역에서는 이런 현상이 나타나지 않았다.

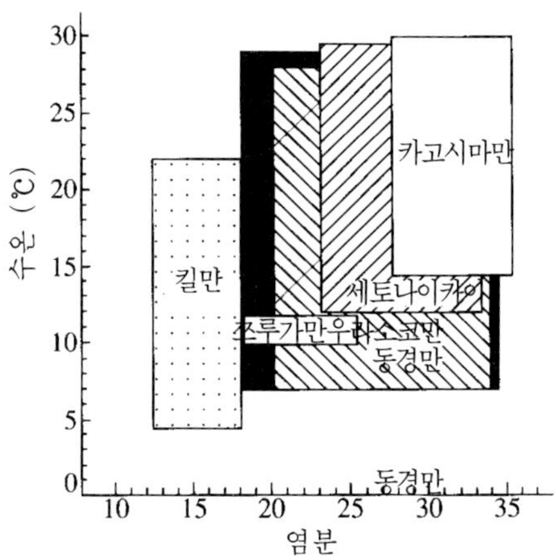

그림 77. 각 해역의 성체 해파리의 출현과 수온, 염분과의 관계(安田 原圖).

4) 수중조도

앞서(Ⅶ.출현과 분포) 설명한 것처럼,성체 해파리의 주야이동이나 계절변화에 미치는 가장 중요한 요인은 수중조도였다. 따라서 수중조도가 해파리의 이동이나 부상, 침강에 영향을 주는 메카니즘에 대하여 고찰해 보고자 한다.

현장관찰의 예로써 북아메리카 플로리다 연안에서는, 이른 아침에 해수면에 다량 분포하던 해파리가 낮이 되면 바위그늘이나 선창의 그늘에 모이는 것으로 보고되어 있다. 쿠바의 하바나항이나 영국의 프리머스 연안에서는 해지기 전에 해수면으로 부상하는 해파리를 관찰하였다는 보고가 있다. 또한, 캐나다의 산니치만에서는 해파리가 태양방향으로 능동적으로 수평이동하는 것으로 알려져 있다. 저자가 플랑크톤네트로 수심별로 해파리를 채집하여 날씨별로 본종의 수직분포형을 검토하였다. 그 결과, 비가 적게 오거나 날씨가 흐린 때에는 해파리가 표・중층에 많아지는 것을 볼 수 있었다. 구체적으로 조사된 조도와의 관계를 보면, 와카야마(和歌山)현의 우라가미(浦神)만에서 약 10^3 Lux에서 본 종이 잘 집합하는 것이 관찰되었고, 우라소코(浦底)만 연안에 설치한 $5m^3$ 수조 중에 수용한 해파리가 2-2.6×10^3 Lux의 조도에서 1-3cm/sec의 속도로 모이는 것이 확인되었다. 2002년 쯔루가(敦賀)만산 보름달물해파리(우산직경 8-25cm)를 이용하여 조도와 빛의 색에 관하여 실험하였다. 펜라이트 수조(1.5 ton)에 해파리를 넣어 그 위쪽에 광원을 설치하였다. 그리고 조도(10^2, 10^3, 3×10^3 Lux) 및 빛의 색(적, 황, 청)을 달리하여 해파리의 박동수를 조사하였다. 102과 103 Lux의 빛 아래에 있는 개체의 박동수와 빛을 비추어 주지 않은 개체의 박동수를 비교하였을 때, 10^2과 10^3 Lux의 빛 아래에 있는 개체수의 박동수가 더 높았으며, 3×10^3 Lux의 경우에는 차이가 없는 것으로 나타났다(그림 79). 조도 10^3 Lux에서 빛의 색은 적, 황, 청색의 순이었으나,

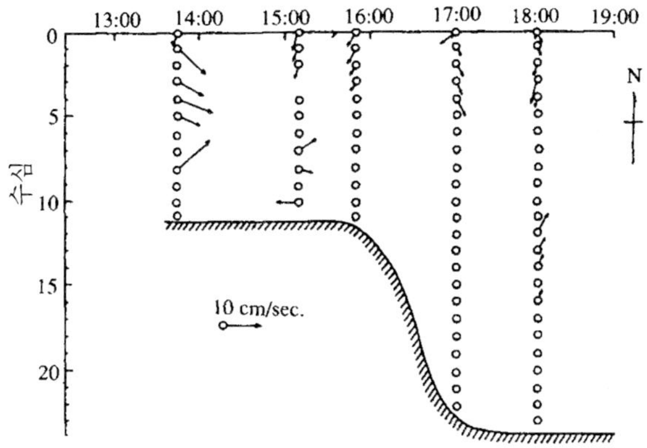

그림 78. 보름달물해파리 무리(patch) 중의 유향, 유속의 시간변화.

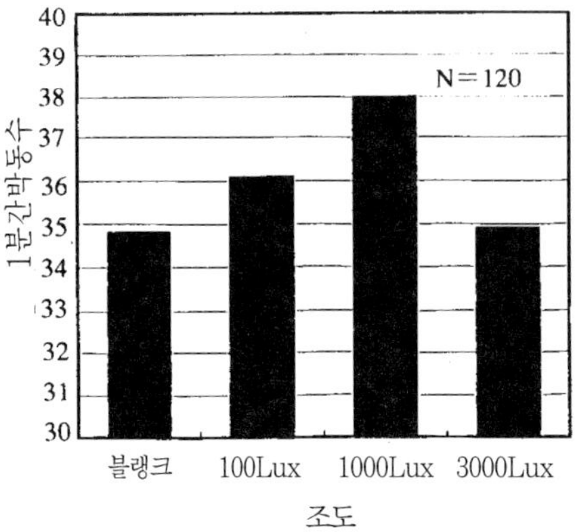

그림 79. 보름달물해파리의 빛의 강도에 따른 박동수의 변화(1분당 박동수를 120개체의 데이터로 산출한 평균치).

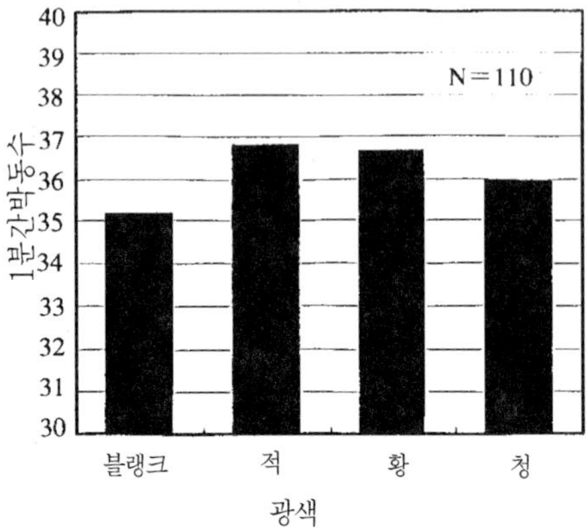

그림 80. 보름달물해파리의 빛의 색과 박동수의 관계(1분당 박동수를 110개체의 데이터로 산출한 평균치, 조도는 1,000 Lux로 통일).

유의한 차이는 나타나지 않았다(그림 80).

한편, 구체적인 수치는 나타나 있지 않지만 본 종의 우산운동과 빛에 관한 생리실험에 관한 다음과 같은 보고가 있다. 이는 음영반응에 관한 것으로 보름달물해파리의 감각기에 일정시간 빛을 준 후, 갑자기 빛을 차단하거나 교대로 명암자극을 주면 우산의 수축운동이 현저하게 일어났다(그림 81). 감각기는 명(明)자극에 대해서는 소극적으로, 암(暗)자극에 대해서는 적극적으로 움직이는 것으로 나타났다. 이와 같은 반응은 히드라충류인 무희나선꼬리해파리(*Spirocodon saltatrix*)와 北무희나선꼬리해파리(*Polyorchis karafutoensis*)에서도 알려져 있다(그림 82). 그 외 실험에서 보면, 앞의 결과와는 반대로 1분간 우산의 박동수가 암흑상태에서 보다 빛이 있을 때 1.1-2.0배 증가하고, 조도를 증가시키면 유영의 방향에는 영향을 주지 않지만, 균등하던 우산의 수축운동이 증가하는 효과가 있는 것으로 나타났다. 전자의 실험은 조도의 급격한 변화와 우산운동과의 관계를 나타내며, 후자는 어떤 일정한 범위내에서 조도를 높이면 보름달물해파리의 우산 박동이 증가하는 것으로 판단된다. 이들 실험결과 및 현장에서 확인된 해파리의 분포와 수중조도와의 관계를 설명하면 다음과 같다. 즉, 해파리의 주요 분포층은 약 10^3-10^4 Lux 이내이며, 특히 10^3 Lux대를 경계로 하여 그 분포가 한정된다는 것이 명확히 밝혀졌다. 이 수치는 빛과 박동에 관한 최근 실험으로 최대 조도치와 잘 일치하며, 이보다 약간 낮은 조도하에서는 본 종의 우산박동이 촉진되어 해파리는 점차 해면근처로 부상하는 것으로 생각된다. 그러나 10^2 Lux 이하의 조도에서는 본 종의 감각기가 10^3 Lux 정도로 받는 광자극과 같이 반응하기는 어려울 것이다. 일몰 이후 해파리가 저층으로 침강하는 것은 이러한 사실을 뒷받침하는 것이라 할

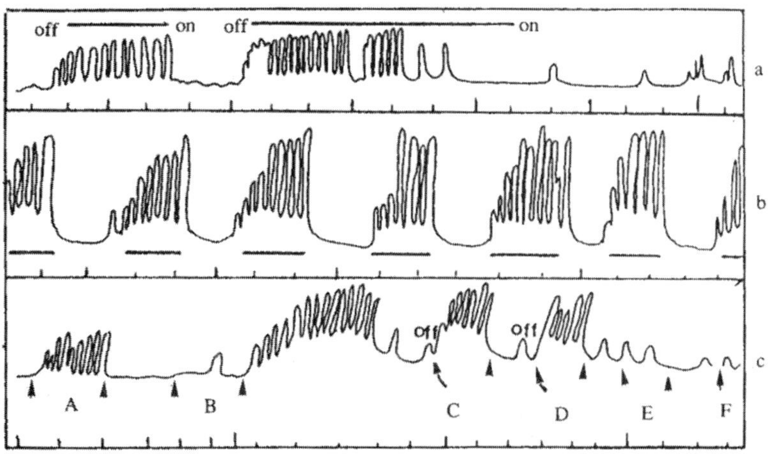

그림 81. 광자극에 의한 보름달물해파리 감각기의 음영반응.
A: 명순응시킨 감각체에 off 자극을 주면 수축빈도가 증가한다.
B: 15초간격으로 명암자극을 반복한 경우의 주기적 운동곡선
C: B에서 질산스트리키닌(0.1%)를 작용시키면 C와 D의 off 자극으로 다시 반응한다.

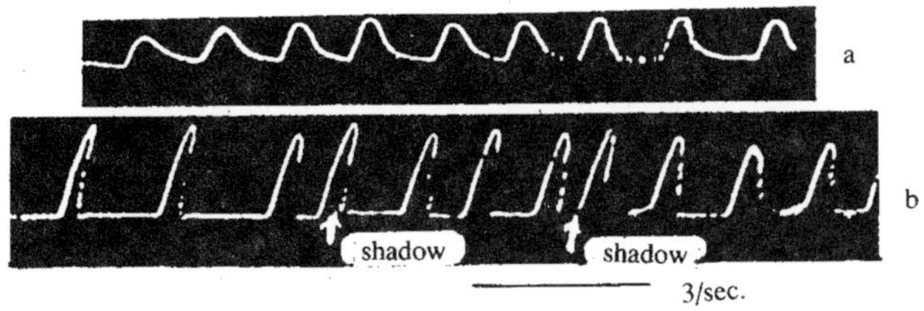

그림 82. 북무희나선꼬리해파리 *Ployorchis karafutoensis* 안점의 음영반응.
a: 일정조사 아래에서 鏡筋이 정상으로 박동하고 있음.
b: 음영자극으로 엑스트라시스톨과 같은 수축을 나타냄.

수 있다. 또한, 10^4 Lux 이상의 높은 조도는 해파리의 우산운동을 억제 또는 저해하는 것으로 생각된다. 봄, 여름철의 낮에 중, 저층에서 분포하는 현상도 이러한 결과라 판단된다(그림 58, 59, 60).

그 외, 저자의 관찰결과에 의하면 예외없이 일몰이 가까워지면 해파리는 표층으로 상승이동하며, 계절적으로도 조도가 점점 저하되는 계절에 부상(浮上)하는 개체가 많아지는 것은 어떤 일정한 범위내의 조도 보다도 조도가 감소해가는 변화의 과정이 더 유효한 광자극이 되는 것으로 나타났다. 이후 앞서 기술한 조도변화에 따른 감소율이나 감소속도 등의 영향을 더 상세하게 조사함과 동시에, 최근 실시된 빛의 색갈별 실험에서 나타난 것처럼, 본 종의 우산박동을 억제, 촉진시키는 파장에 대하여 상세하게 검토할 필요가 있다.

5) 수중음향

본 종을 포함하여 해파리류의 우산박동수와 음향과의 관계를 조사한 보고는 매우 드물다. 단지, 숲뿌리해파리의 일종인 *Rhizostoma* sp.가 배의 엔진이나 스크류 소리에 의해 해면으로 부상하거나, 경우에 따라서는 몇 미터 아래층으로 침강하였다는 매우 간략한 기록이 있을 뿐이다. 여기서 앞서 기술한 쯔루가(敦賀)만산 보름달물해파리로 광실험을 한 같은 수조의 바닥 중앙부에 수중스피커를 설치하고 다음과 같은 실험을 실시하였다.

사용한 파장은 방형, 삼각, 정현파의 3종으로 주파수(10, 10^2, 10^3, 10^4)를 변화시킨 음을 발신하여 해파리의 박동에 미치는 영향을 조사하였다(그림 83 A).

그 결과, 방형파 10^2 Hz, 삼각파 10, 10^2 Hz, 정현파 10, 10^2 Hz의 음을 주었을 때, 해파리의 박동수는 음을 주지 않은 해파리의 박동수에 비하여 많으며, 그 차이에 유의성이 있는 것으로 나타났다. 방형파 10^4Hz를 준 경우에는 주지 않은 해파리의 박동수 보다 적은 것으로 나타났다(그림 83 B). 여기서 10-10^2 Hz의 저음은 보름달물해파리의 박동수를 증가, 촉진시키지만, 10^4 Hz의 음은 역으로 박동수를 억제하는 효과가 있다는 것이 이 실험을 통하여 처음으로 밝혀졌다.

(A) 파형의 종류

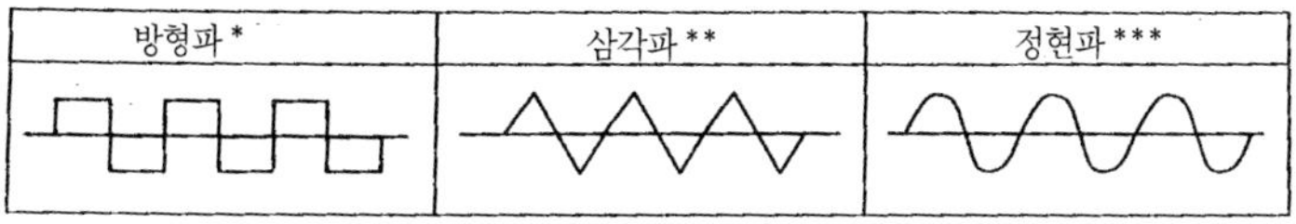

*방형파: 장방형으로 배열된 파장형을 하고 있다. 이 장방형의 튀어나온 부분(凸)과 그렇지 못한 부분(凹)의 비율을 변화시킴으로써 다양한 특성의 음을 흘려보낼수 있고, 凸부분과 凹부분의 비율이 극단적일 때 펄스파라고 할 때도 있다.

**삼각파: 파장형이 삼각의 형상을 하고 있는 파장으로, 음은 정현파(正弦波)와 달리 倍음(고주파성분)을 포함하고 있으므로 약간 정현파보다 딱딱한 음이된다. 방형파와 정현파의 중간음으로 들린다.

***정현파: 삼각개수(三角開數)의 하나이다. 정현개수로부터 나타나는 파동, 음은 순수 또는 단순하여, 악기에서는 플룻의 음이 가장 가깝다고 한다.

(B)

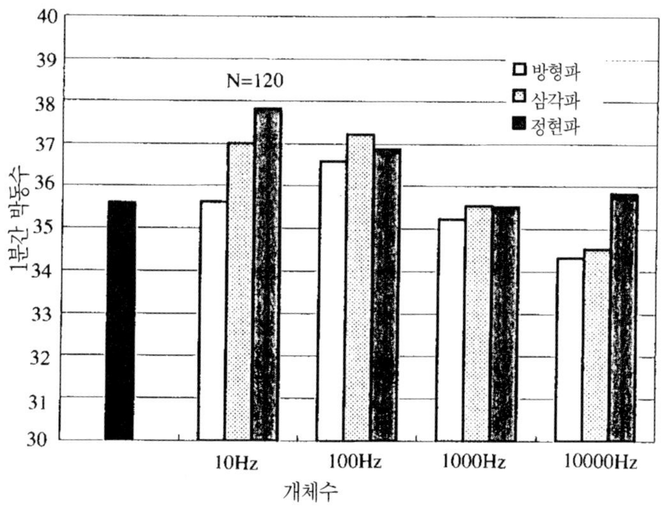

그림 83. 보름달물해파리의 소리와 박동수의 관계(수조실험). (1분당의 박동수는 120개체의 데이터에서 산출한 평균치).

6) 전기자극

어류의 증양식을 촉진하는 수단으로 최근 전기자극으로 어류군을 제어하는 방법이 개발되었으나, 해파리류를 대상으로 한 실험의 예는 없으므로 여기서 최근 실시한 결과의 개요를 기술한다. 실험에 사용한 전기자극발생은 DC 펄스 발생제어장치(K전기와 U전기 공동개발)로 최대출력은 3,600V, 출력펄스수는 2-10(회/sec)의 교대식, 전극은 +, -극 모두 봉상 티탄합금을 사용하였다. 사가미(相模)만산의 보름달물해파리(우산직경 4-5cm)를 소형 아크릴수조(50×50×30cm)에 1개체씩 수용, 전기를 흘려주어 그 반응을 조사하였다(이때의 수질조건은 수온 19.5-21.4℃, 염분 34-35, pH 8-8.2). 펄스수는 4회/sec, 전압은 50-1,000V로 하였다(표 16). 400V 이하의 낮은 전압에서 전기를 흘려주어 18분 후에 박동수를 관찰 한 결과, 박동수는 1.3-1.7배 증가하였다. 그러나 400V와 1,000V의 전기를 흘려준 후 박동수를 관찰한 결과, 박동수는 정지하였으며, 점차 침강하였다. 전기자극을 준 개체의 경우, 죽는 경우는 없었으며, 모두 24시간 이내에 회복하는 것으로 확인되었다.

전기자극을 주었을 때 해파리 반응양상(형)을 표 17에, 다른 전압을 흘렸을 때 반응양상을 표 18에 정리하였다. 표에 나타난 바와 같이 전압이 상승하면 무반응이거나 감지하는 현상은 약하거나 없는 상태가 되었으며, 역으로 경직되는 반응율은 높아졌다. 즉, 400V 이상의 전압에서는 우산이 수축하여 경직상태가 되고, 박동이 정지하여 침강한다(그림 84). 이것을 응용하여 보름달물해

표 16. 설정전압, 펄스수, 통전시간 및 실험시의 보름달물해파리와 전극과의 위치 관계

펄스수 (회/초)	전압 (V)	통전시간 (초)	실험 개시시의 전극과의 위치
	50	10	○
		10	○
		10	●
		300	○~●
	100	10	○
		10	●
		10	●
		300	○~●
전 시험구 4회/초	200	10	●
		300	
	400	10	●
		10	○~●
	600	10	○
		10	●
	800	10	○
		10	●
	1000	10	○
		10	●
		10	●

*○: 전극으로부터 약 10㎝ 이내 (전극에서 가까운 위치).
●: 전극으로부터 약 25~30㎝ (전극에서 먼 위치).

파리를 임의의 수심 또는 해저로 침강, 집합시킴으로써 해파리의 유입방지를 위한 취수방식의 개선대책으로 활용할 수 있을 것으로 생각된다.

7) 기타 환경요인

하마나코(浜名湖)에서 해파리가 출현한 7월 하순의 용존산소는 0.4-7.3㎖/ℓ이며, 특히 0.9-3.0㎖/ℓ에서 많이 출현하였다고 한다. 동경만 북동부의 경우, 7월 상순과 하순에 발견된 해파리군의 서식 해수내 용존산소는 3.75-10.87㎖/ℓ 이었다. 동 해역에서 COD (화학적산소요구량)는 2.90-10.14㎖/ℓ, 규산염은 0.04-0.82㎖/ℓ로 보고되어 있으나, 이들 각 요인은 모두 해파리의 수평분포를 제한하는 주 요인은 아닌 것으로 추정된다. 카고시마(鹿兒島)만 연안에서 비중 1.0210-1.0265, pH 8.1-8.5, 용존산소 5-11mg/ℓ(70-130%), 클로로필-a 0-8㎍

표 17. 보름달물해파리의 반응 유형

명칭	반응형태
무반응	반응에 대하여 행동에 변화가 보이지 않거나 명료하지 않은 상태(평상시와 비교하여 박동수에 변화가 없음)
감지	자극에 대하여 행동에 명료한 변화가 보이는 상태(박동횟수가 증가하고 수조 내를 유영)
반경직	둥글게 위축되나 우산 주변부만 움직이고 있는 상태(박동횟수 증가)
경직	둥글게 위축하여 전혀 움직이지 않는 상태(박동은 없어짐)

표 18. 설정전압 수치와 반응 상황

명칭	설정전압치						
	50V	100V	200V	400V	600V	800V	1,000V
무반응	○ 33%	○ 20%	○ 33%	-	-	-	-
감지	○ 33%	○ 20%	-	-	-	-	-
반경직	○ 33%	○ 60%	○ 66%	○ 66%	○ 50%	○ 50%	-
경직	-	-	-	○ 33%	○ 50%	○ 50%	○ 100%

○표는 각 실험구에서 관찰된 반응.
○표 아래의 % 표시는 각 반응의 발현비율.

/ l, 투명도 2.5-9.0m인 곳에서 해파리가 출현하지만, pH가 8.8 이상이 되면 출현하지 않았다.

그 외, 영국의 스완시(Swansea)연안에 설치된 선창내에서는 기름으로 오염되어 기름방울이 부상한 항내 해역에서도 보름달물해파리는 아무런 이상 없이 살아있었다는 보고가 있다. 저자도 쯔루가(敦賀)나 오바마(小浜)항의 중유로 피막이 형성된 해역내에서 우산 크기에 관계없이 분포하는 경우를 종종 관찰할 수 있었다.

한편, 해면에 파도가 치면 해파리는 침강하고, 잔잔해지면 부상한다는 보고도 있다. 다른 해파리강류에서는 숲뿌리해파리의 일종인 *Rhizostoma* sp., 유령해파리의 일종인 *Cyanea arctica* 및 문어해파리(*Mastigias papua*) 등에서도 이와같은 현상이 알려져 있지만, 저자는 파랑단계 0-2에서 해파리의 수직분포나 이동에 영향을 미치는 것을 관찰할 수 없었다.

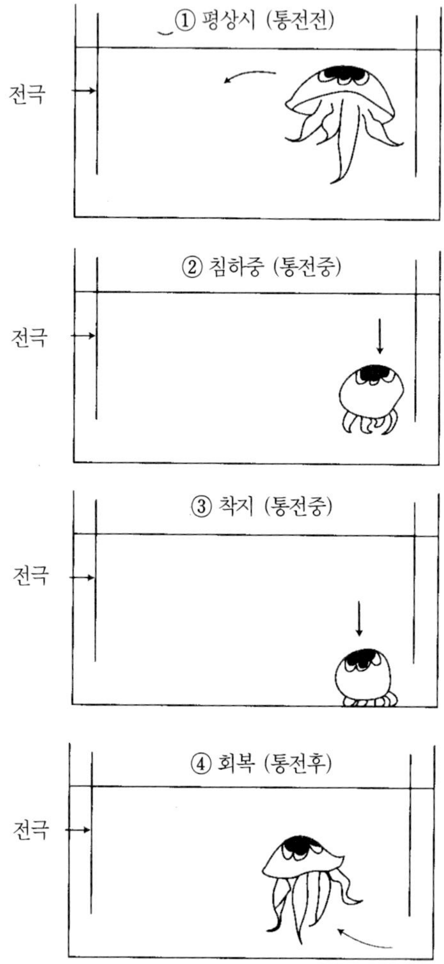

그림 84. 경직시 보름달물해파리의 침하에서 회복까지의 양상

①: 평상시 보름달물해파리는 우산을 박동시켜 수조 내를 자유 유영함. ②, ③: 전기 자극시 우산을 경직시켜 정지한 채 천천히 침하함. ④: 전기자극 종료시 바로 우산 박동을 재개시켜 시간이 경과함에 따라 유영을 시작함.

Ⅸ. 다른 동물들과의 관계

보름달물해파리와 다른 동물과의 관계(특히 포식동물)에 대한 연구는 매우 제한되어 있다. 앞서 보고되어진 주요한 내용을 정리하였다.

IX-1. 폴립

보름달물해파리의 폴립을 포식하는 동물로는 나새목(裸鰓目; Nudibranchia)의 큰도롱이갯민숭이(*Aeolidiella* sp.)의 일종인 *Coryphella verrucosa* (그림 85)에 대한 상세한 보고가 있다. 이에 의하면 구르머협곡 연안에서 *Coryphella verrucosa*는 9월 하순 이후에 다량 출현하며, 1마리의 *C. verrucosa*는 1일 200개체 이상의 폴립을 포식하는 것으로 추정되고 있다. 이 포식상태를 실내실험에서 상세하게 관찰하였다(그림 86). 실험은 도자기 재질의 실험판(15×15cm) 위에 2,199개체의 폴립을 부착시킨 부착기와 12mm 크기의 *C. verrucosa*를 2개체 수용한 실험구(I구)와 1,515개체의 폴립이 부착한 부착기와 10-12mm 크기의 *C. verrucosa*를 2개체 수용한 실험구(II구)로 이루어졌다. 그 결과, I구에서는 급격한 폴립수의 감소가 일어났고, 48시간 이내에 그 75%가 포식되었다. 그 후 5일에 걸쳐 지속적으로 감소하였으며, 12일 후에는 겨우 1개체의 폴립이 남았을 뿐이다(그림 86). Ⅱ구에서는 실험 시작 후에 1마리의 *C. verrucosa* 가 죽었으나, 폴립수의 감소는 뚜렷하게 나타났으며, 11일 후에는 부착기상에서 폴립은 관찰되지 않았다. 이 연안에서 보름달물해파리의 에피라가 12월 이후에 거의 출현하지 않는 것은 *Coryphella verrucosa*의 포식에 의한 것으로 생각된다. 또 다른 나새(裸鰓)류로는 체스피크만에 생식하는 6-18mm 크기의 *C. pilata* 가 쐐기풀해파리 일종의 폴립을 3일만에 500개체 이상 포식하였다는 보고가 있다.

IX-2. 어린 해파리

어린 해파리를 섭취하는 동물에 대한 보고는 없지만, 저자는 봄부터 초여름에 걸쳐 우라소코(浦底)만에서 전갱이(*Trachurus japonicus*)의 치어가 초기의 에피라를 활발하게 포식하고 있는 것을 여러차례 목격한 바 있다. 일반 연안어류의 위 내용물 중에 어린 해파리의 기록이 없는 것은 어린 해파리가 다른 동물플랑크톤보다 체형이 얇고 부서지기 쉬우며, 소화도 빨리 진행되기 때문인 것으로 생각된다.

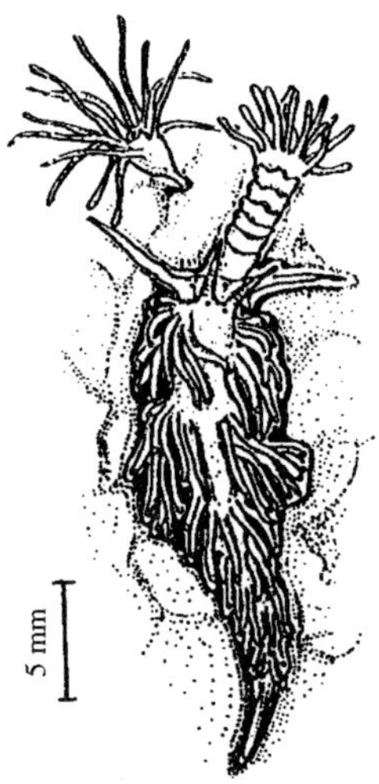

그림 85. 보름달물해파리의 폴립 횡분체를 포식하는 갯민숭달팽이의 일종 *Coryphella verrucosa.*

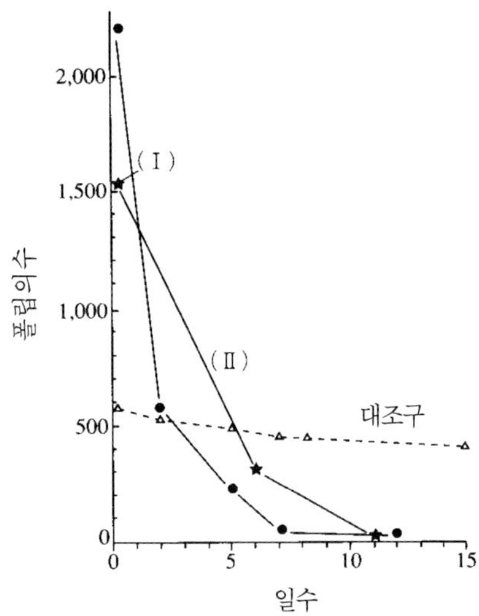

그림 86. 갯민숭달팽이의 일종인 *Coryphella verrucosa* 에 의한 폴립의 포식실험.

IX-3. 성체 해파리

보름달물해파리 성체의 외적(外敵), 기생동물로 알려져 있는 것 중 하나로 단각(端脚)류인 해파리벼룩(*Hyperia galba*; 체장 2-3mm)이 있다(그림 87), 이 종은 원양해파리속인 *Pelagia* 나 근구해파리속인 *Rhizostoma* 의 산연(傘緣; 우산의 가장자리)이나 우산 아래(하산)에 기생하는 것으로 알려져 있다.

영국의 템즈강 하구해역에서는 플라눌라를 방출한 모체에 해파리벼룩이 많이 기생한다고 되어있다. 저자도 특히 우산직경이 20cm 이상인 대형해파리에서 방란, 방정 후로 생각되는 활력이 떨어진 개체의 위강 내나 하산에 간혹 해파리벼룩이 기생하고 있는 것을 확인하였다. 또한, 킬만에서도 같은 현상이 알려져 있는데, 이 동물이 해파리의 중교(中膠)에 들어가 결합조직이나 생식선을 포식하는 것으로 알려져 있다. 해파리벼룩이 많을 때는 1개체당 643마리도 기생하여 해파리가 죽는 원인 중의 한가지인 것으로 여겨진다.

다른 갑각류로는 갑장 10-25mm의 거미게과의 일종인 *Libinia dubia* 가 우산의 아래나 위 때로는 중교에도 기생하는 것으로 알려져 있다. 그 외 갑장 13-56mm인 부채새우의 필로조마유생이 우산직경 5.3-13.5cm 해파리의 우산 위쪽에 부착하는 것으로 기록되어 있으며, 이는 해파리가 필로조마 유생의 이동, 분산을 돕는 역할을 하는 것으로 판단된다. 필로조마 유생은 해파리 입다리(구완)의 일부를 포식하는 것으로 추정된다.

보름달물해파리를 포식하는 어류로는 개복치(*Mola mola*)가 있으며, 치바(千葉)현의 앞바다에서 포획된 전장 2m의 개복치수의 소화관에서 확인된 내용물의 대부분은 보름달물해파리였다는 보고가 있다. 또한, 고등어 (*Scomber japonicus*)가 보름달물해파리의

표 19. 보름달물해파리를 따르는 3종의 치자어의 출현상황 예

우산직경 (㎝)	샛돔 (마리)	갈고등어속** (마리)	그물코쥐치 (마리)
15	1	0	0
17	1	0	0
18	0	1	0
19	0	1	0
19	0	0	2
19	0	2	0
19	0	0	1
20	0	2	0
21	2	0	0
21	0	2	0
21	0	2	0
22	1	0	0
22	1	0	0
25	1	5	7
25	0	3	0
25	0	9	0
25×19*	0	5	0
26	1	0	0
27	0	1	0
28	0	2	0
29	2	0	0

*파손개체 **붉은가라지로 추정.

무리에 모여드는 것도 자주 관찰되었는데, 위내용물 조사에서도 주요 먹이동물의 한가지인 것으로 보여지며, 북유럽의 앞바다에서는 대구과의 일종인 *Gadus melangus* 1-2세 어가 고등어와 같이 보름달물해파리 군집 아래에 다수 출현하여 해파리를 포식하는 것으로 추정된다. 후쿠이(福井)현에서는 오래전부터 쥐치(*Stephanolepis cirrhifer*)용인 농망(대롱망)에 보름달물해파리를 먹이로 이용하였다. 저자는 쯔루가(敦賀)만 안쪽에서 봄부터 초가을에 걸쳐 감성돔(*Acanthopagrus schlegeli*)의 미성숙어가 10cm 전후의 중형해파리를 공격하고 있는 것을 몇차례에 걸쳐 목격한 바 있다. 또한, 보름달물해파리를 샛돔(*Psenpsis anomala*), 가라지(*Secapterus maruadsi*), 그물코쥐치(*Radarius ercodes*) 등의 치어나 유어가 따라다니기도 한다. 야마구치(山口)현의 연안해역에서 타모망(網)으로 채집된 보름달물해파리와 이와 함께 채집된 다른 종류와 그 출현 개체수에 대하여 기록하였다(그림 88과 표 19).

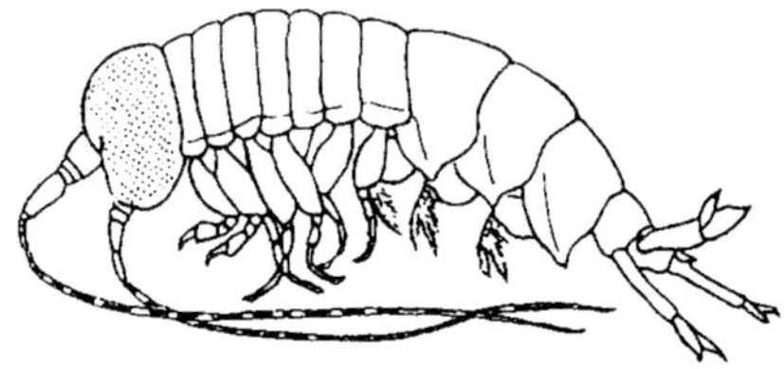

그림 87. 해파리벼룩 *Hyperia galba.*

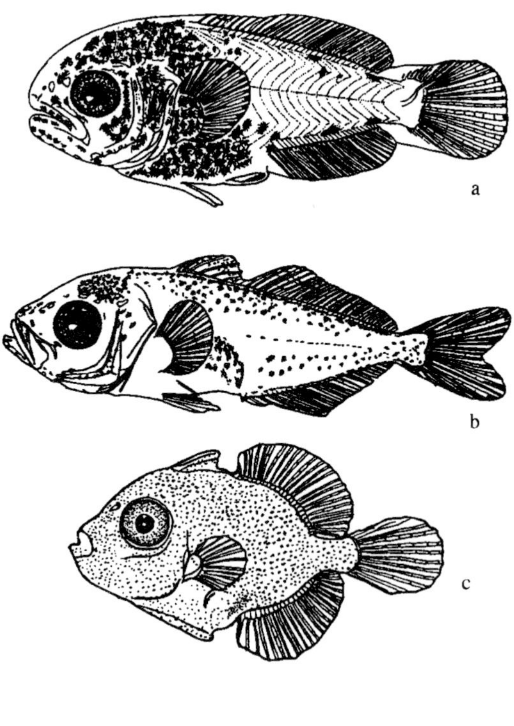

그림 88. 보름달물해파리 주변을 따라다니며 서식하는 치어 3종.

이들 치어의 위내용물로 부터 샛돔은 단순히 해파리를 비호물(감싸서 보호하는 것)로써 이용하는 것 뿐만 아니라, 먹이로도 이용하는 것으로 나타났다. 그 외 저자는 1997년 2월에 오바마(小浜) 입구에 표류된 붉은바다거북(*Caretta caretta*)의 유체(갑장 12cm)를 포획하였을 때, 어류 외에 보름달물해파리를 먹이로 이용한다는 것을 확인 할 수 있었다.

이상과 같이, 보름달물해파리의 성체는 각종 무척추동물이나 어류, 때로는 바다거북류와 깊은 관계가 있으며, 직접 먹이가 되기도 하고 또는 생활초기의 비호물이 되는 등의 역할을 하고 있다는 것을 알 수 있었다.

참고문헌

1) Agassiz, L. (1862) : Contribution to the natural history of the United States of America. vol. 4, pp. 1~180, Boston, U.S.A.
2) Bamstedt, U. (1990) : *Jour. Pl. Res.*, 12 (1), 215~229.
3) Berril, N, J. (1949) : *Biol. Rev.*, 24, 393~410.
4) Bigelow, H. B. (1926) : *Bull. Bur. Fish.*, 40 (2), 1~509.
5) Blair, E. T. (1970) : *Maryland Conservationist*, 43 (1), 16~22.
6) Brown, E. T. (1901) : *Biometrika*, 1, 90~108.
7) Cargo, D. G. and L. P. Schltz (1966) : *Ches. Sci.*, 7 (2), 95~100.
8) Cargo, D. G. and L. P. Schltz (1967) : *ibid.*, 8 (4), 209~220.
9) Claus, C. (1883) : Untersuchungen über die Organisation und Entwicklung der Medusen. Prague und Leipzig, pp. 1~96.
10) Claus, C. (1891) : *Arb. Zool. Inst. Univ. Wien*, 9, 85~128.
11) Chas, W. and G. T. Hargitt (1910) : *Jour. Morph.*, 21 (2), 217~263.
12) Custance, D. R. N. (1964) : *Nature*, 204, 1219~1220.
13) Custance, D. R. N. (1966) : *Experientia*, 22, 588~589.
14) Custance, D. R. N. (1967) : *Jour. Biol. Educ.*, 1, 78~81.
15) Delap, M. J. (1905) : Notes on the rearing in an aquarium of *Cyanea lamarcki* Pelon and Lesueur. *Rep. Sea Inland Fish. Ire* (1902-3), ptII. Sci. Invest., pp. 20~22.
16) Fish, C. J. (1926) : *Bull. Bur. Fish. Washington*, 41, 91~179.
17) Franzen, A. (1967) : *Ark. Zool.*, 19 (17), 335~342.
18) Fraser, J. H. (1969) : *Jour. Fish. Res. Bd. Canada*, 26, 1743~1762.
19) 福井縣水試 (1968) : 福井水試報告, 22, 1~41 (タイプ印).
20) Gilchrist, F. G. (1937) : *Biol. Bull.*, 72 (1), 99~124.

21) Halish, W. (1933) : *Zool. Anz.*, 104, 296~304.
22) Hamner, W. M. and R. M. Jenssen (1974) : *Annot. Zool. Jap.*, 14, 833~840.
23) Hamner, W. M. and R. M. Jenssen *et al.* (1994) : *Mar. Biol.*, 119, 833~849.
24) 橋本和明 (1991) : 東京湾産ミズクラゲ *Aurelia aurita* (L.) の生態修士論文, pp. 1~15, 東京水産大學.
25) Hedgpeth, J. W. (1954) : *Fish. Bull. U.S.A.*, 55, 277~278.
26) Hernroth, L. and F. Grondahl (1983) : *Ophelia*, 22 (29), 189~199.
27) Hernroth, L. and F. Grondahl (1985a) : *Bull. Mar. Sci.*, 24 (1), 37~45.
28) Hernroth, L. and F. Grondahl (1985b) : *ibid.*, 37 (2), 567~576.
29) Hirai, E. (1958) : *Bull. Mar. St. Asamushi*, 9 (2), 81.
30) Horridge, G. A. (l956a) : *Jour. Exp. Biol.*, 33, 366~383.
31) Horridge, G. A. (1956b) : *Q. Jour. Micro. Sci.*, 97, 59~74.
32) Horridge, G. A. (1959) : *Jour. Exp. Biol.*, 36, 72~91.
33) Horrowday, E. D. (1951) : *The Microscope*, 8, 193~198.
34) 稻垣 正, 豊川雅哉 (1991) : 水産海洋研究, 55 (1), 25~34.
35) 入澤春彦 (1965) : 新日本動物圖鑑 (中). pp. 574~577, 北隆館, 東京.
36) 入澤 宏・他 (1956) : 科學, 26 (6), pp. 312~313.
37) 石井春人 (2000) : ミズクラゲの攝食生態. 餌を巡る魚類との競合. 海洋沿岸域の境変動とクラゲ類の大量發生に關する研究集會要旨. p. 17.
38) Jachowski, R. (1963) : *Res. Inst. Maryland Univ., Ches. Biol. Lab.*, 248, 195.
39) 柿沼好子 (1961) : 青森縣生物學會誌, 4 (1・2), 10~17.
40) Kakinuma, Y. (1962) : *Bull. Mar. Biol. St. Asamushi*, 11 (2), 81~85.
41) 關電技研 (1968a) : クラゲ防除に關する調査研究 (第一報). くらげ來襲と氣象要因について. pp. 1~14 (タイプ印).
42) 關電技研 (1968b) : 火力發電所におけるくらげ來襲とその對策について. pp. 1~2 (同印).
43) 關電技研 (1969) : クラゲ防除に關する調査研究 (第四報). pp. 1~50 (同印).
44) 菊地健三 (1947) : 動雜, 57 (9), 144~146.
45) 近大農學部 (1970) : クラゲの生態と防除に關する研究. 中間報告. pp. 1~28 (タイプ印).
46) 近大農學部 (1972) : 同. 1~86 (同印).
47) 岸上鎌吉 (1922) : 動雜, 34 (401), 343~346.
48) 小久保淸治 (1962) : 海洋生物學. pp. 252~261, 恒星社厚生閣, 東京.
49) 駒井 卓 (1931) : 腔腸類. pp. 1~102, 岩波書店, 東京.
50) Kon, T. and Y. Honma (1972) : *Bull. Jap. Soc. Sci. Fish.*, 38 (6), 545~552.
51) 洪 惠馨・他 (1978) : 海蜇. pp. 1~70, 科學出版社, 北京.
52) Kramp, P. L. (1939) : *Zool. Iceland*, 2 (5), 1~37.
53) Kramp, P. L. (1961) : *Jour. Mar. Biol. Assoc. U. K.*, 40, 1~469.

54) 久保田 信 (1997) : ヒドロ虫綱. 無脊椎動物. 日本動物大百科, 7, pp. 26~28, 平凡社, 東京.
55) 久保田 信 (2001) : 京大瀨戶實驗所年報. 14, 32~33.
56) 態本縣八代事務所 (1986) : ミズクラゲの被害對策調査. pp. 1~10.
57) 久米又三・團 勝麿 (1957) : 無脊椎動物發生學. pp. 59~80, 培風館, 東京.
58) 黑田一紀 (2001) : 日本海におけるクラゲ類の大量出現について. 第 55 回日本海海洋調査技術連絡會 (平成12年12月5日) 議事錄集. pp. 60~70 (タイプ印).
59) 黑田一紀・他 (2000) : 水産海洋研究. 64 (4), 311~315.
60) Kuwabara, R. (1969a) : *Bull. Mar. Biol. St. Asamushi*, 13 (3・4), 193~199.
61) 桑原 連・他 (1969b) : 日水會誌, 35 (2), 156~162.
62) Lambert, F. J. (1936) : *Trav. Stnzool. Wimereux*, 12 (3), 281~307.
63) Lebour, M. V. (1923) : *Jour. Mar. Biol. Assoc. U. K.*, 13 (1), 70~92.
64) マリノフォーラム21 (1996) : 10年の步み. pp. 106~11, マリノフォーラム21.
65) Mayer, A. G. (1900) : *Bull. Mus. Comp. Zool. Harvard College*, 37 (2), 13~82.
66) Mayer, A. G. (1914) : *Pap. Tortugas Lab. Carnegie Inst. Washington*, 183 (6), 1~24.
67) 水戶 敏 (1966) : 魚卵, 稚魚. 日本プランクトン図鑑, 7. pp. 1~60, 蒼洋社, 東京.
68) 三宅裕志 (1998) : ミズクラゲの生物學的研究. 博士論文, pp. 1~421, 東京大學.
69) 三宅裕志 (1999) : 付着生物研究會誌, 16 (1), 5~16.
70) Miyake, H. *et. al.* (2002) : *Plankton Biol. Ecol.*, 49 (1), 44~46.
71) Möbius, K. (1880) : Zool. Anz. (Ⅲ Jahrg.), 67~68.
72) Möller, H. (1980) : *Meeresforsch.*, 28, 61~68.
73) Möller, H. (1984) : Daten zur Biologie der Quallen und Jungefish in der Kieler Bucht. pp. 1~182, Kiel Univ., press, Germany.
74) 森下正明 (1979) : 森下正明生態學論集. pp. 1~589, 思索社, 東京.
75) 元田 茂 (1972) : 日海會誌, 28 (6), 278~282.
76) Naylor, E. (1965) : *Proc. Zool. Soc. London*, 144, 253~268.
77) 西村芳博・他 (1971) : 東急油壺マリンパーク水族館, 3 (56), 66~69.
78) 岡田 要 (1949) : 採集と飼育, 12 (11), 354~363.
79) 大内一郎 (2000) : 東京湾におけるミズクラゲ幼生の分布特性と成体の晛存量推定について. 海洋沿岩域の環境変動とクラゲ類の大量發生に關する研究集會要旨. pp. 19~20.
80) 大森 信 (1981) : 日本プランクトン會報, 28 (1), 1~11.
81) Ohmori, M. and A. Fujinaga (1992) : *Bull. Jap. Soc. Oceanogr.*, 56 (3), 310~313.
82) Ohmori, M. *et al.* (1995) : *Jcest. Mar. Sci.*, 52 (3・4), 597~603.
83) Percival, E. (1923) : *Quart. Jour. Micros. Sci.*, 67 (265), 85~100.
84) Palmenn, E. (1954) : *Arch. Soc. Vanamo*, 8, 122~131.
85) Rice, A. L. (1964) : *Jour. Mar. Biol. Assoc. U. K.*, 44, 163~175.
86) Russell, F. S. (1928) : *Jour. Mar. Biol. Assoc. U. K.*, 15 (1), 81~104.

87) Russell, F. S. (1970) : The medusa of the British Isles. vol. Ⅱ. Pelagic Scyphozoa with supplement to the first volume on Hydromedusae. pp, 1～283, Cambridge Univ., press, London.
88) Sars, M. (1829) : *Cand. Theol. Forste-Haefte, Bergen*, 1, 17～26*.
89) Sars, M. (1841) : *Arch. Naturges*, 7, 9～35*.
90) 佐々木 剛 (1990) : 東京湾産ミズクラゲ *Aurelia aurita* (L.) の生態. 修士論文, pp. 1～17, 東京水産大學.
91) Schulz, L. P. and D. G. Cargo (1971) : *Nat. Inst. Educ. Ser.*, 93, 1～8.
92) Segerstrale, S. G. (1951) : *Jour. Cons. Perm. Inst. Explolor, Mer.*, 17, 103～110.
93) 庄島洋一 (1961) : 西水研報, (21), 69～74.
94) 庄島洋一 (1962) : 同報告, (27), 49～58.
95) Shojima, Y. (1963) : *Bull. Jap. Soc. Sci. Fish.*, 29 (4), 349～353.
96) Shimauchi, H. (1993) : Studies on feeding respiration and excretion of the Common jellyfish, *Aurelia aurita*. pp, 1～28, Hiroshima Univ., press.
97) 椎野季雄 (1969) : 水産無脊椎動物. pp. 55～76, 培風館, 東京.
98) Sjörgen, L. (1962) : *Mem. Soc. Fauna, Flora, Fenn.*, 37, 3～4.
99) Southward, A. J. (1949) : *Nature*, 163, 536.
100) Southward, A. J. (1955) : *Jour. Mar. Biol. Assoc. U. K.*, 34 (2), 201～216.
101) Spangenberg, D. B. (1965) : *Jour. Exp. Zool.*, 159, 303～318.
102) Spangenberg, D. B. (1967) : *ibid.*, 165, 441～450.
103) Spangenberg, D. B. (1968) : *Ocean Mar. Biol. Ann. Rev.*, 6, pp, 231～247. Publ. George Allen and Unwin Ltd., London.
104) Spangenberg, D. B. (1971) : *Jour. Exp. Zool.*, 178, 183～194.
l05) 水産增殖施設 K. K. (2002) : クラゲの活發化要因に關する硏究報告書 (日本原子力發電株式會社委託硏究). pp. 1～34 (タイプ印).
106) Tamashige, M. (1969) : *Bull. Mar. Biol. St. Asamushi*, 13 (3・4), 211～214.
107) Thiel, H. (1937) : *Z. Wiss. Zool.*, 150, 51～96.
108) Thiel, M. E. (1959) : A*bh. Verh. Naturw. Ver. Hamburug., N. F.*, 3 (1958), 13～26.
109) Thiel, H. J. (1962) : Kieler Meeresforsch, 18, 198～230.
110) 東電技硏 (l967a) : クラゲ排除對策に關する調査硏究 (その1). くらげの來襲と事故狀況および氣象の關係). pp. 1～25 (タイプ印).
111) 東電技硏 (1967b) : 同 (その2). ミズクラゲ *Aurelia aurita* の比重に關する硏究). pp, 1～23 (同印).
112) 豊川雅哉 (1995) : 東京湾におけるクラゲ類の生態學的硏究. 博士論文, pp. 1～110, 東京大學.
113) Toyokawa, M. *et al.* (1997) : Proc. 6th Int. Conf. on Coelentrate Biology, 1995. 484～490.
114) 內田 亨 (1926a) : 動雜, 38 (456), 383～384.

115) Uchida, T. (1926b) : *Jour. Fac. Sci. Imp. Univ. Tokyo*, (sect, Ⅳ. Zool.), 1, 45~95.
116) 內田 亨 (1936) : 日本動物分類. 鉢水母綱. 3 (2), pp. 1~94, 三省堂, 東京.
117) Uchida, T. (1954) : *Jour. Fac. Sci. Hokkaido Imp. Univ.*, Ser Ⅵ (,Zool.), 12 (1・2), 209~219.
118) 內田亨 (1961) : 動物系統分類學. 2. pp. 54~204, 中山書店., 東京.
119) Ussing, H. (1927) : *Vid. Med. Nat. Forenig., Kobenhavn*, 84, 91~106.
120) Verwey, J. (1942) : *Arch. Néerl. Zool.*, 6 (4). 363~468.
121) Verwey, J. (1966) : *Neth. Jour. Mar. Res.*, 3, 245~266.
122) 渡部朋子 (2000) : 東京湾に係留した着生基盤上におけるミズクラゲ (*Aurelia aurita*) のポリプの觀察. 海洋沿岸域の環境変動とクラゲ類の大量發生に關する研究集會要旨. p 23.
123) Wikström, D. A. (1921) : *Medd. Soc. Fauna, Flora, Fenn.*, 47, 169~173.
124) Wikström, D. A. (1932) : *Mem. Soc. Fauna, Flora. Fenn.*, 8, 14~17.
125) Widersten, B. (1965) : *Zool. Bidr. Upps.*, 37, 45~58.
126) Werner, B. (1966) : *Meeresunters.*, 13, 317~347.
127) 安田 徹 (1969a) : 水産增殖, 17 (1), 33~39.
128) 安田 徹 (1969b) : 同誌, 17 (2), 145~154.
129) 安田 徹 (1979) : ミズクラゲの生態と生活史. pp. 1~227, 産業技術出版, 東京.
130) 安田 徹 (1988) : ミズクラゲの研究. pp. 1~136, 日本水產資源保護協會, 東京.
131) 安田 徹 (1995) : うみうし通信, (9), 6~9.
132) 安田 徹 (2000a) : 日本海に出現する主なクラゲ類の生態. 日本海水産海洋研究推進レポート1999. pp. 72~75 (タイプ印).
133) 安田 徹 (2000b) : 1995 年秋から冬に異常出現した巨大エチゼンクラゲ. 海洋沿岸域の環境変動とクラゲ類の大量發生に關する研究集會要旨. pp. 11~15.
134) 山田眞弓 (1954) : ミズクラゲの生物學實驗法講座, VB. pp. 47~63, 中山書店, 東京.
135) 山本直史・他 (2000) : 付着生物研究, 17 (1), 57~60.
136) 吉井楢雄 (1934) : 動雜, 46 (546), 167~172.
137) Yoshida, M. (1969) : *Bull. Mar. Biol. St. Asamushi*, 13 (3・4), 215~220.
138) 吉田正夫 (1979) : 光と海の花. 腔腸動物研究の現狀. Marine Flowers, pp. 68~71, 松下電氣, 大阪. (*:間接引用).

X. 기타 해파리의 발생과 생태

X-1. 붉은쐐기해파리 *Chrysaora melanaster* Brandt

1) 지리적 분포: 붉은쐐기해파리는 일본근해에 출현하는 중형 해파리강에 속하는 종이다. 중국, 대만북동부에서 오키나와(沖繩)현의 야에야마(八重山), 이시가키지마(石垣島), 큐슈(九州), 시코쿠(四國)를 거쳐 아오모리(靑森)현의 무쯔만(陸奧灣)에 이르는 외해에 접한 연안이나 육지에 인근한 내만수역에서 주로 관찰된다. 북해도에서는 남동부 연안에서, 그리고 저자도 히로오(廣尾)나 아쯔나이(厚內)의 어항내에서 이 종을 목격한 적이 있으며, 대마난류의 세력이 강해지는 여름철에는 북위 43° 이북까지 출현 · 분포할 가능성이 높다. 실제 1967년에는 사로마호에서 발견된 적도 있다.

2) 출현시기: 붉은쐐기해파리는 일반적으로 봄에서 여름사이에 출현한다. 출현시기는 아오모리(靑森)현의 아사무시(淺虫)지방에서는 6월 중순-9월 상순, 동경만에서 5-7월로 알려져 있다. 1995년, 동해의 일본 측 연안에서 실시

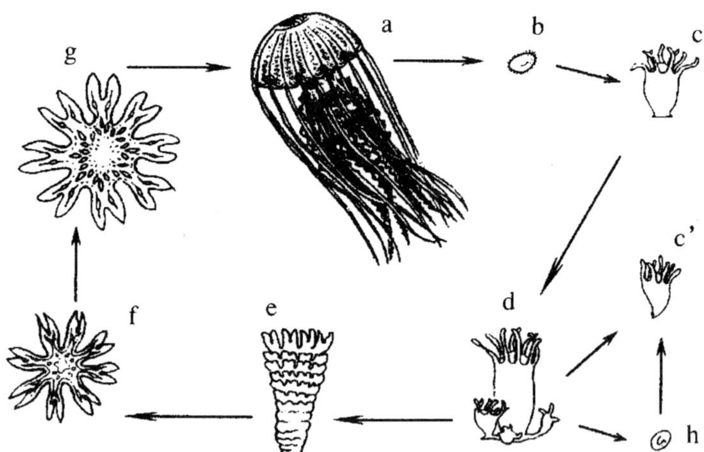

그림 89. 붉은쐐기해파리의 생활사.
a: 성체 해파리, b: 플라눌라(배발생에 의한 유생) c: 어린폴립 c' : 폴립기부에서 출아한 어린 폴립, d: 폴립, e: 횡분체(strobila), f: 에피라, g: 초기 메테피라, h: 폴립의 이동으로 남은 족반 또는 폴립기 부의 조직괴(a, b, f, g는 부상생활, c, c', d, e, h는 착생생활).

한 해양관측선에 의한 조사 및 해파리류에 의한 어업피해 조사결과 등으로 출현시기를 추정하였다. 이에 의하면, 붉은쐐기해파리는 나가사키(長崎)에서 아오모리현에 이르는 동해의 일본측 연안까지는 4월 상순-8월 상순에 출현하고, 야마구치(山口)현에서는 5월, 이시카와(石川), 니이가카(新潟)에서는 5-6월, 아키타(秋田), 아오모리(青森)현에서는 6-7월에 대량 출현하여 이 시기가 출현성기로 추정된다. 저자가 현재까지 네트채집이나 선상에서의 목시관찰한 결과에 의하면, 와카사(若狹)만에서는 4월 상순-9월 상순까지 출현하며, 출현성기는 4월 하순-7월 하순이었다. 즉, 수온이 상승하는 난수기(15-29℃)가 이 종의 주요 출현시기인 것으로 판단된다. 또한, 9월 상순 이후 어떤 지방에서도 나타나지 않는 것은 이 종의 수명과 깊은 관련이 있는 것으로 생각된다.

3) 번식과 발생: 이 종의 생활사는 1958-61년에 아사무시(淺虫)에서 Hirai 와 垣沼好子 박사에 의해 처음으로 밝혀졌다(그림 89). 이에 의하면, 봄-여름에 채집한 성숙해파리(우산직경 10-15cm)를 유리수조에 수용한 후, 30분-1시간동안 암실에 방치하면 갈색의 알을 산란하며, 24시간 후에는 0.2-0.3mm의 플라눌라유생이 된다. 유생은 갈조류의 절편을 넣은 페트리디쉬 안에서 모두 엷은 핑크색의 폴립으로 분화(分化)한다(그림 90A). 계속 성장하여 촉수는 4, 8, 16가닥이 되고, 길이는 8-10mm가 된다. 무성생식은 그림과 같이 폴립이 이동한 흔적으로 남은 족반(足盤)에서 새로운 폴립이 생기는 경우가 많다고 한다. 폴립의 사육수온은 20-25℃이다.

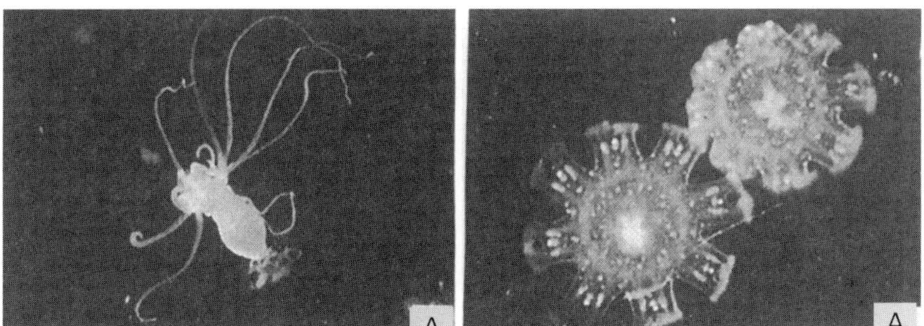

그림 90. 붉은쐐기해파리. A: 폴립(8-10mm), B: 에피라(2-3mm).

횡분체(스트로빌라)의 형성은 겨울-봄에 이루어지는데, 접시의 수는 보름달물해파리보다 많은 20-30매이며, 유리(遊離)한 에피라는 짙은 핑크색의 8변을 가진 꽃잎상의 에피라(2-3mm)가 된다(그림 90B). 이것은 약 1개월 후에 어린 해파리로 성장하며 사육 가능한 수온은 5-20℃ 이다. 형태가 예쁜 해파리로 최근 각지의 수족관에서 전시되고 있다.

4) 수평분포: 붉은쐐기해파리를 정량적으로 채집하여 수평분포를 조사한 사례는 겨우 2회에 지나지 않지만 그 개요를 기술하고자 한다.

그림 91은 와카사(若狹)만의 중앙부에 위치하는 오바마(小浜)만에서, 1970-71년에 대형네트(구경 100cm, 망목 5mm, 길이 220cm)로 해저에서 표면까지의 수직끌기와 표면에서 10분간 수평끌기로 얻어진 붉은쐐기해파리를 포함한 해파리 4종의 수평분포를 나타낸 것이다. 보름달물해파리는 오바마(小浜)시로부터 유입되는 키타가와(北川)강과 미나미가와(南川)강의 영향을 받아 북서로 유출되는 염분 32.5 이하의 저염분수와 그 이북의 고염분수가 접합하는 선단부에 출현하였다. 이에 반하여 붉은 쐐기해파리는 만외 서부해역의 한 지

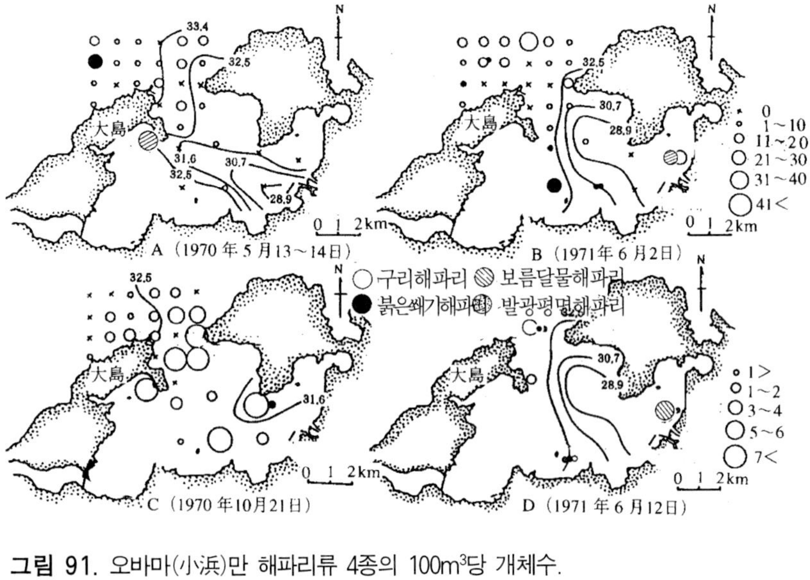

그림 91. 오바마(小浜)만 해파리류 4종의 100m^{3}당 개체수.
A-C: 플랑크톤 네트로 수직 끌기한 것, D: 같은 네트로 수평 끌기한 것.

점에서만 출현하였다. 1971년 6월 실시한 수직과 수평끌기 결과, 이 종은 만 입구 외에 만 내의 아오지마(靑島)섬 부근에서도 채집되었으며, 그 분포밀도는 21-30개체/100m³로 추정되었다. 이 경우도 역시 염분 32.5 이상의 고염분수가 영향을 주는 수역에서 출현하였으며, 만 안쪽의 하천수가 영향은 주는 저염분 수역에 분포하는 보름달물해파리와는 대조적인 분포특성을 나타내는 것으로 밝혀졌다. 동일 시기에 실시된 소형 저인망(망구 1×8cm, 망목 4cm, 말단부 5mm) 조사에서 채집된 붉은쐐기해파리의 출현상황도 모두 같은 결과였다(출현과 분포 항목, 그림 44 참조). 또한, 이 종은 그림 91C에서와 같이, 10월 하순에는 전혀 채집되지 않았다.

그림 92는 동경만에서 1990-92년에 ORI 네트(구경 160cm, 망목 2-3mm)로 3-5분간 수평 또는 경사끌기로 채집한 붉은 쐐기해파리의 수평분포를 나타낸 것이다. 1990년 7월에는 만 안쪽의 조사정점에서 집중, 출현하였으나, 최

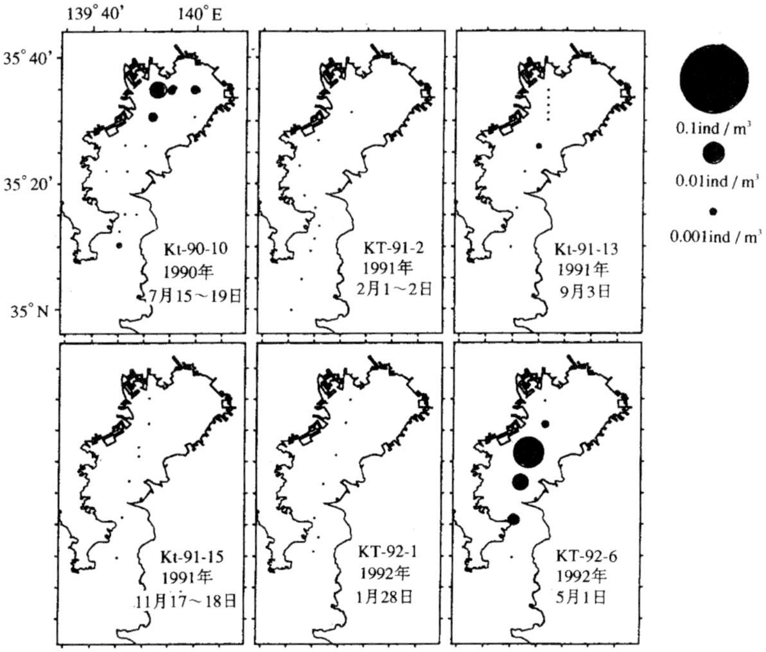

그림 92. 동경만에서 붉은쐐기해파리의 수평분포.

고로 출현한 1992년 5월에는 만의 중앙부로부터 입구까지 출현하였다. 여기에서도 붉은 쐐기해파리는 오바마(小浜)만과 같이 보름달물해파리보다 약간 염분이 높은 만중앙부를 중심으로 분포하고, 하구의 전선역에도 집적하였다. 그러나 보름달물해파리가 간혹 하구 전선역의 내측에 집적하는 것에 반하여, 이 종은 전선역 외측에 분포하는 경향이 있다. 이상 설명한 분포특성으로 볼 때, 붉은쐐기해파리가 보름달물해파리보다 훨씬 고염분에 서식하는 대형 부유동물인 것으로 판단된다.

5) 시간별 연직분포의 변화: 이 종의 시간별 연직분포 변화에 대한 보고는 필자에 의한 조사사례가 유일한 것이다. 1972년 봄 오바마(小浜)만 입구(수심 22-25m)에서 저녁 무렵부터 일몰에 걸쳐 대형네트(구경100cm, 망목 5mm, 길이 220cm)로 표면과 3, 7, 20m 수심에서 10분간 동시에 수평끌기를 실시하였다. 이때 측정된 수온은 13-14℃, 염분 32.80-33.90(염소량 18.20-18.80)이며, 시간별로는 거의 큰 변화가 없었다(그림 93). 조도는 망을 끄는 중에 측정한 수치와 투명도로 추정한 수중조도를 명시하였다. 15시 47분에는 0-3m층에서 6-4000 Lux이며, 일몰 전인 16시 02분에는 같은 층에서 2-1000 Lux였다. 일몰 후인 17시 05분에는 1,000 Lux 이하로 내려갔다. 이러한 조건 하

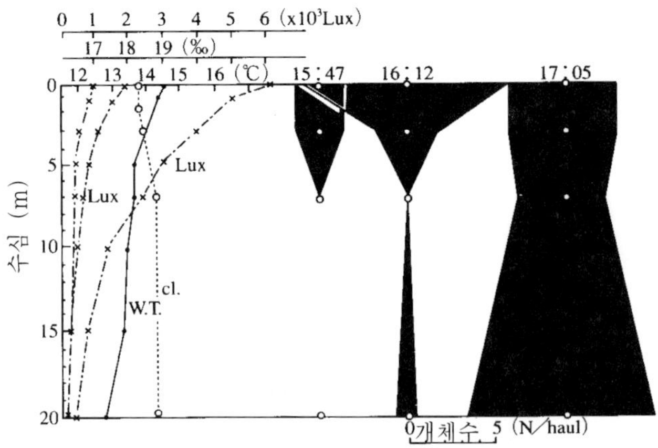

그림 93. 붉은쐐기해파리 수직분포 변화와 환경요인(수온, 염소량, 수중조도). (1972년 4월 27일, 오바마(小浜)만 입구수심 22-25m지점, 安田 原圖).

에서 채집된 붉은쐐기해파리의 우산직경은 2-22cm이며, 1회 예망당 개체수의 수직분포 관찰결과, 20m 수심까지는 확실하게 분포하는 것으로 밝혀졌다.

시간별로 보면 15시에는 3m 이내의 수층에서 출현하고, 일몰 전인 16시에는 표면에서 가장 많이 출현, 분포하였다. 그러나 일몰 후 조도가 저하되면 이 종의 성체형은 각층에 분포함과 동시에 20m 저층으로 이동, 침강하는 개체수가 증가하는 경향이 뚜렷하게 나타났다. 이 이동형태는 보름달물해파리의 경우와 매우 유사하며, 분포나 이동을 규제하는 수중 조도도 거의 같은 1000 Lux 대였다.

보다 심층에서의 이동사례에 있어서는, 1968년 봄에 남아프리카의 나미비아 앞(수심 3,350m)에서 RMT 네트(구면적 1m2, 망목 0.2mm)를 사용, 층별 경사끌기를 통하여 채집한 시료를 분석, 주야의 비교를 실시한 것이 있다. 채집시료 중에는 유사종인 *Chrysaora hysocella*의 어린 해파리(우산직경 3cm 이하)와 에피라가 출현하였는데, 그 이동상황은 그림 94에 나타낸 바와 같다. 채집 시 40m 수심에서 16-21℃로 변하는 수층이 존재하였다. 그림에서와 같이 어린 해파리는 수심 200m까지 분포하였으며, 야간에는 현저한 상승 이동을 보였다. 그러나 에피라는 주로 약층(躍層)내에 분포하며, 낮에는 20m

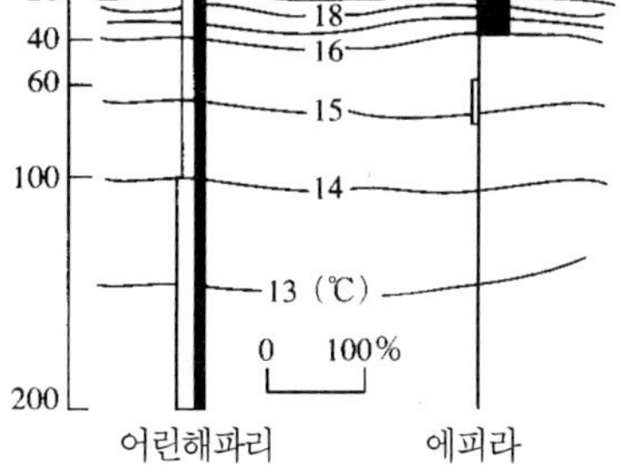

그림 94. 쐐기풀해파리 일종의 발육단계별 주야 이동과 수온(1986년 4월 24일-26일, 남아프리카 나미비아 앞 3,350m)(Pages and Gili, 1992를 일부수정).

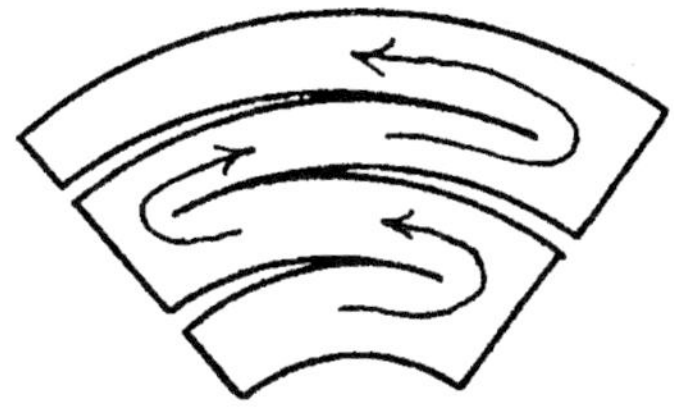

그림 95. 붉은쐐기해파리의 수축파 전달 양상.

층에 분포하지만 야간에는 오히려 일부개체가 40m층까지 침강하여 보름달물해파리의 유생과 같은 분포양상을 나타내었다. 붉은쐐기해파리와 근접종의 수직분포 및 이동을 보면, 연안성인 보름달물해파리보다 훨씬 심층까지 분포할 것으로 생각되며, 에피라에서 성체 해파리로 성장이 진행됨에 따라 유영(운동)능력도 증가하여 분포범위도 크게 변화, 확대되는 것으로 예측된다. 또한, 앞의 설명 외에도 최근(1999년) 4-5월 상순에 야마가타(山形)현의 아쯔미(溫海)마을 앞바다 300-500m 수심대에서 붉은쐐기해파리로 생각되는 해파리가 저인망에 대량 입망하였다는 기록이 있으나, 아마도 이는 방란, 방정 후의 쇠약한 개체군이 해저에 침강, 입망된 것으로 생각된다.

6) 유영운동: 연안의 매우 한정된 해역에서 생활하고 있는 소형의 오베리아 해파리 *Oberia* sp. 나 담수산인 참물해파리 *Craspedacusta sowerbyi* 등은 우산을 움츠려 물을 분출시켜 그 반동으로 전진한 후 우산 전체를 일시적으로 넓혀 우산의 중앙으로 물을 빨아들인다. 이 때 이들 해파리는 이동 속도를 줄이거나 일시 정지함으로 이들 해파리의 전진은 단지 간단한 운동의 결과로 생각하면 된다.

이에 반하여, 붉은쐐기해파리에서는 다음과 같은 흥미로운 실험결과가 얻어졌다. 이 종의 우산을 부채형으로 잘라내어 기계적 또는 전기자극을 주면, 수축파는 반드시 중앙에서 우산 가장자리 방향을 향하여 전달되는 것이 증명되었다(그림 95). 전기파의 전달을 위하여 붉은쐐기해파리는 단지 우산을 개폐하는 것만이 아니라, 우산모양을 중앙부에서 점점 변화시켜 물에 대한 저항력을 크게 하기 위하여 우산을 움츠려 물을 분출하고, 이로부터 큰 반동력을 얻어 전진한다. 다음으로 가능한 한 물의 저항을 적게 받기 위하여 우산의 중앙을 열어 펼침으로써 속도는 조금 저하되지만 연속하여 미끄러지듯이 전진할 수 있게 하는 것으로 판단된다. 이 종 이외에 연안종인 야광원양해파리(*Pelagia noctiluca*) 등도 같은 운동으로 다른 해파리보다 넓은 범위를 유영할 수 있는 것으로 알려져 있다.

그 외 근록종(近緣種)인 *Ch. hysoscella*는 해수 중에 부상하여 우산이 해면

위로 나오면 바로 반전하여 저층방향으로 향하는 행동이 관찰된다(그림 96→삽입 그림 참조). 붉은쐐기해파리는 우산의 크기에 따라 자포(刺胞)독의 강도가 다르므로 금후 수온, 염분, 조도, 조석류 등의 다른 환경조건에서 이 종의 크기별 수직분포나 유영행동에 관한 자료가 축적되기를 기대한다.

7) 먹이생물: 붉은쐐기해파리에 어류의 유 · 치어가 따라다니는 것이 간혹 관찰되지만 이 종의 먹이생물에 대한 구체적인 내용에 대한 보고는 없다. 그러나 유사종인 쐐기풀해파리의 일종에 대하여 다음의 사실이 밝혀져 있으므로 이에 대하여 고찰하고자 한다.

폴립은 촉수에 접촉된 동 · 식물로써 새우류 뿐만 아니라 섬모충류, 거미류, 규조류를 포함한 부유현탁물 등 모든 생물을 먹이로 한다고 한다. 이에 반하여, 성체 해파리는 유 · 치어나 유영성이 있는 어린 조개류 때로는 곤충의 유충 이외에 쿠지해파리류의 일종인 *Mnemiopsis leidyi*가 중요한 먹이생물일 것으로 생각되고 있다. 실내실험에서는 어류의 육편이나 살아있는 소형 어류, 자른 갯지렁이류가 해파리의 먹이로 사용된다. 특히 체서피크만에서는 이 해파리의 출현량과 굴 유생이나 대형 플랑크톤을 포식하는 쿠지해파리류의 일종인 해파리의 출현량과는 밀접한 관계가 있으며, 쿠지해파리가 증가하면 이 유독해파리도 증가하는 경향을 나타내었다고 한다.

한편, 북유럽 해역에 출현하는 근록종(近緣種)인 *Ch, hysoscella*는 먹이생물을 포식하는 경우에 촉수나 구완을 우산의 수십배로 연장하며, 관(管)해파리류, 쿠지해파리류, 치자어(전장 25-35mm), 오요기갯지렁이류(*Tomoptreoidea*), 화살벌레류 때로는 보름달물해파리(우산직경 55mm 이하)도 포식하는 것이 관찰되었다. 이 중에서 해파리류와 화살벌레류가 주요 먹이이기는 하나, 원래 이 해파리는 잡식성인 것으로 추정되고 있다.

8) 우산과 성숙 및 수명: 붉은쐐기해파리의 우산이나 체중(습중량)을 측정한 자료는 필자가 오바마(小浜)만에서 측정한 결과가 유일한 것이다. 그림 97은 우산(D)과 체중(W)과의 관계를 표시한 것이며, 그 관계는 $W=0.1016D^{2.814}$(상관계수 R=0.97)로 나타낼 수 있다. 긴 촉수는 잘리기 쉬우

므로 중량값은 약간 낮은 값으로하여 관계식이 만들어졌지만, 금후 해수 중에 본 종의 현존량이나 우산에 대한 중량의 상대성장을 측정하는 경우에 중요한 자료가 될 것이다.

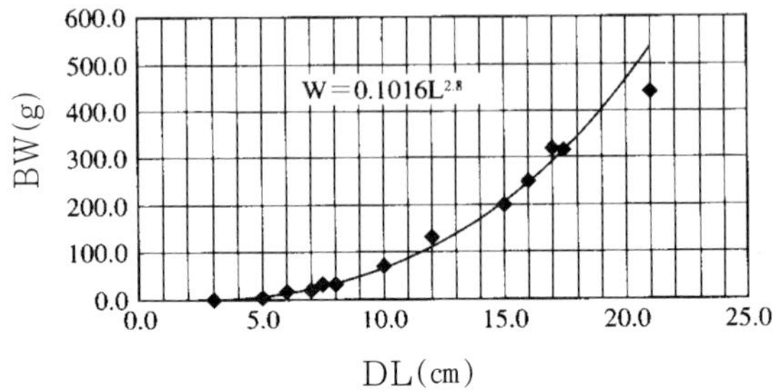

그림 97. 붉은해파리의 우산 직경(DL)과 체중(BW)과의 관계(安田 原圖).

우산의 크기는 2-22cm로 광범위하며(그림 98), 와카사(若狹)만 또는 그 인접해역에서 발생하였다고 생각되는 2-12cm, 대표값 8-10cm (평균 7.71±2.58cm)의 미성숙한 소형군과 다른 남방해역에서 발생하여 성장하면서 북상하였다고 생각되는 12-22cm, 대표값 17cm (평균 17.08±3.15cm)의 성숙한 대형군의 2개군이 확인되었다. 우산직경 12cm 이상인 개체의 생식선은 모두 성숙상태였으며, 이종의 생물학적 최소형을 12cm 전후로 보면 아사무시(淺虫) 지방에서 봄부터 여름에 채집된 성숙개체의 최소 우산의 크기와 거의

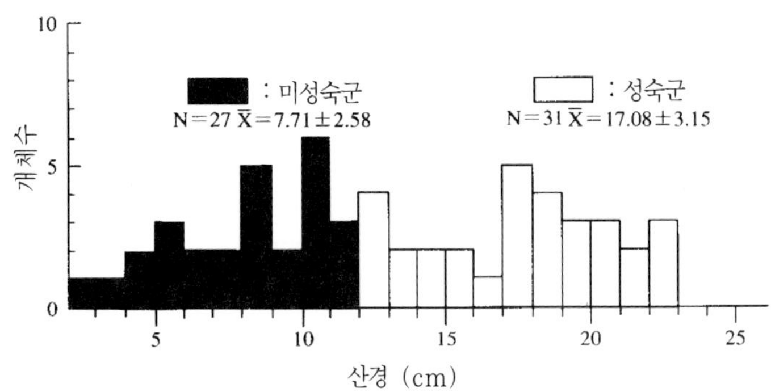

그림 98. 붉은쐐기해파리의 우산 직경조성(安田 原圖).

일치한다.

그러나 붉은쐐기해파리의 성장을 조사한 사례가 없으므로 체서피크만에서

쐐기풀해파리의 유사종에 대하여 측정된 결과를 서술하였다. 이에 의하면 이 해파리의 성장은 매우 빨라 5월 상순에 최초의 에피라(4mm)가 출현하며, 33일 후에는 우산직경이 171mm인 해파리가 채집되었고, 40일 후에는 우산직경이 184mm 이상인 개체가 발견되었다. 이에 의하면 이 종은 1일당 최고 5mm 이상 성장 가능한 것으로 예측되고 있다.

그리고 8월 29일 이후에 이 해파리는 전혀 채집되지 않았다. 아오모리(青森)만이나 와카사(若狭)만의 붉은쐐기해파리 출현에 관한 조사결과, 9월 상순 이후에 이 해파리를 관찰할 수는 있었으나, 대량의 해파리가 월동하였다는 사실이 알려져 있지 않은 점 등과 근록종(近緣種)인 쐐기풀해파리의 성장이나 출현상황을 고려하면 이 종은 발생한 해에 성숙하여 방란·방정한 후 빠른 시간 내에 활력을 잃고 죽는 것으로 추정된다. 수명은 부유생활기로 들어선 후 약 5-6개월 이하의 단기간인 것으로 생각된다.

9) 다른 동물과의 관계: 붉은쐐기해파리에 유·치어(幼稚魚)가 함께 있거나 다랑어(*Katsuwonus pelamis*) 유영의 지표가 되는 것, 부채새우의 필로조마 유생(갑장 53mm, 갑폭 35mm)이 우산 104mm의 붉은쐐기해파리의 우산 위에 부착하고 있는 것 이외에는 보고된 바가 없으므로 다시 근록종(近緣種)인 쐐기풀해파리에 대하여 알려진 지식을 기술하였다.

산호갯민숭이목의 일종인 *Cratena pilata* (전장 6-18mm)는 아주 가까운 거리에서 폴립을 발견하며, 대형개체는 3일만에 실제 500개체 이상의 폴립을 섭취하는 것으로 알려져 있다. 그 소화속도도 빨라 어떤 개체는 10분만에 11개체의 폴립을 소화하는 것으로 알려져 있으며, 다테지마말미잘 (*Haliplanella lineata*)의 일종인 *Diadumene leucolema*가 활발하게 에피라를 포식하는 것이 확인되었다.

줄다랑어와 닮은 *Pepurilus alepidotus*의 유어(幼魚)가 이 해파리의 촉수나 우산의 일부를 먹이로 이용하며, 대형어류의 무리는 해파리에 가까워지면 수분 이내에 이 해파리를 먹어치운다고 한다. 그 외 쥐치의 일종인 *Alutera schoepfi* 의 유어(幼魚)도 이 해파리를 먹이로 이용한다. 소형어류는 이 종의 폴립 생식장소를 둘러싸고 경쟁관계에 있어 폴립의 부착을 위협하는 것으로 생각된다. 이들은 황학치의 일종인 *Gobiesox strumosus*, 황줄베도라치과의 일종인 *Chasmodes bosquiannus*, 청베도라치과의 일종인 *Hypsoblennius hentzi*, 문절망둥과의 일종인 *Gobiosoma bosci*로 모두 4종인 것으로 확인되었다.

10) 이용: 세토나이카이(瀨戶內海)나 와카사(若狹)만 연안에서 붉은쐐기해파리는 우산을 좁고 가는 종이모양으로 잘라 쥐치류나 돔류 등의 낚시먹이로 이용하는 이외에는 이용가치가 없다. 오히려 자포독이 강하여 수영하는 사람들에게 자독사고의 원인이 되거나 어망에 들어가면 어업의 조업상에 장해물이 된다(제2장 해파리와 산업활동에서 상술). 건조시키면 그 가루가 재채기를 유발하여 하쿠숀(재채기 의성어)해파리라는 별명이 있다. 체서피크만 연안에서는 이 종류의 해파리를 "바다의 페스트"라고 부르며, 어업인이나 굴양식업자 뿐 아니라 해수욕을 하는 관광객들에게도 달갑지 않은 존재로 인식되고 있으며, 어린이들 사이에도 공포의 대상이 되어 해파리의 출현 문제는 지역적으로 큰 경제, 사회문제로까지 발전하여 그 대책 마련에 부심하고 있다.

참고문헌

1) Blair, E. T. (1970) : A new attack on sea nettles. *Maryland, Conservationist,* 43 (1), 16~22.

2) Cargo, D. G., and L. P. Schultz (1966) : Biology of the sea nettle, *Chrysaora quinquecirrha*, in Chesapeake Bay. *Ches. Sci.,* 7 (2), 95~100.

3) Cargo, D. G., and L. P. Schultz (1967) : Further observation on the biology of the sea nettle and jelly fishes in Chesapeake Bay. *Ches. Sci.*, 8 (4), 209~220.

4) Hirai, E. (1958) : On the developmental cycle of *Aurelia aurita* and *Dactylometra pacifica*. *Bull. Mar. Biol., St. Asamushi*, 9 (2), 81.

5) 柿沼好子 (1961): 淺虫附近に見られる腔腸類, HydrozoおよびScyphozoa. 青森縣生物學會誌, 4 (1, 2), 10～17.

6) 柿沼好子 (2001) : 大型クラゲの環境生物學. クラゲの大發生が問いかけるもの. 西海ブロック漁海況硏報, 9, 1～16.

7) 岸上鎌吉 (1892) : アカクラゲ. 動雜. 4 (45), 261～263.

8) 楠 深・他 (1967) : 毒水母類の硏究. 主として北海道サロマ湖を中心として、遠輕厚生綜合病院硏報, 1～29.

9) 黑田一紀・他 (2000) : 日本海におけるサルパ類の大量出現. 水產海洋研究, 64 (4) 311～315.

10) Lebour, M. V. (1923) : The food of plankton organisms II. *Jour. Mar. Biol. Assoc. U.K.* 13 (1), 70~92.

11) Litterford, R. A. (1939) : The life cycle of *Dactylometra quinquecirra* L. Agassiz in the Chesapeake Bay. *Biol. Bull.*, 77, 368~381.

12) 日水研環境部 (1999) : 日本海水產海洋研究推進レポート1998. p 84.

13) Pages, F. and J. M. Gill (1992) : Influence of the thermocline on the vertical migration of medusae during a 48h sampling period. *S. Afr., Tydskr, Dierk,* 27 (2), 50~59.

14) Russell, F. S. (1970) : The medusae of the British Isles II. Pelagic Scyphozoa with *a supplement of the first volume on Hydromedusae.* pp. 1~283, Cambridge Univ., Press.

15) Schultz, L. P. and D. G. Cargo (1971) : The sea nettle of Chesapeake Bay. *Nat. Res. Inst. Univ. Maryland*, 1~8.

16) Shojima, Y. (1963) : Scyllarid phyllosomas habit of accompanying the jelly-fish. *Bull. Soc. Sci. Fish.*, 29 (4), 349~353.

17) Tamashige, M. (1969) : The marginal sense organ of the medusae. *Bull. Mar. Biol. St. Asamushi*, 13 (3), 211~214.

18) 玉重三男 (1975) : クラゲの神経と運動。Marine Flowers. pp. 12～14. 松下電器, 大阪

19) 谷村俊介・志村和子 (1988) : 水族館におけるクラゲ類の飼育展示. 採集と飼育 50 (8), 354～357.

20) 豊川雅哉(1995) : 東京湾におけるクラゲ類の生態學的研究。博士論文, pp. 1～110, 東京大學.

21) 內田亨 (1936) : 日本動物分流, 鉢水母綱, 3 (2), 1～94, 三省堂, 東京.

22) Uchida, T. (1954) : Distribution of Scyphomedusae in Japanese and it's adjacent waters. *Jour. Fac. Sce. Hokkaido, Imp. Univ., Ser. VI., Zoop.*, 12 (1・2), 209~219.

23) 安田徹 (1972) : 福井縣浦底灣におけるミズクラゲの生態—Ⅶ. 水中テレビとCネット採取から觀察した成体型の晝間移動. 日水會誌, 38 (11), 1229～1235.

24) 安田徹 (1974) : 海產加害生物調查-Ⅺ. 小浜湾ならびに近接水域におけるクラゲ類の分布について, 福井水試資料、69, 1～36.

25) 安田徹 (1974) : ミズクラゲの生態と生活史. pp. 1～227, 產業技術出, 東京.

26) 平野弥生・安田徹 (1997) : 籍虫類, 鉢虫類. 無脊椎動物. 日本動物大百科, 7, pp. 28～31, 平凡社, 東京.

X-2. 노무라입깃해파리 *Nemopilema nomurai* Kishinouye

1) 형태: 노무라입깃해파리는 일본 근해에 출현하는 해파리강류 중에서도 매우 큰 해파리의 일종이지만 불규칙한 출현으로 인하여 거대한 몸체에 대한 상세한 형태적인 기술은 적은 편이다. 1995년 10월 상순, 시마네(島根)현의 하마다(浜田)와 효고(兵庫)현의 하마사카(浜坂)연안에서 이종의 외형과 유영하는 모습이 처음으로 기록되었다(그림 99A-D). 이 기록에 의하면 우산은 반투명의 담갈색이나 회색이며, 때로는 핑크색의 반구형으로 우산직경은 30-100cm (드물게 200cm, 150-200kg)에 달한다(그림 99A). 우산의 緣弁은 잘 발달하였고, 감각기 사이에 10-12개가 보인다. 구완(口腕)의 말단부는 좌우상방향으로 향하여 돌출되어 있으며, 4-5개로 구분된 날카로운 삼각형이다(그림

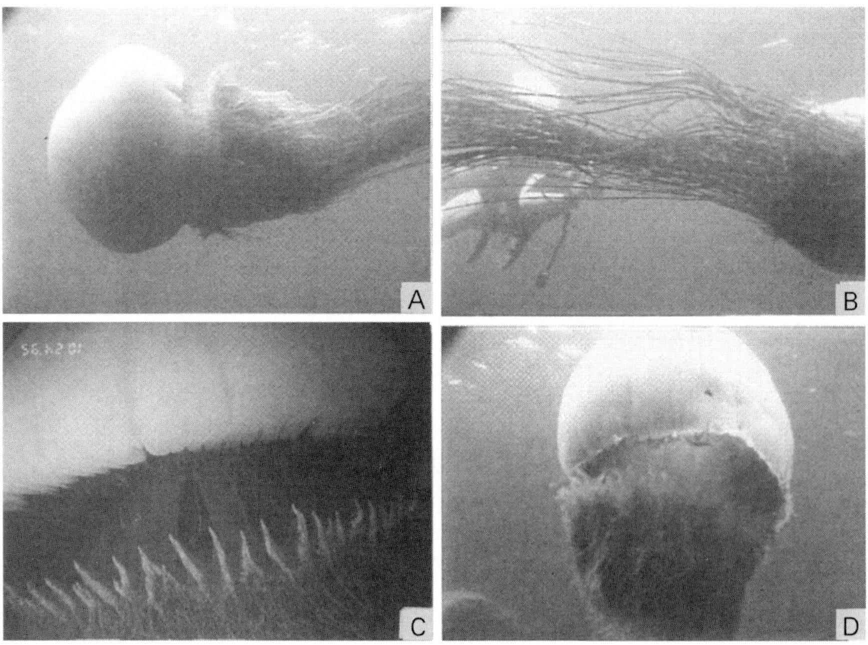

그림 99. 대형 노무라입깃해파리(A), 5m이상의 장대한 사상부속기(B), 삼각상의 구완말단부(C), 우산이 수축한 사상부속기를 소실한 쇄약개체(D). (A, B, D: NHK 鳥取지국, C: 島根수산시험장 1995년 제공).

99C). 우산의 중앙에 있는 견판(肩板)은 잘 발달하여 16매이다. 우산 아래(하산:下傘)에 있는 생식선 하강(下腔)은 타원형(장경 25-30cm)으로 근록종(近緣種)인 숲뿌리해파리 *Rhopilema esculenta* 나 모래빛해파리 *Rh. asamushi* 에 나타나는 컵 모양의 돌기는 없다. 견판(肩板)과 구완(口腕)아래쪽은 담갈색 또는 회색의 가는 끈모양의 촉수가 있고, 구완(口腕) 아래쪽에는 촉수 외에 쵸콜렛색의 매우 긴 사상(絲狀)의 부속기가 다수 있으며, 이는 우산의 3-5배(3-5m) 이상에 달하였다(그림 99B). 또한, 효고(兵庫)현에서 발견된 다른 개체에서는 사상(絲狀)의 부속기가 거의 소실되어 있어(그림 99D), 이것은 활력을 잃고 쇠약하여 죽어가는 개체인 것으로 추정된다.

이상에서 설명한 바와 같이 이 종의 특이한 형태적 특징은 정상적인 유영개체의 사상(絲狀)부속기가 매우 길어 우산 크기의 3-5배에 달한다는 것이다. 따라서 노무라입깃해파리의 외형은 그림 100과 같이 정정 또는 수정되어야 할 것이다.

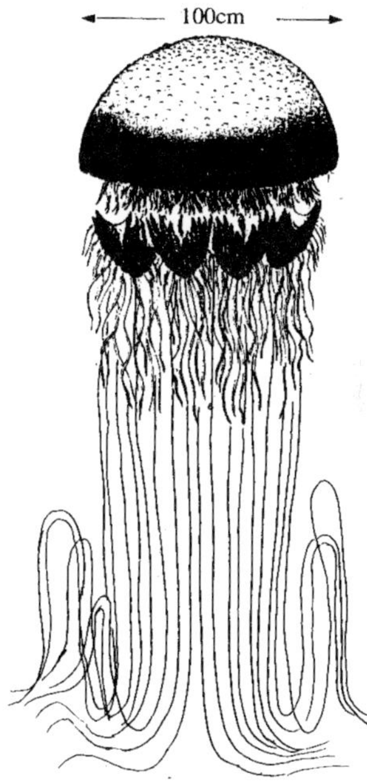

그림 100. 노무라입깃해파리의 외형 (西村, 鈴木 1971을 일부수정).

2) 지리적 분포: 노무라입깃해파리의 발생장소는 한국 남서해안이나 동중국해 연안해역으로 때때로 성장한 해파리가 동해의 나가사키(長崎)현의 쓰시마(對馬)를 포함한 각 현 연안과 앞바다까지 넓게 분포하기도 한다. 그 외 태국, 말레이시아, 인도네시아 등의 동남아시아 연안에서는 대형의 식용 가능한 해파리강류 8종 이상이 알려져 있어 본 종도 식용할 가능성이 높다.

3) 번식과 발생: 이 종의 발생장소는 앞에서 언급한 바와 같이 번식에 관한 연구가 부족하여 상세한 기술을 할 수는 없다. 따라서 저자는 1995년 가을에

와카사(若狹)만 연안에 출현한 성장개체에 대하여 조사, 그 결과를 서술하였다.

우산 60cm 이상의 개체는 모두 성숙난을 가지고 있으며, 1958년 가을-겨울에 기록된 결과를 고려하면 번식기는 9-12월로 생각된다. 난소 내에는 크고 작은 난이 있으며, 이는 보름달물해파리나 근록종(近緣種)인 모래빛해파리의 경우와 같았다. 즉, 일시에 산란을 하는 것이 아니라 번식기간 중에 수회에 걸쳐 방란을 하는 것으로 생각된다. 수정란은 0.2mm 정도로(그림 101A) 모래빛해파리의 약 2배였다. 결국 수정난은 타원형 또는 난원형의 플라눌라유생(그림 101A, B, C)으로 변하였으며, 나중에는 큰 콩모양(콩팥형)의 유생으로 변태하였다(그림 101D). 2℃에서 1개월 방치하여도 죽지 않았다. 그 후의 생활사는 현재 불명확하지만 근록종(近緣種)인 *Stomolophus meleagris*나 숲뿌리해파리, 숲뿌리해파리의 일종인 *Rh. verrilli*의 폴립이 공통으로 구병(口柄)부의 돌출한 돔형으로 되는 특징이 있으며(그림 102 a,b), 횡분체는 숲뿌리해

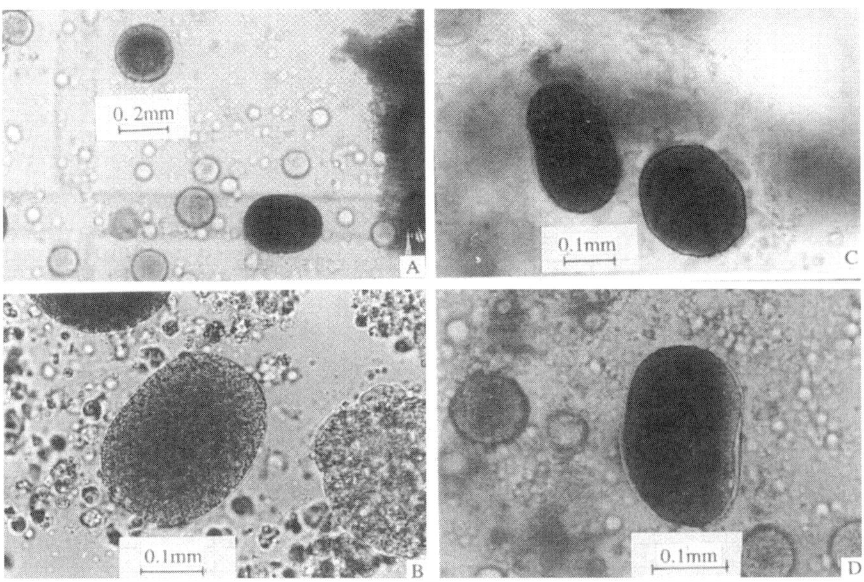

그림 101. 노무라입깃해파리의 수정난과 플라눌라(A), 변태하고 있는 플라눌라(C), 변태 중인 플라눌라의 확대 모습(B), 변태를 완료한 플라눌라(D).

파리(반(盤)수 3-7매)를 제외한 다른 2종은 2-3매이므로(그림102 c, d, e, f) 금후 이 종의 폴립이나 횡분체의 형태적 특성에 대하여 주목하여야 할 것이다.

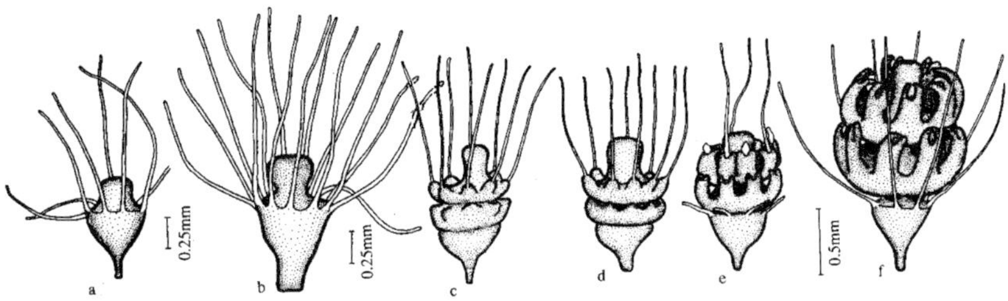

그림 102. 유사종인 *Stomolophus meleagris* 의 폴립(a, b)과 횡분체(c-f).

4) 출현시기와 수평분포: 이 종은 1990년대에 들어 동해의 한국연안에 3-4회 이상 출현한 기록이 있다. 대량으로 출현한 1958년과 1995년, 2002년의 출현시기와 수평분포를 정리하였다(그림 103, 104, 105). 1958년의 경우, 8-9월 상순에 동해의 서남부해역에서 전 동해역에 이르는 광범위한 장소에 출현한 이 해파리는 시기에 따라 일부가 연안난류를 타고 쓰가루(津輕)해협에 도달하였다. 10월에는 외해역의 개체군도 합세하여 같은 해협을 통과하여 10월 하순에는 아오모리(青森)현-미야지마(宮島)현의 연안과 앞바다에까지 도달하였다. 그 후 12월 하순에는 보소우(房總)반도 주변수역에까지 출현한 후 소멸하였다. 이로 인

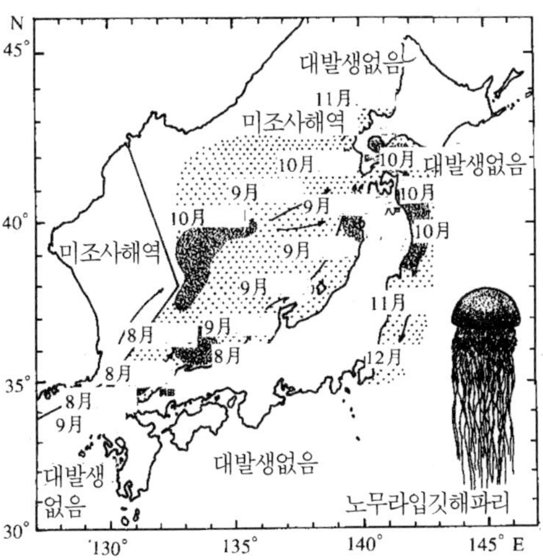

그림 103. 대형 노무라입깃해파리의 1958년 출현상황.

하여 이 거대해파리의 출현지역에서는 어업피해가 속출하였으며, 그 피해규모도 매우 컸다(상세한 것은 다음 장에 기술).

1995년의 경우, 8-9월에 산인(山陰)지역의 앞바다에 형성된 직경 250km에 달하는 난수괴에서 성장한 것으로 생각되는 노무라입깃해파리(우산직경 60-100cm)가 9월 하순에서 10월 상순에 걸쳐 야마구치(山口)현에서 후쿠이(福井)현까지의 동해 일본 연안해역에서 일제히 출현하였다. 이후 연안난류를 타고 계속 북상하여 1958년의 경우와 같이 쓰가루(津輕)해협을 통과하여 12월 중순에는 이와테(岩手)현-미와지마(宮城)현 연안에 까지 출현하였다. 주로 각 현의 정치망에 피해를 주었으나, 다행히도 1958년에 발생한 정도의 피해는 아니었다. 2002년의 어업피해는 1958년 피해규모 다음이었다(상세한 것은 다음 장에 서술). 또한, 출현시기에 관련된 이 종의 우산운동과 수온과의 관계는

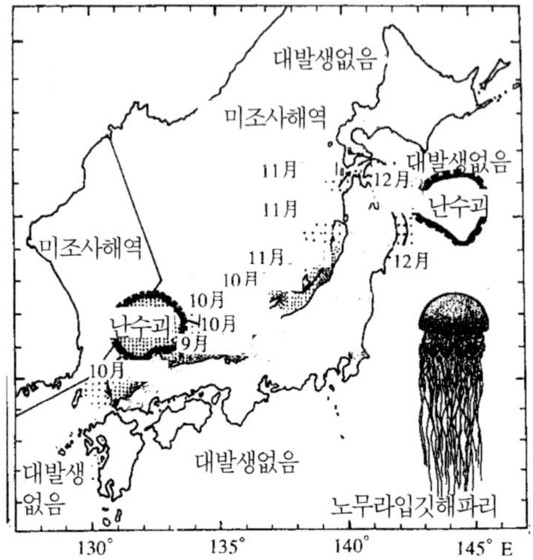

그림 104. 대형 노무라입깃해파리의 1995년 출현상황.

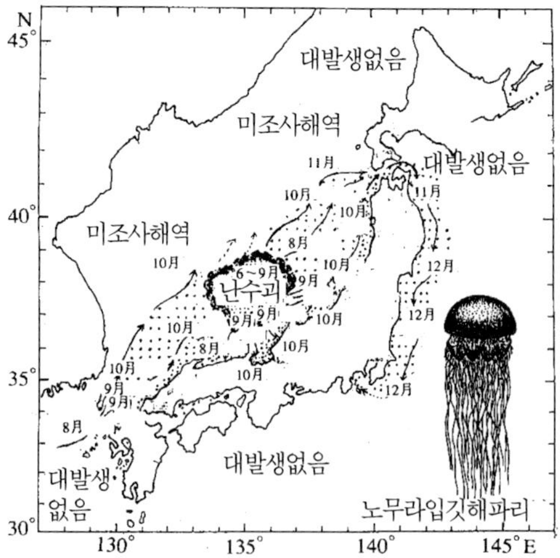

그림 105. 대형 노무라입깃해파리의 2002년 출현상황(安田 2003原圖).

하한이 15℃, 상한이 30℃이며, 최적온도는 보름달물해파리나 숲뿌리해파리의

일종인 *Rh. octopusu*와 같은 20℃ 이상으로 추정되고 있다.

5) 수직분포와 유영운동: 그림 106은 1958년 가을에 동해 전역에서 이상 출현한 노무라입깃해파리의 수직분포 상황을 어군탐지기로 잡은 영상이다. 이에 의하면 거대해파리가 정상적으로 유영하는 수심은 0-30m(수온 15-17℃이상)의 난류표층수인 것으로 밝혀졌다. 그 후 동해의 일본연안에서는 150-300m의 수심대에서, 태평양에서는 200-800m의 수심대에서 저예망(底曳網)으로 이 종이 채집되었다. 채집된 해파리는 정상적인 활력을 상실하여 쇠약 혹은 폐사개체가 침강한 것으로 여겨진다. 한편 1995년 가을, 연안의 천해역에서 수평이동하는 해파리를 관찰한 결과(그림 99 A, B), 우산운동은 붉은쐐기해파리의 경우와 같이 부드럽고 리드미컬한 연속적인 개폐운동을 하여 수평 · 수직으로 이동하였다.

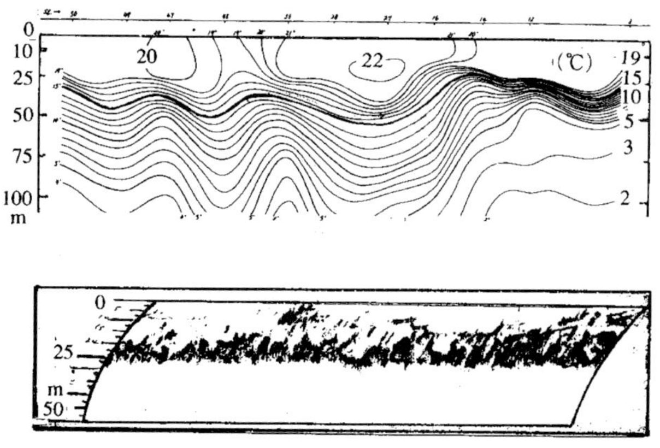

그림 106. 1958년 가을(9-10월 상순)의 동해의 일본측 연안 중앙부의 수온수직분포(℃)와 어군탐지기에 의해 기록된 노무라입깃해파리의 출현상황.

6) 먹이생물: 이 종이 이용하는 먹이생물을 확인하기 위하여 구완(口腕)이나 촉수 및 사상(絲狀)부속기 표면의 점액을 스포이드로 채집하여 위상차현미경상에서 관찰하였다. 그 결과, 규조류, 원생동물의 일종으로 섬모충류인 *Tintinnopsis* sp., 소형 요각류인 *Oithona nana*, 따개비류인 Cypris 유생, 이

매패류의 유생, 복족류의 유생 등이 확인되었다. 이들 플랑크톤은 다른 대형 해파리강인 숲뿌리해파리나 *Stomolophus meleagris*에서 조사된 결과와 매우 유사하였다. 즉 노무라입깃해파리는 잡식성의 미소 또는 소형플랑크톤 식성인 것으로 밝혀졌다.

7) 성장과 수명: 이 종의 성장에 대하여 1958년 가을에 나가사끼(長崎)현 연안에서 북해도의 이시가리(石狩)만에 이르는 동해 연안과 일부 앞바다에서 조사된 예가 있다. 조사결과, 8월 상순에 나가사끼(長崎)현에서는 우산크기가 30cm이며, 8월 하순에 오키노지마(隱岐島) 부근에서는 70-80cm였다. 동해

그림 107. 노무라입깃해파리와 함께 채집된 어류와 새우류(A, B).

중부 해역에서는 10월 상순에 50-60cm 크기의 해파리 무리가 11월에는 100-150cm(최대 200cm, 중량 150-200kg)에 달한다고 한다. 이 관찰결과로 부터 이 종의 성체의 경우, 성장이 매우 빠르다는 것을 쉽게 이해할 수 있다.

초기 성장에 대한 보고는 없지만 근록종(近緣種)인 숲뿌리해파리의 경우, 에피라(1.5-3mm)의 변태와 성장이 빠르며, 2-3개월 후에 25-45cm의 해파리를 성장하였다는 기록이 있다. 여기서 1995년의 경우, 8-9월 이전에 산인(山陰) 앞바다의 난수괴 중에 모여있던 노무라입깃해파리의 에피라 또는 어린해파리는 급속히 성장하여 우산직경 60-100cm에 달하였다. 그 후 가을부터 우세한 풍성류의 영향으로 동해의 일본 연안역에 일제히 출현하였다. 이 시기에 많은 개체는 성숙하여 방란·방정을 계속하면서 연안난류를 타고 북상하며, 우산은 점점 축소하여 매우 긴 부속기를 잃으며, 수온 저하의 영향까지 가세하여 죽는 것으로 추정된다. 대량 출현한 1958년과 1995년 이후에 이 종이 월동한 것으로 생각되는 사실이나 증거가 전혀 없으므로 이 거대해파리의 수명은 1년 이내인 것으로 생각된다.

8) 다른 동물과의 관계: 후쿠이(福井)현의 히가타(日向)지방에서 이 종과 함께 채집된 동물은 그림 107A, B에 나타난 바와 같다.어류로는 전갱이, 감성돔, 쥐치, 샛돔, 점주둥치 *Leiognathus rivulatus* 등이며, 새우류로는 해파리새우 *Chlorotocella gracillis*가 소수 확인되었다. 이들 동물은 이 거대해파리를 엄호물로 이용하는 외에 몸의 일부를 먹이로 이용하는 것으로 여겨진다. 어류 중에는 해파리가 모은 극소플랑크톤을 먹이로 이용하는 종도 있는 것으로 보인다.

9) 이용: 노무라입깃해파리의 두꺼운 우산은 한천질이 풍부하여 염분과 명반 혼합액에 담가두면 중국요리의 좋은 재료가 된다. 또한, 이시가와(石川)현이나 야마구찌(山口)현에서 일부 식용화에 성공하였으며, 동남아시아나 중국에서 수입하는 식용해파리 중에도 포함되어 있을 가능성이 높다. 이후 동해에 분포하는 근록종(近緣種)이며, 식용이 되는 모래빛해파리와 같이 식품으로 또는 양어사료로 유용하게 활용하여야 할 것이다.

참고문헌

1) Calder, D. R. (1973) : Laboratory observations on the life history of Rhopilema verrilli (Scyphozoa:Rhizostomeae). *Marine Biology*, 21, 109～114.

2) Calder, D. R. (1982) : Life history of the cannonball jellyfish, Stomolophus meleagrisL. Agassiz, 1860 (Scyphozoa : Rhizostomida). *Biol. Bull.*, 162, 14 9～162.

3) Ding, G. and J, Chen (1981) : The life history of Rhopilema esucu1enta Kishinouye. *Jour, Fish, China*, 5 (2), 93～103, pl.1～2.

4) Gatz, A. J. *et al.* (1973) : Effect on temperature on activity and mortality of the Scyphozoan medusa Chrysaora quinquecirrha. *Ches, Sci.*, 14 (3), 171～188.

5) 平野弥生・安田 徹 (1997) : 箱虫綱, 鉢虫網, 無脊椎動物. 日本動物大百科, 7, pp. 28～31, 平凡社.

6) 岸上鎌吉 (1922) : エチゼンクラゲ. 動物學雜誌, 34 (401), 343～ 346.

7) 久保田信・他 (1966) : 對馬淺茅湾で初めて發見されたエチゼンクラゲ (刺胞動物門, 鉢虫綱), 南紀生物, 38 (1), 55～56.

8) 日水研環境部 (2001) : 日本海水産研究推進レポート2000. pp. 98～99 (タイプ印).

9) 西村三郎 (1959) : エチゼンクラゲの大發生. 採集と飼育, 21, 194～202.

10) 西村三郎 (1961) : 同。補遺. 同誌, 23, 194～197.

11) Nishimura, S. (1965) : The zoogeographical aspects of the Japan Sea. *Publ. Seto Mar. Biol. Lab.*, 13 (1), 35～79.

12) 西村三郎・鈴木克美 (1971) : 海岸動物. pp. 22～23, pl.l0, 保育社, 東京.

13) 大森 信 (1981) : 食用クラゲの生物學と漁業 (總說). 日プランクトン會報, 28 (1), 1～11.

14) Oomori M. and E. Nakano (2001) : Jellyfish fisheries in southeast asia. *Hydrobilogia*, 451, 19～26.

15) 下村敏正 (1959) : 1958 年秋, 對馬暖流系水におけるエチゼンクラゲの大發生について. 日水研報, (7), 85～107.

16) 玉重三男 (1975) : クラゲの神経と運動. Marine Flowers. pp. 12～14, 松下電氣.

17) 內田 亨 (1936) : 鉢水母綱。日本動物分類, 3 (2), pp. 1～94, 三省堂, 東京.

18) Uchida, T. (1954) : Distribution of Scyphomedusae in Japanese and its adjacen waters. *Jour. Fac. Sci. Hokkaido Iniv*, VI., Zool, 12 (1・2), 209～219.

19) 安田 徹 (1988) : ミズクラゲの研究. 水産研究叢書, 37, pp. 1～136, 日本水産資源保護協會.

20) 安田 徹 (1995) : 再びエチゼンクラゲの大發生. うみうし通信, (9), 6～8.

21) 安田 徹 (2000) : 1959 年秋から冬に異常出現した巨大エチゼンクラゲ. 海洋沿岸域の環境変動とクラゲ類の大發生に關する研究集會要旨. pp. 11～14.

22) Yasuda T. and Y. Suzuki (1992) : Notes on edible medusa, *Rhopilema asamushi* Uchida caught in Wakasa Bay, Japan. *Bull. Pl. Soc., Jap.*, 38 (2), 147～148.

X-3. 라스톤입방해파리 *Carybdea rastoni* Haacke

라스톤입방해파리는 하절기 일본의 서쪽해안에 다수 출현하여 해수욕객의 피부를 쏘는 해파리이다. 일본의 서쪽해안에서는 "전기해파리" 또는 "이라(가시식물)" 등의 속칭이나 지방명으로 불리며, 잘 알려져 있다(그림 108→삽입그림). 쏘였을 때의 통증 뿐만 아니라 쏘인 부위가 가려우며, 붓고 지렁이 형태의 염증까지 일으킨다. 추석(음력 8월 15일) 이후 일본 서쪽해안의 많은 해수욕장이 이 종의 대량 출현으로 폐쇄되기도 한다.

라스톤입방해파리는 이처럼 "해수욕할 때 쏘는 해파리"로 잘 알려져 있지만, 그 생태나 생활사에 대해서는 거의 알려진 바가 없다. 이것은 라스톤입방해파리의 몸체가 소형으로, 거의 투명하며, 빠르게 유영하기 때문에 일반적으로 잘 알려진 보름달물해파리 등의 종류 보다도 발견하기 어렵고, 상세한 관찰이 어렵기 때문일 것이다. 해수욕 시에 쏘는 해파리가 잘 확인되지 않는 것은 이 종이 눈에 잘 띄지 않는 해파리이기 때문이다.

1) 지리적 분포: 라스톤입방해파리는 인도양에서 태평양의 열대 및 아열대 연안해역에 분포, 서식하는 난류성 입방해파리이다. 이 종은 일본에서는 오키나와(沖縄)현에서 북해도 남부까지 출현하며, 그 출현분포는 쿠로시오 등의 난류영향역과 거의 일치하고 있다. 오야시오(親潮) 영향역에는 출현하지 않는다. 이것으로 보아, 일본연안이 서부태평양 연안역에서 이 종의 북방한계로 생각된다. 보다 상세하게 보면 이 종은 동경만 안쪽이나 세토나이카이(瀬戸内海) 안쪽의 오오사카(大阪)만이나 히로시마(廣島)만에서는 거의 출현하지 않으며, 외해에 접한 만 등의 연안역에 많이 출현한다. 부영양화된 만 안쪽은 이 종의 서식에 적당하지 않은 것 같다. 또한, 이 종이 쿠로시오가 영향을 주는 연안역에서 주로 출현하여 외양성 해파리로 생각되었으나, 외해에서 채집된 경우가 거의 없어 서식장소는 연안역의 매우 좁은 범위일 것으로 추정되고 있다.

2) 라스톤입방해파리의 근록종(近縁種): 일본연안에는 라스톤입방해파리를 포함하여 2과 5종의 입방해파리가 서식하고 있다(표 20). 이 가운데

*Carybdea sivickisi*는 와카야마(和歌山)현의 타나베(田辺)만이나 오키나와(沖繩)현의 아카지마(阿嘉島)에서 보고된 소형종이다. 한편 불해파리(태양해파리)는 우산크기가 20cm를 넘는 경우도 있는 입방해파리로 입방해파리류 중에서는 크기가 가장 큰 종이다. 아모쿠사(天草)연안이나 와카야마(和歌山)현 타나베(田辺)만에서 출현하며, 최근에는 동계에 히로시마(廣島)만에서 이종의 출현이 보고되었다. 저예망에 혼획되어 어업인이 자상을 입었다고 한다. 세손입방해파리(상자해파리)도 아모쿠사(天草)연안에서 출현한 것으로 보고된 바 있다. 하브해파리(뱀해파리)는 오키나와(沖繩)현 연안에 생식하는 대형종으로 이 종에 쏘여 사망하는 경우도 있었다.

이와같이 일반적으로 입방해파리의 자포독은 매우 강하며, 인간의 사회활동에 미치는 영향이 크다. 오스트리아 동해안의 그레이트바리아리프해역에 서식하고 있는 바다말벌(sea wasp)로써 두려움의 대상이 되고 있는 살인해파리 *Chironex fleckeri* 도 같은 입방해파리 종류이다.

표 20. 일본 연안에 출현하는 입방해파리류

입방해파리과	family Carybdeidae
1) 라스톤입방해파리	*Carybdea rastoni Haacke*
2) (일반명 없음.)	*C. sivickisi Stiasny*
3) 태양해파리	*Tamoya haplonema Müller*
열대입방해파리과	family Chrodrophidae
4) 상자해파리	*Tripedalia cystophora Conant*
5) 뱀해파리	*Chiropsalmus quadrigatus Haeckel*

3) 자포독과 해파리 자상사고 대책: 해파리의 자포는 먹이를 포획하기 위한 도구이며, 포식자로부터 몸을 지키는 역할을 한다고 한다. 라스톤입방해파리의 우산 표면에 있는 흰점은 자포가 많이 모인 자포괴로 불리는 것으로 몸을 보호하는 역할을 하는 것으로 생각된다(그림 108). 여유롭게 떠있는 것처럼 보이는 해파리이지만 확실하게 자신을 지키고 있는 것이다.

표 20에 나타난 5종의 입방해파리 중 일본연안에서는 라스톤입방해파리의

출현수로 미루어 보아 이 종에 의한 자상피해가 다른 종에서 보다 많을 것으로 보이나 라스톤입방해파리로 인한 사망사고는 보고된 적은 없다. 그러나 라스톤입방해파리의 자포독을 화학적으로 분석한 결과, 그 독력이 매우 강한 것으로 알려져 있다. 오키나와(沖繩)지방에 서식하는 하브해파리(뱀해파리)는 그 자포독으로 인한 사망사고가 최근에도 수차례 보고 된 바 있다. 하브해파리(뱀해파리)의 자포독은 라스톤입방해파리와 비교하여 강하지는 않지만 굵은 촉수상에 더 많은 수의 자포로부터 다량의 독이 주입에 따라 사망사고가

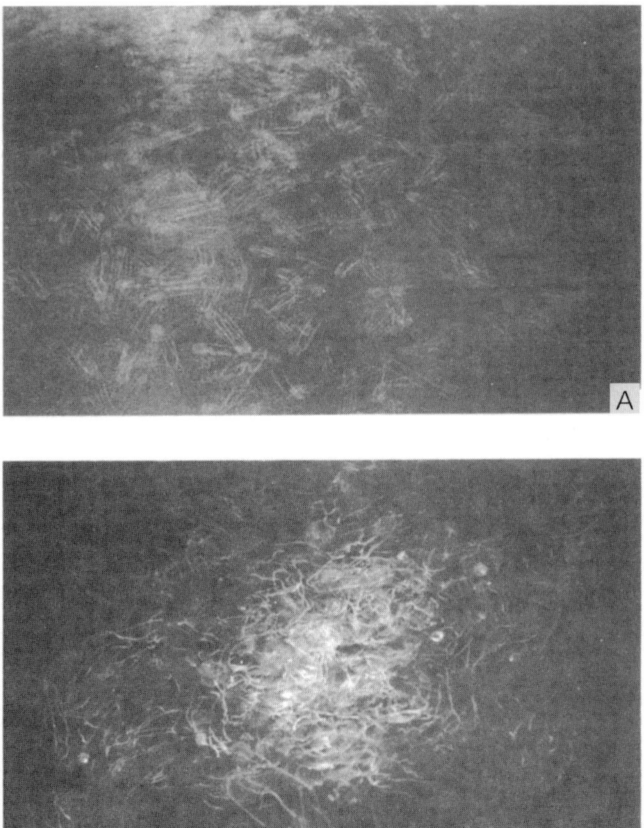

그림 109. 시모노세키(下關)시 요시미(吉見)어항 내의 라스톤입방해파리 무리(A: 주간, B: 야간에 조명을 비춤).

일어나는 것으로 생각된다.

해파리자상대책의 우선 순위는 해파리에 접촉하지 않는 것이지만, 자상을 입은 경우 부착되어 있는 촉수를 재빨리 제거하여 더 이상 쏘이지 않게 하는 것이 중요하다. 자상환부를 수건이나 모래로 문지르는 것은 더욱 자포의 발사를 유발하여 증세를 악화시킨다.

4) 출현시기: 7월 초순의 야간, 어항의 외등 아래에 우산 크기가 수 mm인 소형 라스톤입방해파리 개체가 무리를 형성하기도 한다. 이들 소형개체는 폴립으로 부터 유리된 시간이 얼마 지나지 않은 어린 해파리이다. 8월경이 되면 우산 크기가 3cm 전후의 성체로 성장하며(그림 109), 시모노세키(下關)지방에서는 다음해 1월까지 장기간 출현하는 것으로 밝혀졌다.

일반적으로 라스톤입방해파리는 8월 중순 전후에 출현하며, 가을에는 출현하지 않는 것으로 알려져 있지만 이것은 라스톤입방해파리의 몸이 작고, 거의 투명하여 발견하기 어려우며, 9월 이후는 수영객도 감소하므로 해파리에 쏘이는 일이 거의 없기 때문일 것이다.

위와 같이 이 종의 출현시기는 7월부터 다음해 1월까지 약 7개월에 한정되지만 어린 해파리의 출현시기는 장마로 인해 다량의 하천수가 유입되거나 태풍으로 폭풍우가 생기면 1개월 정도 늦어지기도 하며, 빠르면 11월 중순에 소실되기도 한다. 라스톤입방해파리의 출현이나 소실시기는 바다의 상황이나 기후 등 환경의 영향을 많이 받는 것으로 여겨진다.

라스톤입방해파리는 해파리 개체로써 출현하는 시기 외에는 폴립으로서 생활하고 있는 것으로 생각되는데, 아직 자연에서 이 종의 폴립은 발견되지 않았다.

5) 성비: 라스톤입방해파리가 속하는 입방해파리강의 모든 해파리는 자웅이체이다. 1991년 9월부터 11월까지 시모노세키(下關)시의 요시미(吉見) 어항에서 조사된 성비의 평균치는 1:1.2(雄:雌)로 암컷개체가 다소 많은 경향이었지만, 때로는 자웅 중 어느 한쪽이 2배 이상으로 출현하는 경우도 있다.

6) 번식: 라스톤입방해파리의 몸은 거의 투명하므로 현미경으로 살아있는

개체의 난소의 난을 직접 관찰할 수 있다. 난 직경이 90㎛를 넘는 난을 가진 암컷개체가 9월 초순부터 소실 직전인 12월 초순까지 20% 이하의 저빈도로 출현하며, 이 시기에 유성생식이 일어나는 것을 관찰할 수 있으며(표 21), 실제로 플라눌라유생 역시 이 기간에 채집되었다. 또한, 10월 초순에 채집된 개체를 실험실에서 수일간 사육하였을때, 수조바닥에서 유영하는 다수의 플라눌라가 관찰되었다. 이것으로 미루어볼 때, 라스톤입방해파리는 9월부터 12월 사이에 유성생식을 하는 것으로 생각된다. 또한, 이 기간 중 주간에 빠른 성장을 보인 라스톤입방해파리의 무리가 어항(漁港) 안쪽의 구석진 곳에서 발견되기도 하는데(그림 109A), 이는 이들의 생식활동과 관계가 있는 것으로 생각된다.

표 21. 1991년 8월부터 12월 사이 시모노세키(下關)시 요시미(吉見)어항에서의 라스톤입방해파리의 난소난경의 조성 변화(山野 · 滿谷에 의해 수정)

월 일	난소난경 (㎛)						계측 개체수
	<10	10≦&<20	20≦&<40	40≦&<60	60≦&<90	90≦&<110	
8월 8일	100	0	0	0	0	0	10
19일	70	30	0	0	0	0	10
26일	30	45	16	4	0	0	100
9월 9일	0	20	20	30	10	20	10
23일	0	20	10	30	30	10	10
10월 7일	0	0	30	50	20	0	10
14일	0	0	50	30	10	10	10
11월 5일	0	10	30	30	30	0	10
11일	0	0	60	20	10	10	10
12월 2일	0	0	50	20	10	20	10

7) 성장: 1991년 8월 초순, 시모노세키(下關)시의 요시미(吉見) 어항에서 채집된 라스톤입방해파리의 우산 평균 폭은 6.2mm 였다(그림 110). 그 후, 이들은 현저하게 성장하여 9월 중순에는 우산의 평균 폭이 17.2mm까지 달하였으며, 이들 중 약 20%가 우산 폭이 20mm 이상이었으며, 28.8mm의 초대형 개체도 존재하였다. 9월 중순 이후에는 우산 폭이 15mm 정도인 개체가

우점하는 경향을 나타내었으나, 그 빈도분포는 거의 변동이 없었다.

1992년(그림 111)에는 1991년과는 달리 7월 초순부터 라스톤입방해파리가 출현하여 7월 초순에 같은 어항에서 우산의 평균 폭이 5.1mm 였으며, 7월 하순까지 우산의 폭은 거의 증가하지 않았다. 그러나 8월 상순에는 우산의 평균 폭이 9.9mm까지 증대하였다. 그 후 8월 하순과 9월 상순에는 우산의 평균 폭이 6-7mm까지 감소하였다. 이는 8월 후반, 2차례의 태풍으로 인하여 강한 파랑과 다량의 강우가 어떠한 형태로든 라스톤입방해파리의 성장에 관여를 하여 성장이 저해된 것으로 생각된다. 이처럼 기후나 해황은 라스톤입방해파리의 개체군에 강하게 영향을 미치는 것으로 나타났다. 그러나 9월 하순에 우산의 평균은 11.9mm까지 회복되었으며, 그 후 11월까지 1991년과 같은 크기의 조성을 유지하였다.

이상의 결과에서, 라스톤입방해파리는 7월 이전에 폴립에서 유리되어 7월부터 9월까지 3개월 만에 최대 크기로 성장하는 것으로 보인다. 그 성장속도는 8-9mm/월로 계산되었다. 라스톤입방해파리에 의한 자상이 8월 이후로

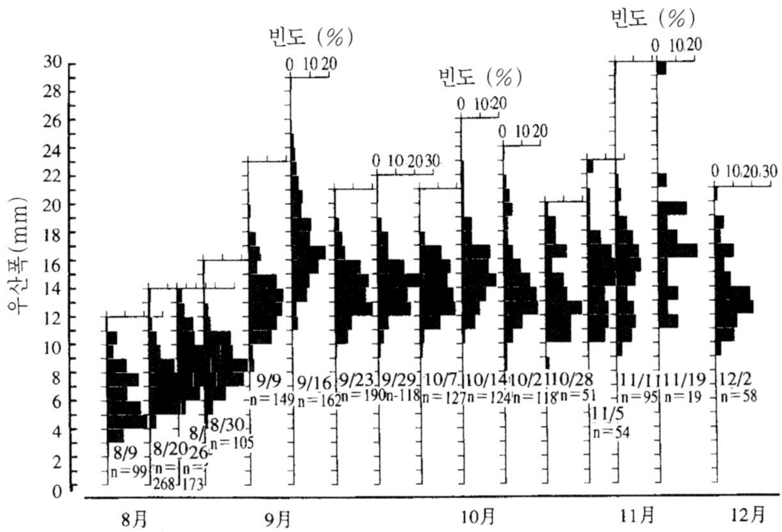

그림 110. 1991년 시모노세키(下關)시 요시미(吉見)어항의 라스톤입방해파리 우산폭의 빈도분포에 대한 계절변화(上野, 滿谷에서 수정).

한정되는 것은 7월에 우산 폭이 10mm 이하인 소형개체에서는 자포의 자상능력이 불충분하기 때문인 것으로 생각된다. 그리고 앞에 기술한 것처럼 9월에는 유성생식이 이루어지므로 충분한 영양을 섭취하기 위해 자포의 활성이 높아지는 것으로 나타났다. 바로 이 시기가 해수욕철이므로 라스톤입방해파리가 먹이를 포획하는 해역과 사람이 해수욕을 하는 해역이 겹쳐져 이 종에 의한 자상사고가 많으며, 이 때문에 이 종이 '해수욕할 때 쏘는 해파리'가 된 것 같다.

8) 평형석(平衡石)의 미세 윤문(輪紋)으로 일령 추정: 라스톤입방해파리는 4가닥의 촉수기부 중간에 4개의 감각기를 가지며, 1개의 감각기에는 6개의 눈과 그 선단부에는 1개의 평형기가 있다(그림 112). 평형기에는 황산칼슘($CaSO_4 \cdot 2H_2O$)이 주성분인 해파리에게는 비교적 큰 0.5mm 정도의 평형석 한 개가 존재한다.

어류의 이석과 두족류의 평형석에서 일일 성장륜(輪)이 이미 발견되었고, 池田에 의하여 오징어에 있어서도 일일 성장률에 대한 연구가 소개되었다. 또한, 자포동물 중 일부 산호충류에서도 그 경조직의 일일 성장륜(輪)이 보고되어 있다. 그러나 해파리의 평형석에 대해서는 분류학상의 형질로써 취급되는 정도이다.

라스톤입방해파리 평형석의 미세한 윤문(輪紋)이 해파리 중에서는 처음으로 발견되어 Ueno 등은 일일 성장륜(輪)의 존재가능성을 제시하였다. Ueno 등은 윤문을 일일 성장륜(輪)으로 가정하고 산출한 평형석의 형성일이 대조기 근처에서 얻어진 점과 밀도가 높은 윤문이 소조기 근처에서 산출된 점에서 간접적인 일일 성장륜(輪)을 증명하였다. 동시에 일

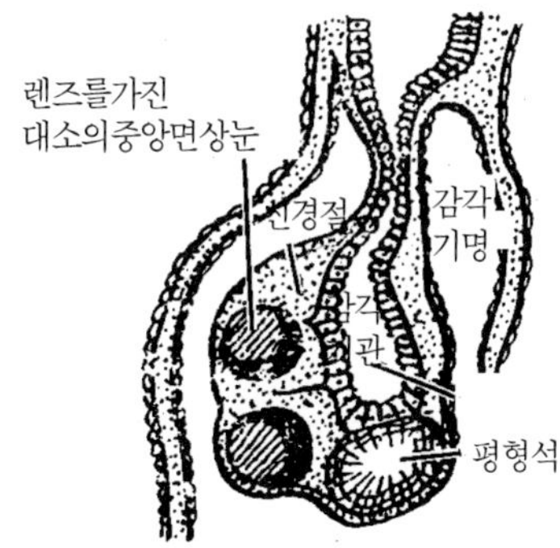

그림 112. 라스톤입방해파리속 감각기의 단면도. 하단: 평형기, 왼쪽: 렌즈를 가진 2개의 눈 (谷津 인용).

일 성장륜(輪)의 형성이 조석의 영향을 받는다고 밝혔다. 여기에서 이 연구를 간단히 소개하고자 한다.

ⅰ) **평형석의 성장:** 평형석은 타원체상으로 내측에는 장축에 수직인 V자 모양의 홈이 있고 장축 길이는 0.5mm 전후이다(그림 113). 평형석의 길이와 우산 크기에 대한 유의성 분석결과, 서로 상관관계가 있는 것으로 나타났다($SL=3.5\times BL+394$, $n=40$, $r=0.52$, $p<0.001$, SL:평형석길이, BL:우산크기). 이것은 해파리 몸체의 성장에 따라 평형석이 성장함을 나타내고 있다. 상관계수가 약간 낮은 것은 경(硬)조직의 평형석에 비하여 해파리의 몸체는 먹이 부족 등으로 인해 수축하기 쉬운 육질부로 구성되어 있기 때문일 것으로 생각된다.

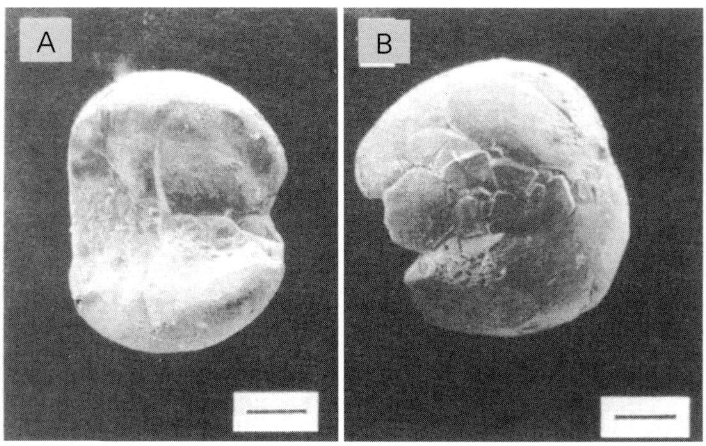

그림 113. 라스톤입방해파리 평형석의 주사형 전자현미경사진. a: 내측면, b:외측면 (스케일: 100㎛) (Ueno 등 인용).

ⅱ) **미세 윤문과 형성:** 산화알루미늄입자(입자직경: 0.3㎛)로 평형석을 연마하면, 그 연마면에 많은 동심원상의 미세 윤문을 발견할 수 있다(그림 114). 넓은 연마면(그림 114b)에서 102가닥의 미세 윤문을 관찰할 수 있었다. 윤문의 간격은 0.5-2.7㎛였다. 연마면의 크고 작은 균열은 연마 시에 생긴 것으로 갈라지기 쉬운 황산칼슘 결정에 기인한 것이다.

윤문수와 평형석 길이와의 사이에서도 유의성 있는 상관계수가 얻어졌다 (NR=0.34×SL-72, n=13, r=0.77, p<0.005, NR: 윤문수, SL: 평형석길이). 이것은 평형석의 성장과 같이 윤문이 매일 성장하는 일일 성장륜이라는 것을 의미한다.

iii) **미세 윤문수로 추정한 라스톤입방해파리의 유리(遊離)시기**: 라스톤입방해파리의 경우, 해파리로 유리되기 직전의 폴립이 아직 발견되지 않아 폴립에서 해파리로 유리되는 시기가 불명확하다. 세손입방해파리(상자해파리)와 열대입방해파리과 일종의 폴립에서는 평형석이 유리 직전에 형성되며, 라스톤입방해파리에서도 이와 같이 유리되기 직전에 평형석이 형성되므로 그 평형석 중의 윤문을 일일 성장륜으로 가정하여 윤문수로써 해파리의 유리시기를 추정하였다.

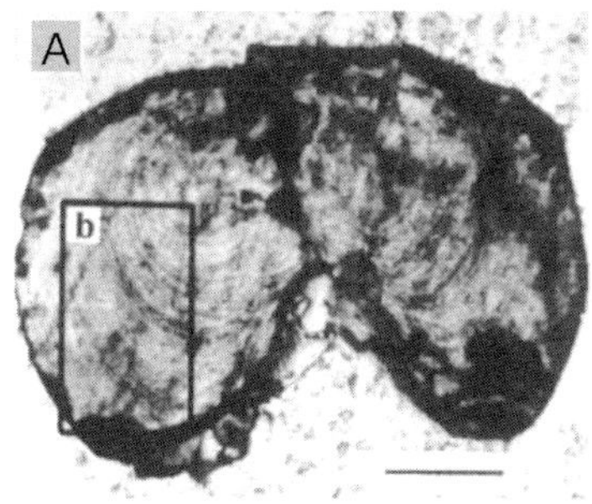

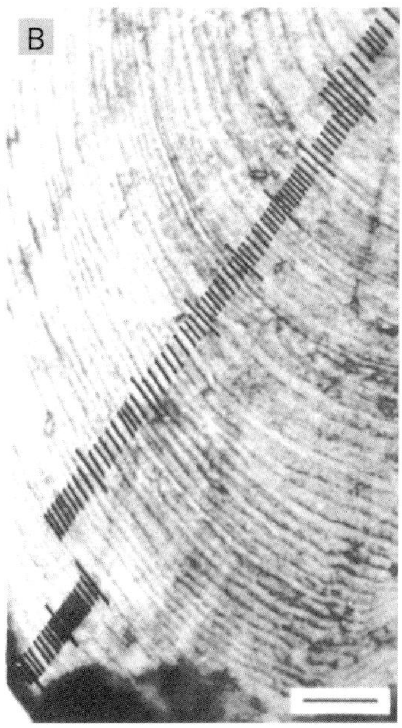

그림 114. 라스톤입방해파리의 평형석 연마면에 나타난 미세윤문. a: 전체도(스케일:100㎛), b: 부분 확대도, 흑선은 윤문의 계수를 위하여 강조한 것(스케일:20㎛) (Ueno 등 인용).

35개체에서 채집된 평형석으로 윤문수를 조사한 결과, 윤문수는 59개에서 141개의 범위였다. 이 가운데 28개체의 평형석에 대하여 윤문수와 채집일로

부터 산정한 해파리의 유리시기(실제는 평형석의 형성 개시일, 이하 편리상 유리시기로 표시)는 5월 8일부터 8월 23일 사이인 것으로 밝혀졌다(그림 115), 실제로 7월초에 우산 폭이 2mm 미만인 어린해파리가 채집되었다.

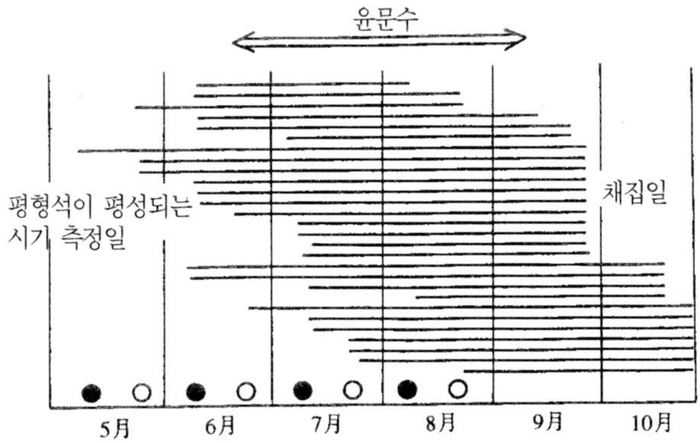

그림 115. 라스톤입방해파리의 윤문이 1일에 1개 형성되는 것으로 가정 하에, 채집일과 윤문수에서 산출된 라스톤입방해파리 28개체의 평형석 형성 개시일(횡선의 왼쪽). ○: 만월 ●: 신월(초승달) (Ueno 등 인용).

ⅳ) 폴립에서의 유리 및 윤문 형성과 조석과의 관계: 해파리로의 유리시기는 보름과 그믐의 대조일 부근에 치우쳐져 있었으며(표 22), 이것은 이 종의 유리가 조석의 영향을 많이 받는 것을 나타내고 있다. 또한, 평형석의 마쇄면에서 때때로 나타나는 짙은 윤문(그림 117)은 대조일 보다도 소조일 부근에 치우쳐져서 나타남으로써(표 22), 일일 성장륜의 성장도 조석에 강한 영향을 받는 것으로 나타났다.

표 22. 그림 115에서 얻어진 평형석의 윤문 형성 시작일과 대조(사리) 및 소조(조금)와의 일수의 차이(Ueno 등에 의해 수정)

	일수의 차이							
	0	1	2	3	4	5	6	7
	윤문수로 산출한 평형석 시작일의 일수 차이의 빈도							
대조일	7	12	5	1	2	1	0	0
소조일	0	0	0	2	0	7	10	9

표 23. 농밀 윤문이 얻어진 날과 대조(사리) 및 소조(사리)와의 일수의 차이 (Ueno 등에 의해 수정)

0	일수의 차이								
	1	2	3	4	5	6	7	8	
	윤문수로 산출한 농밀 윤문의 차이 일수의 빈도								
대조일	4	4	8	7	11	16	17	14	1
소조일	12	14	20	11	8	8	5	4	0

이상의 연구에서는 일일 성장륜의 형성을 직접적으로 증명하지는 못하였으므로 어류치어의 이석 등에서 이용되고 있는 생체염색 방법을 적용하여 직접적으로 증명하는 것이 금후의 과제로 남아있다. 또한, 일일 성장륜의 형성은 조석의 영향을 받는 것으로 생각되며, 그 외의 영향요인(사료, 수온, 및 생식활동 등)에 대해서는 금후 연구되어야 할 것으로 생각된다.

부드러운 해파리의 몸 가운데 유일하게 딱딱한 조직인 평형석에 포함되어 있는 많은 정보에 대해서도 금후 지속적인 연구가 이루어져야 할 것이다.

9) 생활사: 라스톤입방해파리의 생활사에 대해서는 아직 완전히 밝혀지지 않았으나, 지금까지 시모노세키(下關)지방에서 얻어진 지식을 정리하였다.

폴립에서 해파리로의 유리(遊離)는 어린 해파리의 출현에 미루어 판단하면 6월 하순 경에서 7월까지인 것으로 추정되며, 평형석의 미세 윤문수로 보면, 5월 초순부터 8월 하순인 것으로 추정되었다. 어린 해파리의 출현시기와 미세 윤문으로 추정한 유리시기에는 다소 차이가 있지만 유리가 생활사의 한 시기에 단기간 집중하여 일어나는 것이 아니라(유리가 대조일 전후에 집중하는 경향이 있지만), 초여름부터 한여름까지의 장기간에 걸쳐 폴립에서 해파리로의 유리가 일어날 것으로 예측되는 점은 흥미로운 일이다.

이 종은 9월에 최대 크기로 성장하여 12월경까지 그 크기를 유지한다. 9월부터 12월까지는 생식적으로 성숙개체가 나타나 유성생식에 의한 재생산활동이 이루어지는 것으로 생각된다. 이것은 난소의 난 크기와 플라눌라의 출현으로 추정할 수 있었다. 그 후 해파리는 수온저하와 함께 대사활동이 저하되어 폐사하는 것으로 추정된다.

플라눌라는 수일 내에 수조 바닥에 부착하여 3가닥의 촉수를 가진 초기폴립이 된다. 이 초기폴립은 부착력이 약하며, 이동을 한다. 그러므로 유리용기에서 사육하는 중에 사육수의 흐름에 의해 쉽게 탈락한다. 지금까지 초기폴립까지는 비교적 쉽게 사육되었으나, 그 이상의 단계까지는 사육하지 못하였다.

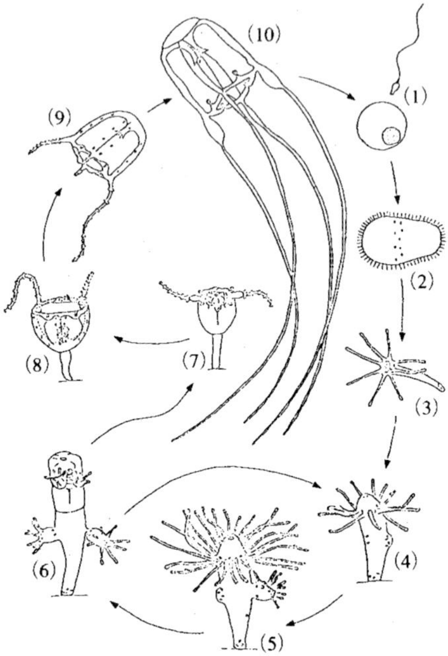

그림 116. 라스톤입방해파리속의 기준 종인 *Carybdea marsupialis* 의 생활사. (1) 정자와 난, (2) 플라눌라 유생, (3) 8가닥 촉수를 가진 포복한 폴립, (4) 12가닥 촉수를 가진 폴립, (5) 24가닥 촉수를 가진 성숙한 폴립, (6) 2차 변태기의 폴립, (7) 3차 변태기의 폴립, (8) 5차 변태기의 폴립, (9) 유리후 15일 경과한 어린 해파리, (10)성체 해파리 (Studebaker에서 수정).

이상이 지금까지 알려진 라스톤입방해파리의 생활사이이며, 라스톤입방해파리속의 기본종인 *Carybdea marsupialis*의 생활사가 밝혀져 있어 이 종의 생활사를 그림 116에 나타내었다. 그림에 나타난 바와 같이, 이동능력을 가진 초기폴립의 촉수는 8가닥까지 증가하며, 그 후 12가닥의 촉수를 보유할 시기에 이르면 이동하지 않게 되고, 그 후 24가닥의 촉수을 가진 성숙폴립이 된다고 한다. 수정한 후 76일이 경과하면 성숙한 폴립이 얻어지며, 12가닥의 촉수를 가진 폴립의 측면에서 새로운 폴립의 출아가 시작되어 2차 변태기의 폴립으로 출아가 완료되면 새로운 폴립이 탄생한다. 이 새로운 폴립은 출아를 반복하여 무성적으로 폴립이 번식한다. 3차 변태기의 폴립 선단부에는 해파리가 식별이 가능할 정도로 성숙되어 5차 변태기를 최후로 폴립에서 해파리 1개체가 유리된다. 성숙폴립에서 해파리가 유리되기까지의 기간은 10일에 불과하였다. 유리한 어린 해파리의 성장은 빠르며, 45일 후에는 성적으로 성숙한다.

라스톤입방해파리의 생활사도 *C. marsupialis*와 비슷할 것으로 생각된다. *C. marsupialis*의 폴립은 푸에르토리코의 망그로브가 무성한 기수역의 이매패 껍질 위에서 발견되었다. 라스톤입방해파리의 폴립도 어항(漁港) 등의 기수역에서 서식하는 것으로 추측된다. 또한, 堀田는 수족관의 수조에 발생한 열대입방해파리과의 일종인 해파리 폴립을 사육하여 일본에서는 처음으로 입방해파리를 유리시키는데 성공하으며, 유리 직후 어린 해파리의 형태에 대하여 보고하였다. 이와 같이 일본에서는 입방해파리의 생활사에 대한 많은 지식들이 축적되고 있다.

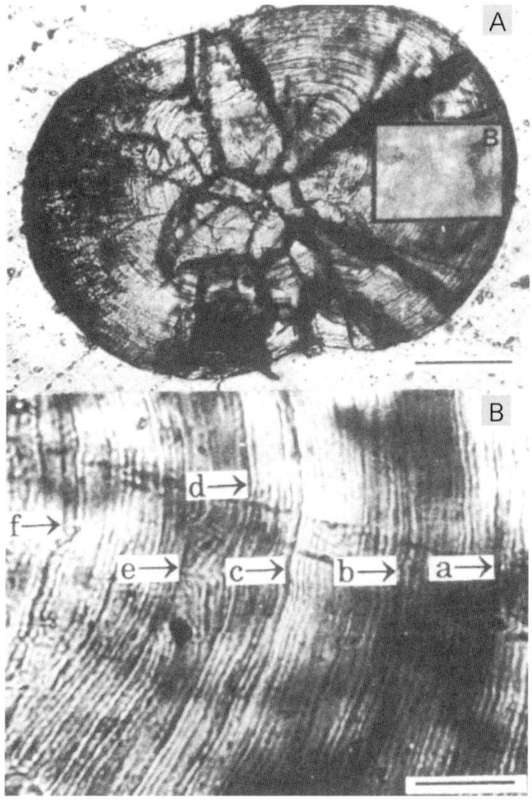

그림 117. 라스톤입방해파리의 평형석 연마면에 나타난 높은 밀도의 윤문. A: 전체도(스케일:100㎛), B: 확대도(스케일: 25㎛) (Ueno 등 인용).

10) 유영행동(장해물의 명암이 라스톤입방해파리의 유영행동에 미치는 영향실험): 유영속도가 빠른 라스톤입방해파리는 어항(漁港) 등의 장해물이 많은 해역에 서식하고 있지만 제방이나 정박어선에 충돌하기 직전에 유영방향을 바꾸어 충돌을 피하는 경우가 종종 관찰된다. 이것은 이 종이 렌즈를 가진 잘 발달된 눈을 보유하고 있어 시각적으로 장해물을 인식하여 충돌을 피하는 것

으로 추측된다. 그러나 수조에서 라스톤입방해파리를 사육하면 수조벽에 빈번히 충돌하며, 이로 인해 해파리가 쇠약해져 1주 이상 사육하기가 어렵다. 자연에서는 충돌을 피하지만 사육수조에서는 피할 수 없는 원인을 밝히고, 라스톤입방해파리를 수조에서 장기간 사육하는 방법을 개발하기 위하여 실시한 실험결과를 간략히 소개한다.

ⅰ) **흑색시트를 붙인 수조벽면에서의 반응:** 흑색시트를 붙인 벽면을 향하여 유영하던 대다수의 라스톤입방해파리는 벽면 약 10cm 앞에서 멈춘 다음, 돌아서 벽면 반대쪽으로 유영하였다. 그 결과, 다수의 개체가 수조 중앙부에 모여 선회(旋回)하며 유영을 계속하였다.

ⅱ) **명도가 다른 컷팅시트에서의 반응(표 24):** 실험실의 밝기에 관계없이 고명도와 저명도의 시트에서 충돌빈도가 낮았으며, 중간명도의 시트에서 충돌빈도가 높았다. 이상의 결과로 미루어 볼 때, 라스톤입방해파리는 고명도와 저명도의 시트를 인식하여 충돌을 피하며, 중간명도의 시트는 인식하지 못하고 충돌하는 것으로 나타났다.

위의 2가지 실험에서 밝혀진 고명도와 저명도의 시트에 대한 반응을 고려할 때, 제방에 정박된 어선 또는 천해 바닥 등에 라스톤입방해파리가 유영, 접근하면 유영방향을 바꾸어 충돌을 피하는 것은 광량의 감소 또는 증가를 감지하기 때문인 것으로 판단된다. 한편, 중간명도의 시트에서 고빈도의 충돌을 나타내는 것은 라스톤입방해파리가 중간명도의 장해물을 인식하지 못하기 때문인 것으로 판단된다. 라스톤입방해파리가 연안의 천해역에서 가장 일반적으로 유영하는 수평방향의 명도는 중간명도이다. 따라서, 라스톤입방해파리를 사육하는 수족관의 벽을 희게 또는 검게 함으로써 라스톤입방해파리를 장기간 사육할 수 있을 것이다. 내벽면이 흑색인 수조에서 라스톤입방해파리가 벽면에 충돌하는 빈도가 현저하게 감소하고, 다수의 개체가 수조의 중앙부에 모여 유영하는 행동을 보여주었다. 실제로 폴리에틸렌재질의 흑색시트를 내면에 붙인 수조에서 라스톤입방해파리를 약 2개월간 사육할 수 있었다. 이 실험결과를 응용한다면, 라스톤입방해파리뿐만 아니라 다른 입방해파리의 장기사육

표 24. 사육수조 내측에 설치한 명도 및 색상별 시트에 15분 동안 라스톤입방해파리가 충돌하는 빈도 (山野 등에 의해 수정)

색상별 시트	명도 (μM/s/㎡)	실험-1 (%)	실험-2 (%)
흰색	0.13	8.1	8.3
밝은 회색	0.10	21.6	25.0
회색	0.05	35.1	45.8
어두운 회색	0.03	29.7	16.7
검정색	0.00	5.4	4.2
충돌횟수		37.0	24.0

색상별 시트	명도 (μM/s/㎡)	실험-3 (%)	실험-4 (%)	실험-5 (%)
흰색	0.13	37.0	-	-
밝은 회색	0.10	-	31.9	83.3
회색	0.05	63.0	-	-
어두운 회색	0.03	-	68.1	-
검정색	0.00	-	-	16.7
충돌횟수		46.0	72.0	36.0

색상별 시트	명도 (μM/s/㎡)	실험-6 (%)	실험-7 (%)	실험-8 (%)
흰색	0.94	35.0	-	-
밝은 회색	0.57	-	37.5	-
회색	0.30	65.0	-	75.0
어두운 회색	0.24	-	62.5	-
검정색	0.05	-	-	25.0
충돌횟수		20.0	16.0	12.0

색상별 시트	명도 (μM/s/㎡)	실험-9 (%)	실험-10 (%)	실험-11 (%)
흰색	16.80	37.1	-	-
밝은 회색	10.00	-	30.7	-
회색	5.80	62.9	-	68.4
어두운 회색	3.25	-	69.3	31.6
검정색	0.42	-	-	-
충돌횟수		35.0	26.0	19.0

도 가능해질 것이다.

11) 생태적으로 특이한 예: 라스톤입방해파리의 생태에 관하여 지금까지 관찰되지 않았던 매우 희귀한 2가지 사례에 대하여 기술하였다.

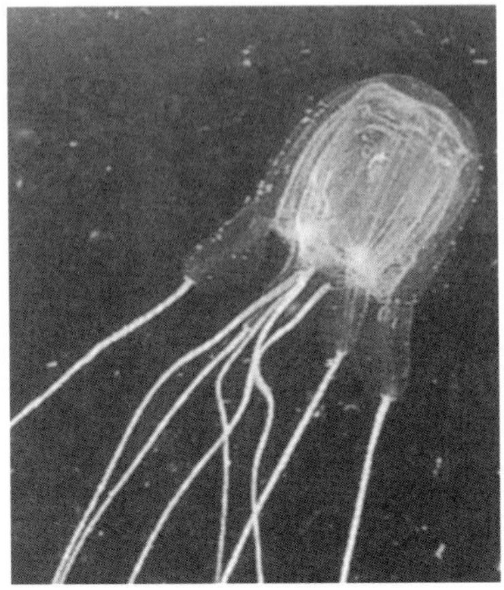

그림 118. 입양(들여진)상태의 라스톤입방해파리(大石등 1999)의 그림에서 인용: 수중사진가 大石博人 촬영.

ⅰ) 한 개체의 몸안에 다른 개체가 들어간 상태의 라스톤입방해파리(그림118): 1998년 9월 카나가와(神奈川)현의 시바사키(紫崎)해안에서 5m 떨어진 수심 3m의 수면 가까이에서 포개진 2개체의 라스톤입방해파리를 발견하였다. 이것을 채집, 수조 내에 수용하고 그 행동을 관찰하였다. 2개체는 엽상체를 합쳐 놓은 것과 같이 끼어있는 모양으로 밀착한 상태로, 외측의 개체는 박동이 없었으며, 내측의 개체가 박동함으로써 유영하였다. 채집한 다수의 라스톤입방해파리를 소형 수조에서 고밀도로 수용한 경우, 이와 같은 포갬 현상이 때때로 관찰되었다. 이는 자연에서 밀집상태일 때 일어나는 매우 희귀한 사례로 생각된다.

ⅱ) 몸 전체가 붉은색인 라스톤입방해파리(그림 119): 1991년 10월 야마구찌(山口)현의 카와다나(川棚) 어항(漁港)의 내측 수심 약 2m인 지점의 표면 가까이에서 몸 전체가 빨간색인 1개체의 라스톤입방해파리가 발견되었다. 이 개체는 채집, 사육 후 점점 색깔이 빠지기 시작하여 3시간

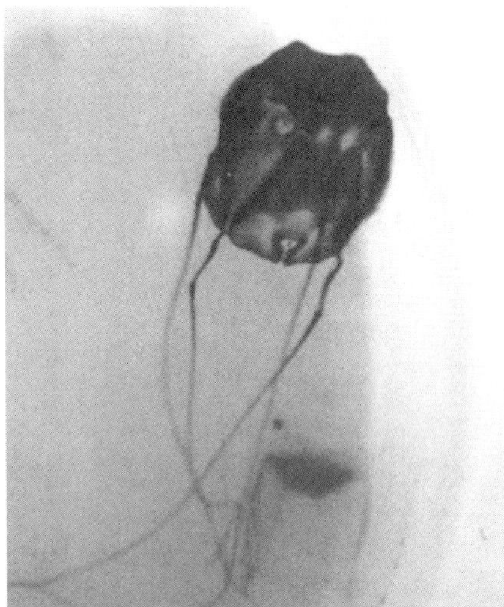

그림 119. 몸전체에 붉은색을 띤 라스톤입방해파리.

후에는 무색이 되었다. 채집지점 근처에 소규모 어획물 인양장과 어류 해체공장이 있어 그곳에서 배출되는 어류의 혈액을 다량 포함한 내장이나 육편(간, 심장, 혈액을 함유한 근육) 등을 포식한 해파리가 소화 중에 착색된 것으로 추측된다. 이것과 유사한 현상이 색소를 많이 포함한 치어나 지렁이류 등을 사육하는 장소에 라스톤입방해파리를 투입하였을 때 위강이나 방사낭이 황색으로 착색되며, 때로는 자연해역에서도 이와같은 엷은 착색현상이 관찰되기도 하였지만 이 개체만큼 선명하게 착색된 경우는 매우 드물다.

참고문헌

1) 堀田拓史 (1990) : 水槽内に出現した立方水母のポリプとその変態について. 動水誌, 31, 6~10.
2) 池田 譲 (1998) : 平衡石から探るイカの暮らし. うみうし通信, 19, 8~9.
3) Kramp, P. L. (1961) Synopsis of the medusae of the world. *J. mar. biol. Ass. U.K.*, 40, 7~469.
4) Kristensen, T. K. (1980) : Periodical growth rings in cephalopod statoliths. *Dana*, 1, 39~51.
5) 久保田 信 (1998) : 田辺湾周辺海域の腔腸動物立方水母目 (刺胞動物門, 立方クラゲ綱). 瀬戸臨海實驗所年報, 11, 33~34.
6) Nagai, H., Takuwa, K., Nakao, M., Ito, E., Miyake, M., Noda, M. & Nakajima, T. (2000) : Novel proteinaceous toxins from the box jellyfish (sea wasp) *Carybdea rastoni. Biochem. Biophys. Res.*, 275, 582~588.
7) Nagai, H., Takuwa, K., Nakao, M., Oshiro, N., Iwanaga, S. & Nakajima, T. (2002) : A novel protein toxin from the deadly box jellyfish (sea wasp, habu-kurage) *Chiropsalmus quadrigatus. Biosci. Biotechnol. Biochem.*, 66, 97~102.
8) 大石博人・永井宏史・久保田 信・上野俊士郎 (1999) : 野外で見られたアンドンクラゲ(立方クラゲ綱, アンドンクラゲ科) の生態的希少例. 南紀生物, 41, 49~50.
9) 大城直雅 (1999) : ハブクラゲ刺症による死亡事例 .平成 10 年度海洋危險生物對策事業報告書.
10) 大城直雅・岩永節子 (2000) : 沖縄の危險な海洋生物. みどりいし, 11, 12~14.
11) Pannella, G. (1971) : Fish otoliths : daily growth layers and periodical patterns. *Science*, 173, 1124~1127.
12) Studebaker, J. P. (1972) : Development of the cubomedusa, Carybdea marsupialis. A thesis for the degree of Master of Science, Univ. of Puerto Rico, 60p, 5 plates.

13) Uchida, T. (1938) : Medusae in the vicinity of the Amakusa Marine Biological Station. *Bull. Biogeogr. Soc. Jpn.*, 8, 143～149.

14) Uchida, T. (1955) : Scyphomedusae from the Loochoo Islands and Formosa. *Bull. Biogeogr. Soc. Jpn.*, 16～19, 14～16.

15) Uchida, T. (1970) : Revision of Japanese Cubomedusae. *Publ. Seto Mar. Biol. Lab.*, 17, 289～297.

16) Ueno, S., Imai, C. and Mitsutani, A. (1995) : Fine growth rings found in statolith of a cubomedusa *Carybdea rastoni. J. Plankton Res*. 17, 1381～1384.

l7) Ueno, S., Imai, C. & Mitsutani, A. (1997) : Statolith formation and increment in *Carybdea rastoni* Haacke, 1886 (Scyphozoa: Cubomedusae) : evidence of synchronization with semilunar thythms, p. 491～496. In: *Proceedings of the 6th International Conference on Coelenterate Biology* (*ed. den Hartog, J. C.*). Nationaal Natuurhistorisch Museum, Leiden.

18) 上野俊士郎・河村眞理子・佐々木克明・久保田 信・山口麻美 (2000) : 最近のヒクラゲ (刺胞動物 : 立方クラゲ綱) の出現と若干の生物學的観察. 2001 年度日本海洋學會春季大會口頭發表.

19) 上野俊士郎・光森心一・野田幹雄・池田 至 (2000) : 障害物の明暗がアンドンクラゲの遊泳行動に及ぼす影響. 水産大學校研究報告, 48, 255～258.

20) 上野俊士郎・滿谷 淳 (1993) : 響灘沿岸城におけるアンドンクラゲの生態と生活史. 1993 年度日本海洋學會春季大會口頭發表.

21) Well, J. W. (1963) : Coral growth and geochronometry, *Nature*, 197, 948～950.

22) Werner, B., Cutress, C. E. & Studebacker, J. P. (1971) : Life cycle of *Tripedalia cystophora* Conant (Cubomedusae). *Nature*, 232, 582～583.

23) 山口正士 (1982) : 立方クラゲ類とその生活史. 海洋と生物, 4, 248～254.

24) 谷津直秀 (1918) : アンドンクラゲの解剖. 動物學雜誌, 351, 24～27.

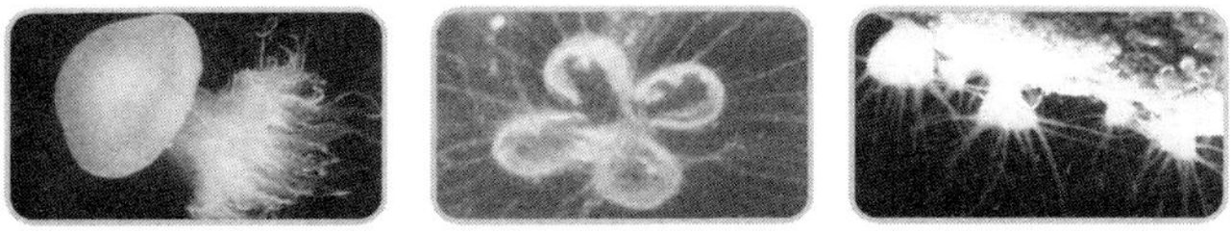

제 2 장 해파리와 산업활동

Ⅰ. 해파리에 의한 피해

해파리가 산업 및 인류에게 끼친 피해 또는 사고 실태에 대하여 정리하였다.

Ⅰ-1. 어업피해

일본에서 현재까지 발생한 대형해파리류의 출현과 어업 및 수생생물에 미치는 피해를 정리하였다(표 25a, b). 이에 따르면 해파리류에 의한 어업피해는 1920(大正)년대부터 발생하였으며, 최근에 이르기까지 최소 30건 이상이 발생하였다. 최근들어 이러한 대형해파리의 대량발생이 점차 증가하는 경향이 뚜렷하다. 주요 어업피해 가운데 특히, 노무라입깃해파리(최대 우산크기 1~2m, 중량 150~200kg)에 의한 피해는 주목할 만하다(그림 120, 121 → 삽입그림 참조).

이 종은 1920~24년에 걸쳐 토야마(富山)와 후쿠이(福井) 두 현에서 주로 대형정치망에 피해를 일으켰으며, 1958년 8월 상순-10월 상순에 동해의 일본연안에서 대량 발생, 대 · 소형 정치망, 선망, 자망 및 저예망 등 여러 가지 어구에 큰 피해를 주었다(제1장 노무라입깃해파리 그림 103 참조). 즉, 이 대형해파리의 유입으로 각종 그물어구가 파괴되거나 그물망이 얽히게 되어 어군의 입망(入網)이 정지되면서 양망(揚網)이 어려워진다. 또한, 어체에도 손상을 가져와 선도를 현저히 저하시킨다. 그후 이 대형해파리는 쓰가루(津輕)해협을 통과하면서 부유 기뢰(機雷)로 오인되어 세이칸(靑函)연락선의 야간운항을 중지시키기도 하였다. 이외에도 북해도의 푼카(噴火)만에서는 고등어 정치망에 피해를 주었으며, 10월 하순에는 산리쿠(三陸)연안으로 남하하여 꽁치봉수망 어선에 큰 피해를 입혔다. 이 때 꽁치봉수망에 잡힌 꽁치는 375kg인데 비해 노무라입깃해파리는 3배 이상이 혼입되어 망을 절단하는 어선이 속출하였다고 한다. 그 후 11월 하순에는 후쿠시마(福島)현의 저예망어선을 일제히 휴어로 몰아넣고, 12월 상순에는 카시마나다(鹿島灘)에 출현하여 선망어업의 조업을 정지시키기에 이르렀다는 기록이 있다. 그 후에도 대게를 대상으로 하는 동해의 일본연안측 저예망 어업인들에게 노무라입깃해파리에 의한 피해는 계속되었다. 이 대형해파리가 12월 이후에 해저로 침강, 집적하기 시작하여 저예망의 예망(曳網)을 불가능하게 하고, 여기에 망의 손상이나 어획량의 현저한 감소로 니가타(新潟)현의 관계자가 현에 경제원조를 요청하는 사태까지 발생하였다. 이와 같은 사실로 미루어, 당시 해파리에 의한 피해의 규모와 어업인이 처한 상황이 얼마나 절실하였는가를 충분히 알 수 있다.

그 후 약 40년이 경과한 1995년 9월 하순-10월 상순에 다시 대형해파리가 야마구찌(山口)-후쿠이(福井)현의 와카사(若狹)만 연안에 이르는 해역에 일제히 출현하였다. 이후 북상하여 1958년의 경우와 같이 쓰가루(津經)해협을 통과하여 12월에는 와까테(岩手)-미야기(宮城)현 북부연안에 이르렀다(제1장 노무라입깃해파리, 그림 104참조). 주로 정치망, 소형저예망 및 선망어업 등에 피해를 주었으며, 1조업 당 100-200개체 이상이 유입되어 양망(揚網)을 불가능하게 하였다. 또한, 망의 파손, 어획물의 감소를 불러왔지만 다행스럽게도 1958년 정도의 피해로 까지는 발전하지 않았다. 그런데, 이 해파리는 7년 후인 2002년에 4번째 이상출현을 하여 8월부터 켄카이난다(玄界灘)-산인(山陰) 연안에 동시에 출현하였다(그림 105). 그 후 성장하면서 9-10월 상순에 걸쳐

그림 122. 보름달물해파리의 어업피해와 그 대응에 임하는 어민.
A, B, C: 1971년 7월 후쿠이(福井)현 쯔루가(敦賀)반도 서부연안의 스키하마(管浜)-니부(丹生)지역 정치망에 들어온 보름달물해파리와 그 제거작업(山川文男 씨 제공), D, E: 1981년 7월 熊本縣八代海의 삼각지역망, 羽瀨 망에 들어온 보름달물해파리 (平田 滿, 村上博夫 제공).

그림 123. 오바마(小浜)만 입구의 정치망에 들어온 붉은쐐기해파리와 보름달물해파리에 의한 피해(A와 B) (1997년 6월 하순 소빈어항에서 촬영).

쿄토(京都), 후쿠이(福井), 이시가와(石川) 3개 현 및 토야마(福山)만의 연안과 일부 앞바다에 이르는 해역에서 일제히 출현, 분포하였다. 이후 북상을 계속하여 10월 하순에는 다시 아키타(秋田)와 아오모리(青森) 현의 연안에 도달하였다. 이 결과, 대형 · 소형정치망, 선망 등에 1조업 당 200-500개 이상이 유입되었으며, 새우, 게류의 소형 저예망에도 5-10개 이상의 해파리가 유입되어 어획량의 감소나 현저한 어획물의 선도 저하를 가져왔다. 이에 의한 피해금액은 후쿠이(福井)현의 선망어업과 시마네(島根)현의 정치망어업에만도 각각 천만

엔 이상으로 추정되어 어업인에게 심각한 문제가 되었다. 동해의 일본 전 연안과 근해 어업이 입은 피해는 예상을 훨씬 초과하는 막대한 금액에 달하는 것으로 추정된다.

국소적이기는 하지만 보름달물해파리에 의한 어업피해도 결코 적은 것은 아니다. 1948년 이후, 특히 1970년대부터 현재까지 보름달물해파리의 피해가 빈번히 발생하고 있다. 오히려 최근에 그 피해가 증가, 확대되는 경향이 있다. 피해내용은 노무라입깃해파리의 경우와 같이, 주로 정치망이나 저예망 등에 대량으로 유입되어 방어, 전갱이, 전어, 고등어류 등의 부어류나 새우, 가자미류 등의 저어류의 어획량을 감소시킴과 동시에 선도를 떨어뜨리는 것이다. 때로는 양망을 불가능하게 하여 망을 절단시키지 않으면 안되게 되어 휴어(休漁)를 하여야만 하는 경우도 있었다. 1971-72년의 후쿠이(福井)현, 1976-77년의 쿄토(京都)의 경우, 해파리의 양이 너무 많아 조업이 불가능하여 이에 대한 대책이 마련되었고, 쿄토(京都)에서는 연안어업인의 반수가 수십일 동안 해파리 감소를 위하여 기도를 하였다고 한다. 그 후 오카야마(岡山) 현에서의 피해 이외에 구마모토(熊本)현, 야쯔시로카이(八代海)에서는 1980-85년 5-7월에 걸쳐 매년 이 종의 이상발생이 일어나 주로 소형 정치망에 피해가 속출하였다고 한다. 이때 수확량은 예년의 1/3 이하로 어업인의 심각한 문제가 되었다(그림 122A-E). 1990년대에 들어서는 자포독이 강한 붉은쐐기해파리(그림 126b-A)나 예쁜관해파리 *Agalma okeni*(그림 126a-B), 생식선이 발광하는 것으로 알려져 있는 발광평면해파리(밥공기해파리) *Aequorea coerulescens*까지 가세하여 다수 종에 의한 피해로 변하였으며, 살파류나 때로는 코끼리해파리류도 더해져 동해의 일본연안을 중심으로 그 피해해역은 점점 확대되어가는 경향이 뚜렷하였다(표 25).

그 외에 1950년 아키타(秋田)현의 하치로우가타(八郎潟)와 이시가와(石川)현의 나나오만(七尾灣)의 경우에는 보름달물해파리 외에 살파의 일종인 *Salpa fusiformis*의 이상출현으로 어류의 폐사나 이것을 포식한 물새류의 대량폐사와 조류의 고사를 불러온 사례도 있다. 또한, 보름달물해파리의 피해는 외국에

표 25a. 해파리에 의한 어업피해(安田 1988와 黑田 2000에 의해 추가)

발생 연·월·일	해 역	피해어업 또는 수산생물	종 명
1920년 10~12월	토야마현·토야마港	방어대형정치망, 지예망, 수조망	노무라입깃해파리
	후쿠이현·와카사港 연안	상동	노무라입깃해파리
1922년 11월	후쿠이현·와카사港 오토미 연안	대형 · 소형정치망	노무라입깃해파리
1924년?	후쿠이현·와카사港 연안	대형 · 소형정치망	노무라입깃해파리
1935년?	아키다현	하타하타(도루묵) 건망	노무라입깃해파리
1937년 7월~ 1938년 1월	아오모리현·오오하타	각종 망어구	노무라입깃해파리
1938년?	일본해 연안	-	노무라입깃해파리
1942~43년?	아오모리현·후카우라	-	노무라입깃해파리 (?)
1948년?	후쿠이현·와카사港 연안	정치망, 소형저예망	보름달물해파리 (?)
1950년 7월~9월**	아키다현·하치로우가타	뱅어, 공미리, 감성돔, 가막조개 물새의 이상폐사, 담수조류의 고사	보름달물해파리
	이시카와현·나나오港	석수어(보구치)의 이상폐사	보름달물해파리
	후쿠이현·와카사港 연안	대형 · 소형정치망	보름달물해파리
1950년10월	아오모리현·후카우라	수조망	노무라입깃해파리
1951~52년?	니이가타현· 노우, 코도마리	-	노무라입깃해파리
1952년7~8월	쿄도부, 후쿠이현·와카사港 서부연안	대형 · 소형정치망	보름달물해파리
1953~55년?	이시카와현·카나이와	-	보름달물해파리
1955년~56년5~	이시카와현·와지마, 우시쯔		
8월, 10~12월	토야마현·토야마港 연안	대형 · 소형정치망	노무라입깃해파리
	이시카와현·우찌우라, 와지마 후쿠이현·타카하마	상동	노무라입깃해파리
1957년 4~6월	아오모리현·오오하타 야마가타현·사카타	소형정치망·소형저예망	보름달물해파리
	쿄도부·미야즈港	상동	노무라입깃해파리
1957년 10~11월	야마가타현· 카모 후쿠이현·고하마	상동?	노무라입깃해파리
1958년 8~12월	혼슈 일본해 전역, 하찌노헤, 산리쿠오키, 카고시마나다	대형·소형정치망, 저예망, 저건망, 진착망, 자망, 지예망, 연승, 소병망, 봉수망	보름달물해파리
1968년 6~12월	토야마현·토야마港 이시카와현 나나오港	소형저예망, 항망	보름달물해파리
1971-72년6~10월	후쿠이현, 쿄도부, 와카사港 서부 연안	대형·소형정치망, 소형저예망, 항망	보름달물해파리
1975년 5~9월	후쿠이현·와카사港 서부 연안	상동	보름달물해파리
1976년 4~7월	쿄도부, 미야즈港, 마이즈루港	소형정치망, 저예망, 자망	보름달물해파리
1980년 5~8월	쿠마모토현, 야쯔시로카이 연안	소형정치망, 호망, 우뢰망, 유망	붉은쐐기해파리
1981년 5~8월	후쿠이현 우찌우라港	자망	보름달물해파리
	오까야마현 연안	소형정치망, 저예망	보름달물해파리
1981년 5~8월	쿠마모토현·야쯔시로카이 연안	호망, 소형정치망, 우뢰망, 유망	뱀해파리
	오끼나와현·챠탄 연안	건간망	보름달물해파리
1983~85년 5~8월	쿠마모토현· 야쯔시로카이 연안	호망, 소형정치망, 우뢰망, 유망	보름달물해파리
1985년 8~9월	쿄도부·쿠리타港	자망, 소형저예망	노무라입깃해파리
	후쿠오까현켄·코가市 하나미하마	-	노무라입깃해파리
1994년 가을~겨울	효고현·카스미	-	
	후쿠오카켄· 겐카이연안	-	붉은쐐기해파리
1995년 7~8월	치바켄·타테야마	자망	노무라입깃해파리
9~12월***	니혼海 전연안(아오모리, 야마구찌현)	대형·소형정치망	노무라입깃해파리
	이와테현·카마이시	상동	{보름달물해파리
1997년 3~6월***	니혼海 전연안(야마가타~시마네현)	대형·소형정치망, 소형저예망 자망, 연승, 줄낚시	{붉은쐐기해파리*

표 25b. 해파리에 의한 어업피해(安田 1988와 黑田 2000에 의해 추가)

발생 연·월·일	해 역	피해어업 또는 수산생물	종 명
1998년 5~12월	후쿠이현·와카사港 연안	대형·소형정치망, 소형저예망	보름달물해파리
	효고현·타케노 연안		보름달물해파리
1999년 4~8월**	일본海 연안(후쿠이, 후쿠오카현)	대형·소형정치망, 소형저예망	붉은쐐기해파리
		자망, 연승, 줄낚시	일부 평면해파리*
			보름달물해파리
	세토이까內海 전연안	상동(?)	보름달물해파리
2000년 3~8월**	일본海 전연안(아오모리, 야마구찌현)	대형·소형정치망, 소형저예망	붉은쐐기해파리
		자망, 연승, 줄낚시	일부 발광평면해파리*
			푸른우산관해파리
8~10월	후쿠이현·니우~니시오가와	양식어장	노무라입깃해파리
	쿄도부·와카사항港 서부연안		
2002년 8~12월	일본海 전연안(아오모리, 후쿠오카현)	대형·소형정치망, 권망,	
		대형·소형정치망	

* 저자의 동정에 의함

** Salpa류(주로 *Salpa fusiformis*)

*** Salpa류 외, 해파리고둥류(주로 해파리고둥 *Pterotrachea coronata*) 포함.

서도 오래전부터 알려져 왔다. 발트해의 청어나 대구용 트롤에 본 종이 다량 혼입하여 망을 파손시키고, 조업을 불가능하게 하여 어장의 이동을 불가피하게 한 경우도 있다. 또한, 이 종이 꼬치고기용의 축양망에 들어가 폐사율을 급

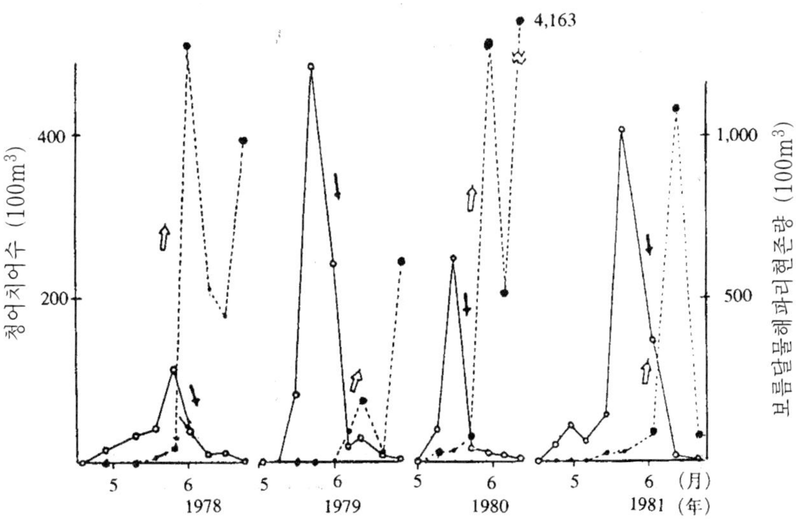

그림 124. 킬만의 청어 치어수(흰점과 실선)와 보름달물해파리 현존량(흑점과 점선)과의 관계 (화살표는 양자의 증감상황을 나타냄).

격히 높이는 원인이 된 경우도 있다. 2002년 8월에는 스코틀랜드의 앞바다에 있는 양어장에 큰 무리의 해파리(아마도 이 종으로 추정)가 침입하여 90만 마리의 연어(은연어로 생각됨)가 전멸, 실제 피해금액이 3억6천만엔에 달하였다고 한다.

다음으로 보름달물해파리가 어류자원에 미친 영향을 양적으로 증명한 사례를 설명하고자 한다. 독일의 킬만(灣)은 매년 3-4월에 청어과의 일종인 *Clupea harengus*의 중요한 산란장소의 하나로 알려져 있다. 킬만에서의 청어 발생률과 보름달물해파리의 출현량 및 자망에 의해 어획된 친어(親魚)의 수와의 관계를 조사한 매우 중요하고 흥미로운 결과가 보고되어 있다(그림 124, 125).

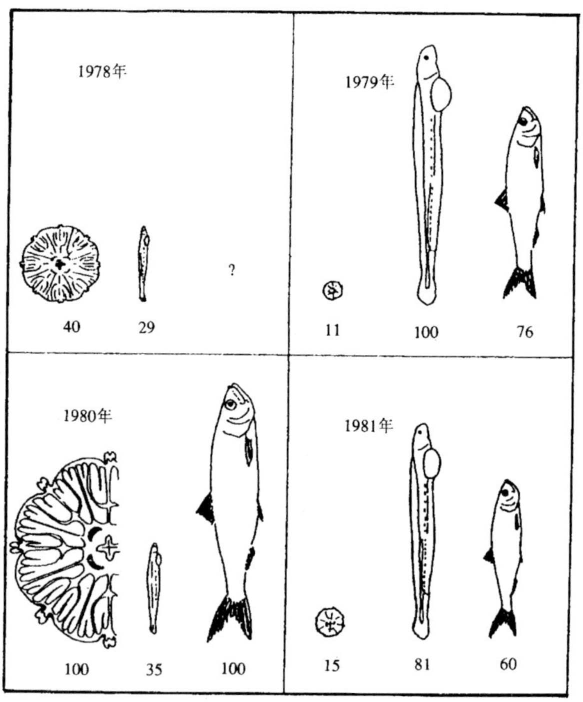

그림 125. 킬만의 어린 보름달물해파리의 출현량과 청어의 일종인 *Clupea harengus* 치어 수 및 성어 어획수와의 관계(그림 중의 숫자는 각 세 무리의 최대수를 100으로 한 경우의 출현비를 나타냄).

킬만(灣)의 26개 정점에서 1978-81년 4-5월에 대형플랑크톤네트(구경 1m, 망목 0.5mm)로 매주 채집된 보름달물해파리와 청어 자어(仔魚)의 출현량과는 밀접한 관계가 있는 것으로 나타났다(그림 124, 125). 보름달물해파리의 양이 증가하면 청어 자어는 현저히 감소하는 것으로 밝혀졌다. 당연한 일이지만 보름달물해파리가 많고 청어 자어의 발생량이 적었던 1980년의 다음해는 청어 친어(親魚)의 수가 적었다. 이에 반하여 청어 친어의 수와 자어의 발생량과의 직접적인 관계는 불명확한 것으로 나타나 있다. 이처럼 이 종이 어류플랑크톤에 미치는 피해에 대한 영향도 자원량 추정 시에 중요한 요소로 작용하는 것으로 나타났다.

그 외에 오키나와(沖繩)현의 차탄(北谷)연안에서 뱀해파리 *Chiropsalmus quadrigatus*(그림 126b-D)가 건간망(建干網)에 준 피해나 후쿠이(福井)현의

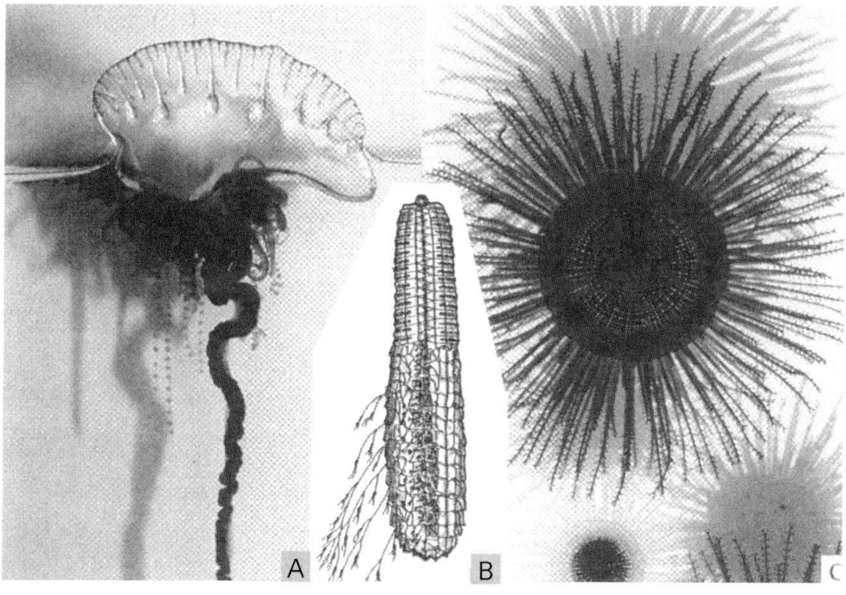

그림 126a. 유독해파리의 형태.
A: 애기백관해파리(프로토 20-30cm, 주 촉수 10m이상, 킬대학 Th. Heeger 조교수제공),
B: 예쁜관해파리(군체의 길이 20-30cm. 椎野를 수정인용),
C: 은화해파리(프로토의 직경 3cm, 킬대학 Th.Heeger 조교수 제공).

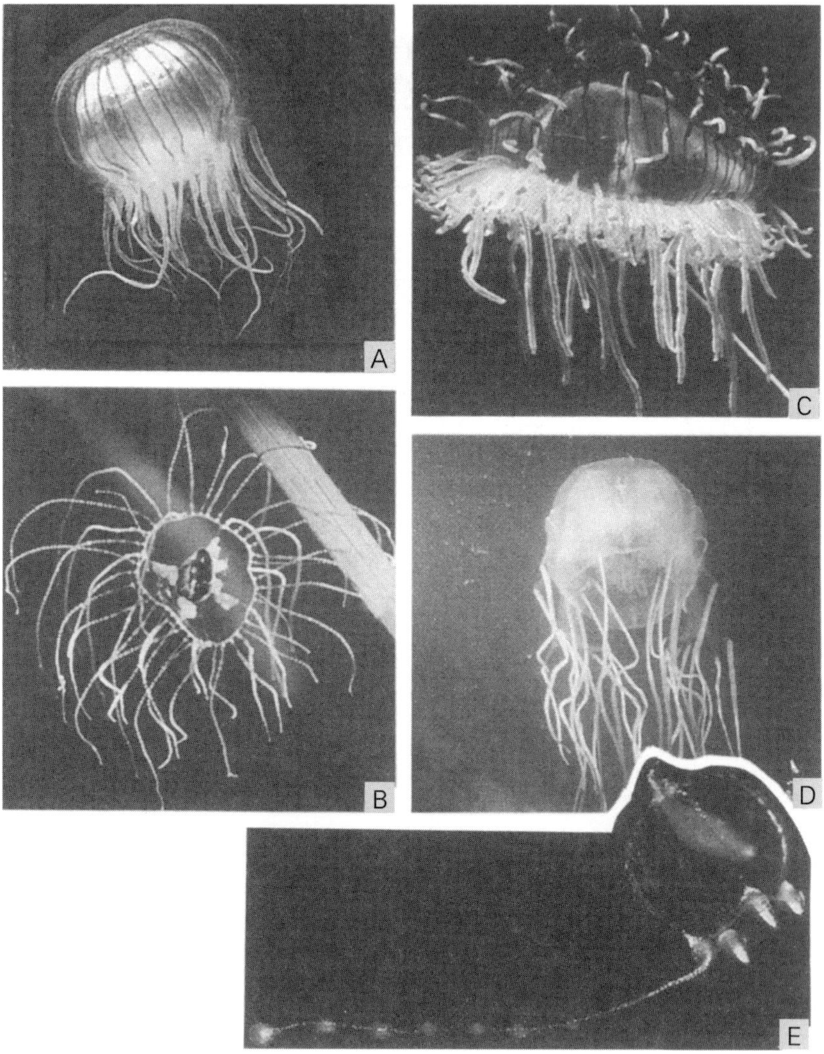

그림 126b. 유독해파리의 형태.
A: 붉은쐐기해파리(우산 12cm. 아쿠아코뮤니티 제공),
B: 꽃모자갈퀴손해파리(우산 1.5cm. 동경시네마신사 제공),
C: 꽃우산해파리(우산 10cm. 동해대 田中洋一 씨로부터),
D: 뱀해파리(우산 10cm. 뉴큐(琉球)대학 山口正士 교수제공),
E: 외발해파리(우산 2mm, 우산 높이 4mm. 아쿠아코뮤니티 제공).

우치우라(内浦)만과 치바(千葉)현의 타테야마(館山)만에서 붉은쐐기해파리(그림 126b-A)가 자망에 준 피해도 있지만, 이들 2종의 해파리는 조업에 피해를 주는 것 뿐만이 아니라 자포독이 강하여 사람에게도 피해를 준다. 최근에는 붉은쐐기해파리와 보름달물해파리가 동시에 출현하는 것이 특징적이다(표 25a,b, 그림 123A,B). 그 외의 특이한 어업피해로는 2000년 8-10월에 와카사(若狭)만의 서부연안, 특히 니시오가와(西小川)-탄조(丹生)지역의 참돔, 복어(자주복)양식장에 돌연 다수의 은화해파리 *Porpita pacifica*(그림 126a-C)가 출현하였다. 이 종은 독성이 강한 히드라충류의 일종으로 판단되며, 그 자포독이 어체에 미치는 영향을 고려하여 가두리 내에 유입한 해파리의 제거작업이 이루어졌다. 이처럼 본 종이 대량 출현한 것은 매우 드문 사례로 생각된다.

I-2. 임해공업의 피해

최근 임해공업의 눈부신 발전으로 일본 각지의 연안에 화력, 원자력발전소가 계속하여 건설되고 있다. 여기에는 냉각용으로 대량의 해수가 이용되는데 신문이나 텔레비전에서 종종 보도되는 바와 같이 해파리의 유입에 의한 사고가 줄을 잇고 있다. 사고의 과반수가 해파리류의 유입으로 방추용(오염물질을 막기 위한) 로타리스크린이 폐쇄되어 해수의 유출입 시에 낙차에 의한 압력차가 생겨 샤핀, 체인, 축 등에 파손이 생기는 경우가 매우 많다. 그 결과, 복수기 냉각용 해수의 취수량을 제한 또는 정지시켜야만 한다. 따라서 이로 인하여 발전기의 부하가 제한되며, 심한 경우에는 발전을 정지시키기도 한다.

표 26은 해파리류에 의한 연도별 사고사례를 저자가 가지고 있는 자료를 기초로 하여 정리한 것이다. 이에 따르면 1962년부터 현재까지 발생한 발전소의 사고는 140회 이상에 달하며, 그 중 발전량의 출력제한 또는 발전정지에 이른 사고는 78회 이상이다. 발전소의 수가 증가하면서 사고건수도 점점 증가하는 경향이 있다. 주요 사고 중에서 1963년 5-9월에 동경만 연안의 화력발전소 5개소에서 발생한 사고는 32회까지 이르렀으며, 다음으로 1967년 5-9월 효고(兵庫)현의 히메지(姬路)와 오사카(大阪)의 타나강(多奈川)의 화력발전소

에서는 16회, 1973년 6-8월 아이치(愛知)현의 아쯔미(渥美)의 원자력발전소에서는 10회 이상이 발생하였다. 동해의 일본 연안역에서도 1971년 6-10월에

표 26. 해파리에 의한 임해공업피해(安田 1988에 추가)

발생 연 · 월 · 일	발전소 소재지	피해상황	사고횟수	종명
1962년 1월	카나가와켄 · 도쿄만: 요코스카	출력제한	1(1)	보름달물해파리
1963년 5~9월	카나가와켄 · 도쿄만: 요코스카, 요코하마, 카와사키 치바켄 · 도쿄만: 치바, 고이	로타리스크린 파손, 샤핀파손, 출력제한	32(25)	보름달물해파리
1964년 4~7월	상동	상동	7(1)	보름달물해파리
1964년 6~7월	오오사카부 · 오오사카만: 타나가와	로타리스크린 분리, 샤프트 꺽임	1(0)	보름달물해파리
1964년 ?	미에켄 · 이세만: 욧카이찌시, 오와세	출력제한	1+(1+)	보름달물해파리
1964년 ?	카가와켄 · 하리마나다: 타카마쯔	출력제한	1+(1+)	보름달물해파리
1965년 6~8월	오오사카부 · 오오사카만: 타나가와 효고켄 · 하리마나다: 히메지	로타리스크린 샤핀 파손, 발전정지	4(1)	보름달물해파리
1966년 5~7월	카나가와켄 · 도쿄만: 요코하마, 카와사키 치바켄 · 도쿄만: 치바, 고이	로타리스크린 샤핀 파손, 출력제한	7(1)	보름달물해파리
1966년 4~8월	오오사카부 · 오오사카만: 타나가와, 사카이	로타리스크린 샤핀 파손, 복수기 역류, 스크린망 손상, 출력제한, 발전정지	8(3)	보름달물해파리
1966년 ?	토쿠시마켄 · 키이수이도우: 신토쿠시마	출력제한	1+(1+)	보름달물해파리
1966년 ?	후쿠야마켄 · 후쿠야마만: 후쿠야마	출력제한	1+(1+)	보름달물해파리
1966년 ?	후쿠오카켄 · 겐카이나다: 와카마쯔	출력제한	1+(1+)	보름달물해파리
1967년 5~9월	오오사카부 · 오오사카만: 타나가와 효고켄 · 하리마나다: 히메지	로타리스크린샤핀 꺽임, 체인절단, 회전불능, 출력제한, 발전정지	16(7)	보름달물해파리
1968년 6~8월	효고켄 · 하리마나다: 히메지	로타리스크린 샤핀 꺽임, 출력제한	3(3)	보름달물해파리
1971년 6~7월	아이치켄 · 엔슈나다: 아쯔미	로타리스크린 샤핀 꺽임, 출력제한, 발전정지	7(5)	보름달물해파리
1971년 6~10월	후쿠이켄 · 쯔루가만: 우라소꼬	로타리스크린 축파손, 체인절단, 출력제한	9(5)	보름달물해파리
1972년 7월	카나가와켄 · 도쿄만: 요코하마	로타리스크린회전불능, 발전정지	1+(1+)	보름달물해파리
1972년 6~7월	아이치켄 · 엔슈나다: 아쯔미	로타리스크린샤핀 파손, 체인절단, 출력제한	5(3)	보름달물해파리
1972년 6~8월	후쿠야마켄 · 후쿠야마만: 후쿠야마	출력제한	1+(1+)	보름달물해파리
1973년 6~7월	아이치켄 · 엔슈나다: 아쯔미	출력제한	10(7)	근구해파리*
1973년 8월	시즈오카켄 · 엔슈나다: 하마오카	출력제한(?)	1+(1+)	보름달물해파리
1975년 5~9월	후쿠이켄 · 우찌우라만: 타카하마	출력제한	3(3)	유령해파리*
1983~84년 8~11월	카가와켄 · 하리마나다: 타카마쯔	출력제한	4(4)	보름달물해파리
1977년 6월	시마네켄 · 카시마	출력제한	1-2+	보름달물해파리
6~7월	후쿠이켄 · 와카사만: 타카하마, 오오이		1-2+	
1999년 6~7월	니이가타켄 · 카시와자키	출력제한	1-2+	보름달물해파리
9월	후쿠이켄 · 와카사만: 시라키, 우라소코		1-2+(1)	붉은쐐기해파리*
2000년 2월	후쿠이켄 · 와카사만: 시라키	출력제한	1+	보름달물해파리*
2000년 6~8월	후쿠이켄 · 와카사만: 오오이, 시라키, 우라소코	출력제한	6+	보름달물해파리*

사고횟수 중 ( )는 발전정지, 출력제한　*저자의 동정에 의함.

후쿠이(福井)현의 쯔루가(敦賀)의 원자력발전소에서 9회에 이르는 사고기록이 있다. 사고횟수는 적었지만, 1972년 7월 19일 정오 전에 동경만 서부에 있는 화력발전소의 취수구에 약 200톤의 해파리가 밀려들어 돌연 정전이 일어났다. 이때 동경의 일반가정 30만 세대 외에 교통기관의 대부분이 마비되었고, 약 1,000개소의 교통신호도 정지되어 차들이 도로에서 우왕좌왕하였다. 또한, 맨션이나 빌딩에서는 엘리베이터에 갇힌 사람이 속출하였으며, 수술 중인 병원에서는 소방서에 발전기를 긴급 요청하였고, 급수장의 송수펌프가 멈추어 단수되는 등의 대혼란을 일으킨 예가 있다. 그 외 1967년 5-8월에 세토나이카이(瀬戸内海), 하리마나다(播磨灘) 북부와 오사카(大阪)만에 면한 3개소의 화력발전소에서 수거한 해파리는 712-1,774톤에 달하였으며, 그 제거작업에 직원,

그림 127. 보름달물해파리의 임해공업 피해와 그 대응에 전념하는 사람들.
A: 1973년 7월 아이치(愛知)현의 E 화력발전소의 취수로에 집적된 보름달물해파리군.
B: 같은 장소에서 하고 있는 제거작업(森木義壽 씨 제공).
C, D: 1967년 효고(兵庫)현 B 화력발전소의 취수구부근에서 건져 올린 같은해파리군과 제거작업(松枝功喜 씨 제공).

관계업자 및 어업인들이 합세하여 896-2,149명이 동원되었다(표 27). 제거시설용 기자재만으로도 2억엔 이상의 비용을 소요한 것을 볼 때, 그 피해가 얼마나 막대하였는지 충분히 이해가 된다(그림 127A-D).

최근에 해파리류에 의한 사고 지역은 점차 동해의 일본연안측을 중심으로 증가, 확대되어가는 추세이며, 지금까지의 사고는 봄-여름 또는 가을사이에 발

그림 128. 대형 해파리강 2종에 의한 임해공업의 피해.
A: 1973년 8월 시즈오카(静岡)현의 원자력발전소 취수구에서 건져 올린 숲뿌리해파리(우산직경 30-40cm, 森木義壽 씨 제공).
B, C: 1984년 카나가와(香川)현 타카마츠(高松)의 화력발전소 취수로에 출현한 유령해파리(우산직경 20-30cm, 伊藤 宏 씨 제공).

생한데 반하여 와카사(若狹)만 연안의 쯔루가(敦賀)반도 북부 시라기(白木)에 건설된 D 발전소에서는 2000년 한겨울인 2월에도 해파리에 의한 유입사고가 발생하였다.

이상과 같이 임해공업에서도 해파리류의 출현과 그에 따른 사고발생의 가능성은 높아지고 있으며, 중요한 과제로 부상되고 있다. 발전소에서 사고를 일으키는 해파리군의 대부분은 보름달물해파리이다. 그러나1973년 8월 엔슈나다(遠州灘)에 면한 시즈오카(靜岡)현의 하마오카(浜岡) 원자력발전소의 취수구에 출현한 식용종인 숲뿌리해파리 *Rh.esuculenta*, 1984년 8월에 카가와(香川)현의 타카마쯔(高松)의 화력발전소에 출현한 유령해파리 *Cyania nozakii*의 유입으로 사고가 발생한 경우도 있다(그림 128A-C). 따라서 발전소 건설지의 주변해역에 출현하는 해파리류의 종류와 그 동태에 대해서는 장기간에 걸쳐 충분한 모니터링을 실시하여야 할 것이다.

표 27. 보름달물해파리에 의한 사고 발생 시 기록된 해파리의 수확량과 그 당시 동원된 인원수에 대한 사례

발전소명	히리마나다 북부 B 발전소			히리마나다 북부 C 발전소			오오사까 D 발전소		
	해파리 수확량 (톤)	소요인원		해파리 수확량 (톤)	소요인원		해파리 수확량 (톤)	소요인원	
		사원	업자 및 어업인		사원	업자 및 어업인		사원	업자 및 어업인
1967년 5월	131	40	108	183	35	274	0	-	0
1967년 6월	321	136	258	473	87	429	504	-	476
1967년 7월	98	5	215	692	94	740	208	-	420
1967년 8월	333	75	392	426	83	407	0	-	0
합계	883	256	973	1,774	299	1,850	712	-*	896

*동원된 인원수는 표에 포함되어있지 않음.

Ⅰ-3. 보건, 위생상의 피해

해파리류 중에 촉수의 자포독이 강하여 인체에 위험한 종류가 있어, 이 종에 접촉하면 심한 통증과 구토, 때로는 호흡이나 보행이 곤란하여 기절하고, 더 심하면 사망하는 경우도 있다. 또한, 목숨을 구하더라도 자상 후의 후유증

이 오랫동안 지속되는 경우도 있다.

1961-2000년 사이에 해파리류에 의한 자상사고는 22건이었지만, 이것은 빙산의 일각에 지나지 않는다(표 28). 이것은 겨우 매년 초여름-가을에 걸쳐 발생하는 사고로 그다지 심하지 않은 해파리 자상사고가 줄을 잇고 있기 때문이다. 주요 사고로는 1961-63년 7-8월 북해도 사로마호에서 수영 중이던 초등, 중학생이 주로 소형인 꽃모자갈퀴손해파리 *Gonionema oshoro* (그림 126b-B)에 의해 175명이 피해를 입었으며, 그 중 중증환자가 90명에 달하였다. 1961년 6월 하순, 가마쿠라(鎌倉)시의 유이가하마(由比ケ浜)에서는 작은부레

표 28. 해파리류에 의한 자상사고의 예 (安田 1988에 추가)

발생 연 · 월 · 일	해 역	피 해 자	인 원 수	종 명
1961~63년 7~8월	북해도, 쯔가루, 사로瑚	피서객, 초 · 중학생	175(중증88)	꽃모자갈퀴손해파리, 붉은쐐기해파리
1961년 6월	카나가와현, 가마쿠라시 유이가하마	피서객	15,000	애기백관해파리
1967년 7~8월	후쿠이현 · 타카노수 연안	피서객, 초 · 중학생	수십명	붉은쐐기해파리
1970년 7월	니이가타현 · 암초역	피서객, 해녀	수십명(중증 1)	꽃모자갈퀴손해파리
1976년 7~8월	쿄토부 · 마이쯔루港	해상보안학교 학생	약 300(중증 20)	붉은쐐기해파리
1978년 7월	효고현 · 카스미 연안	피서객, 초 · 중학생	수십명	라스톤입방해파리 꽃모자갈퀴손해파리
1979년 7~8월	후쿠이현 · 타카노수 연안	피서객, 어업인	수십명(사망1, 중증 3)	붉은쐐기해파리*
1979년 7월	나가사키현 · 사세보시 연안	초 · 중학생, 자위대원	수십명(사망1, 중증5)	꽃우산해파리
1979년 9월	오끼나와현 · 킨손 연안	초등학생	(중증 1)	애기백관해파리
1981년 여름	오끼나와현 · 챠탄 연안	어업인	?	뱀해파리
1981년 9월	오끼나와현 · 혼코쿠 연안	초등학생	(중증1)	뱀해파리
1982년 5월	카나가와현 · 사가사키, 후지사와 해안	피서객	40	애기백관해파리
1982년 5월	카나가와현 · 카마쿠라市 시찌리가하마, 후지사와시 쯔지도우 해안	피서객	400	애기백관해파리
1983년 7월	경도부 · 마이쯔루港	해상보안학교 학생	약 200(중증 10)	붉은쐐기해파리
1983년 7~9월	니이가타현 · 암초역	피서객, 해녀	수십명	꽃모자갈퀴손해파리* 라스톤입방해파리*
1984년 6~8월	후쿠이현 · 코우노, 카부라키	어업인	수십명(중증 1)	붉은쐐기해파리* 꽃모자갈퀴손해파리
1995년 7~8월	후쿠이현 · 타카하마~산코쿠	피서객, 어업인	수십명(중증 3)	*Agalma okeni**
1997년 3~6월	일본해연안(시마네~야마가타현)	피서객, 어업인	수백명이상(?)	붉은쐐기해파리
1998년 7월	효고현 타케노 마을	피서객, 어업인	50명이상	보름달물해파리 꽃모자갈퀴손해파리
1999년 4~8월	일본해연안(후쿠오카~야마가타현)	피서객, 어업인	수백명 이상(?)	붉은쐐기해파리
2000년 7~8월	후쿠이현 · 오하마港 코이가와 후쿠이현 · 니우~쿠다하마	피서객 어업인	수십명 이상(?) 3명(중증 1)	외발해파리류일종 예쁜관해파리*

* 저자의 동정에 의함.

관해파리 *Physalia physalis* (그림 126a-A)에 의해 15,000명의 해수욕객이 쏘여 대혼란이 일어난 사건이나 1976년과 1983년 7-8월에 마이쯔루(舞鶴)만에서 수영훈련 중이던 해상보안학교 학생 200-300명이 붉은쐐기해파리(그림 126b-A)에 쏘여 혼수상태에 빠져 20명의 중증환자가 발생한 사례 등은 특별한 경우이다. 그 외 사람수는 적지만 후쿠이(福井)현의 타카노스(鷹巢) 연안에서 어업인이 붉은쐐기해파리에 의해 사망하였다는 사실이 전해지며, 나가사끼(長崎)현 연안에서도 초등학생이 꽃우산해파리 *Olindias formosa* (그림 126b-C)에 의해 사망한 경우도 있다. 또한, 저자의 방문조사에 의하면 후쿠이(福井)현 코노촌(河野村), 카부라기(甲樂城)의 어업인은 거의 매년 1-2명이 독해파리에 의해 입원한다고 한다. 니가타(新潟)현에서 해조류나 전복을 채집하는 해녀들 사이에서도 오래전부터 같은 사례가 알려져 왔지만, 이들은 꽃모자갈퀴손해파리에 의한 것으로 보인다. 오키나와(沖繩縣) 본섬 연안에서는 자포의 독소가 강한 뱀해파리(그림 126b-D)에 의해 초등학생이 의식불명이 된 사례가 있으며, 이시가키섬(石垣島)에서도 이 해파리에 의한 자상사고가 발생하였다는 기록이 있어 뱀해파리에 의한 사망사례도 더 있을 것으로 보인다(제1장 라스톤입방해파리 참조).

그 외, 1998년 7월에 효고(兵庫)현의 타케노쵸(竹野町) 연안에서 발생한 예쁜관해파리(그림 126a-B)의 이상출현과 해조장에서 발생한 꽃모자갈퀴손해파리(그림 126b-B)의 이상출현으로 인하여 일반 수영객과 어업인을 포함한 50명이 넘는 사람들이 자상을 입었다. 2000년 7-8월 후쿠이(福井)현 쯔루가(敦賀)반도 서부 연안의 코부(丹生)-스가하마(菅浜)에서도 예쁜관해파리로 추정되는 해파리에 접촉한 어업인 3명 중 1명이 중증으로 입원하였다(국립후쿠이현 영남병원).

이상에서 유독 해파리류에 의한 사고와 희생자에 대하여 기술하였으나, 실제로는 알려진 사례 보다 훨씬 많은 수에 달하는 피해자가 있을 것으로 확신하며, 금후에도 더 증가할 것으로 예측된다. 특히, 동해의 일본 연안해역에서는 어업인에 대한 피해와 출현종의 동태에 주의를 기울여야할 필요가 있다.

한편, 해외에서는 오스트리아 북동부의 퀸즈랜드주 모래해안 및 뉴기니아연안에서는 "Sea Wasp"로 불리는 입방해파리류의 일종인 *Chironex fleckeri*가 출현하여 최소 50명 이상이 사망한 것으로 알려졌다. 사망자 중 다수는 유아나 어린이였으나 성인도 포함되어 있다는 보고가 있다.

또한, 다른 유독 해파리류의 출현이나 보건, 위생상의 문제뿐만 아니라 지역 관광산업이나 경제에 미치는 영향에 관한 사례도 있다. 북아메리카의 메릴랜드주에 있는 체스픽크만에서는 오래전부터 "Sea Nettle"로 불리는 쐐기풀해파리의 일종인 *Ch. quinquecirrha*가 봄-여름에 출현하는 것으로 알려져 있다. 그 출현상황은 지역의 경제문제와 깊은 관련이 있다. 이 종이 이상발생한 경우, 해수욕객이 급격히 감소하기 때문에 평년에 비해 지역의 수입이 30-50% 이상 감소하는 것으로 나타났다. 한 관광업자가 이 해파리를 방제, 제거하기 위해 4만달러 이상의 경비를 지출하였다고 한다.

매년 봄-여름에 유럽 남부에서 지중해 연안을 찾는 일반 관광객은 약 10억명으로 추정되며, 지중해 연안국인 그리이스, 이탈리아, 유고슬라비아, 스페인, 프랑스 등 각국의 큰 수입원이 되고 있다. 이들 나라는 "Summer Pest"라고 불리는 야광원양해파리의 일종인 *Pelagia noctiluca* 나 보름달물해파리를 포함한 4-5종의 해파리류 출현에 매우 신경을 곤두세우고 있다. 1976년 5월 이후, 앞서 설명한 해파리류가 대량 발생할 경우, 국제연합의 환경부에 피해대책 원조를 구하는 동시에 지중해 각 연안에 대한 해파리 모니터링, 기상, 바다 상황 등의 환경조사, 해파리 자상 치료대책 및 정보연락회의 개최 등을 위한 예산이 매년 3억달러 이상이 준비되어 있다고 한다.

일본에서도 최근 레저 붐과 스트레스를 풀기 위한 해변 휴양객이 매년 증가하고 있다. 따라서 앞서 기술한 유독 해파리류가 단순히 우리들의 건강, 보건상의 문제로만 그치지 않고 지역의 관광산업이나 경제문제로 발전할 가능성이 있음을 충분히 고려하여야 한다. 사실, 2000년 7-8월 후쿠이(福井)현 오바마(小浜)만의 코이카와(鯉川) 강에 신설된 테트라포트 주변의 해수욕장 내에 소형 히드라충류의 일종인 외발해파리 *Euphysa bigelowi* (그림 126b-E)가

30개체/ l 의 밀도로 발생하였다. 이로 인하여 해수욕 중에 쏘인 사람이 속출하여 정체불명의 유해생물에 대한 두려움으로 민박 숙박자가 차례로 귀가하는 사태가 발생하였으며, 이러한 사실이 알려져 예약을 취소하는 사람들이 지속적으로 발생하여 지역의 수입이 현저히 감소한 사건이 있었다.

Ⅱ. 대책

Ⅱ-1. 출현 예측

해파리류의 출현량과 기상, 바다상황 등의 환경요인과의 관계에 대한 연속된 자료는 부족하지만 동경만에서 기록된 사례에 약간의 고찰을 더하여 설명하고자 한다. 그림 129는 1962-66년, 동경만의 시나가와(品川)에서 요코스카(横須賀) 및 고이(五井)에 이르는 화력발전소 5개소에서 보름달물해파리의 침입으로 생긴 사고와 당해년도의 수온변화와 기온, 강우량 및 풍속 등의 기상조건의 평년차 또는 비를 나타낸 것이다. 이 기간 중 1963년이 사고일수가 가장 많은 37일에 달하였고, 1964년과 1966년은 각각 10일과 11일로 거의 같은 수준이었으며, 1965년은 사고가 발생하지 않았다. 사고일수는 보름달물해파리의 출현량을 나타낸 것이며, 출현에 관한 조건(요인)을 정리해 보았다.

1) 수온과 기온: 그림에서 해파리가 많은 해와 가장 적었던 1965년을 비교하면 봄부터 여름의 수온은 1-5℃ 높았고, 기온도 1966년 6월을 제외하고 1-2℃ 고온이었던 것이 명확하다. 이와 같은 경향은 오래전 아키다(秋田)현의 하치로가타(八郎潟)나 세토나이카이(瀬戸内海)의 히메지(姫路)지방에서 해파리가 다량 출현하여 해파리의 인양량이 3,000톤을 넘었던 1967년 봄부터 초여름의 수온과 기온이 예년보다 1-2℃이상 높았다는 보고와 일치하였다. 또한, 대형종인 노무라입깃해파리가 이상적으로 다량 발생한 해의 기상을 보면, 여름의 일조와 수온, 기온이 고온인 것으로 밝혀진 바 있다. 앞서 이미 설명한 것처럼 온도와 해파리 박동수와의 관계를 보면 30℃ 이하에서는 0℃부터 온도를 점점 상승시키면 박동수도 이에 비례하여 증가한다(제1장 그림 75 참조).

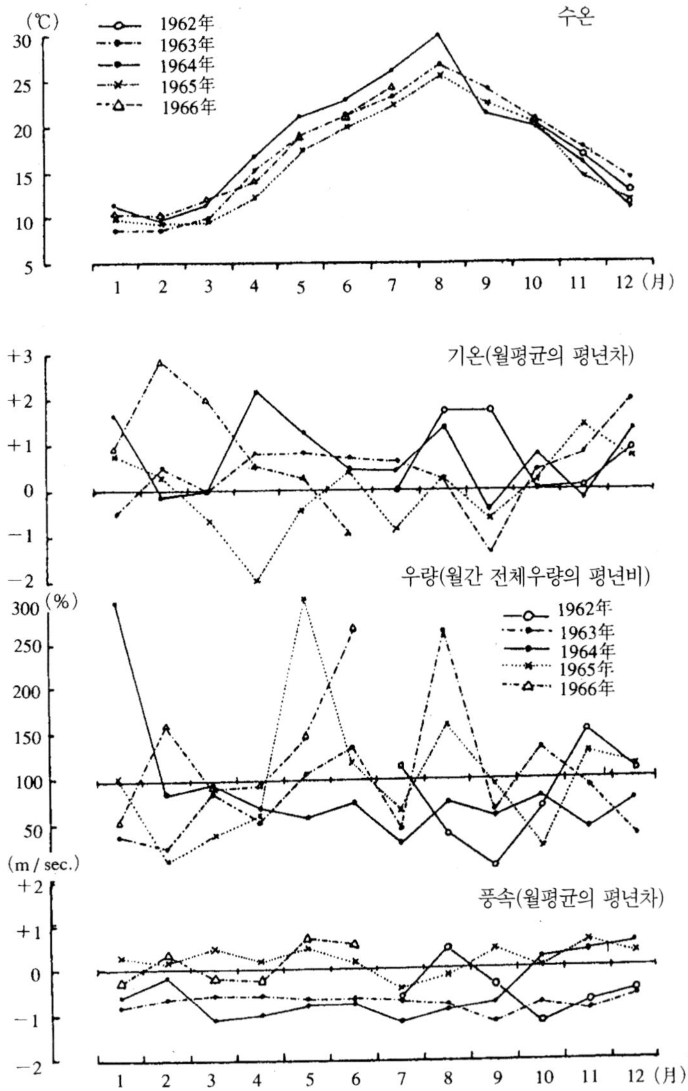

그림 129. 보름달물해파리 출현 시의 기상상황.

수온이나 기온이 높은 해에는 해파리의 운동도 활발해져 수평, 수직분포범위도 확대함과 동시에 성장도 촉진되는 등 서식조건이 매우 유리해지는 것으로 생각된다.

한편, 부착생활을 하는 폴립 무리는 일본 연안의 매립이나 해안 보강공사의 확대 및 생활하수 등으로 인한 부영양화의 진행에 따라 그 개체수도 점점 증가할 것이다. 동해의 일본 연안측인 와카사(若狹)만이나 각지의 항만에서도 플라눌라-에피라의 직접 발생군이 되는 폴립군의 증식과 정착이 이루어 졌을지도 모른다. 폴립이 횡분열을 일으키는 온도조건과 에피라에서 성체형 해파리로 성장하는데 있어, 현장과 실내실험 결과를 고려해 보면, 겨울철에 20℃ 이하의 수온이 예년보다 장기화되고, 그 후 봄부터 여름에 걸쳐 수온이 급격하게 상승하는 해가 보름달물해파리의 발생과 성장에 가장 유리한 온도조건이 되는 것이다.

2) 강우량: 해파리가 많았던 해 중 1964년 1월을 제외한 다른 해에는 강우량이 평년보다 낮은 경우가 많았다. 아키다(秋田)현의 하치로가타(八郞潟)에서 해파리가 이상출현한 해에는 강우량이 적었고, 노무라입깃해파리가 대량발생한 해에도 역시 장마비가 적었으며, 강우량이 적었다고 한다. 보름달물해파리의 폴립은 모래자갈, 해조류, 패류 외에 때로는 부채새우의 복면에도 부착하지만 수조에 흙탕물이 유입되면 모든 개체가 죽는 것으로 확인되었다. 또한, 그림 130은 체사픽크만에서 쐐기풀해파리에 속하는 한 종에 대한 출현개체수를

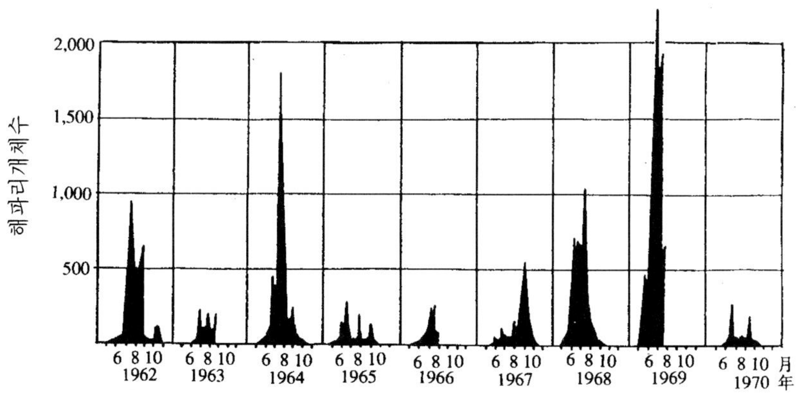

그림 130. 체스픽크만의 임계실험소 부근에서 5-12월에 관찰된 쐐기풀해파리 종인 *Chrysaora quinquecirrha* 개체수의 연변화.

1960년 이후 11년에 걸쳐 관찰한 결과를 나타낸 것이다. 여기서 개체수의 출현 피크는 7-8월이며, 개체수 증가는 5년마다 주기를 나타내는 것처럼 보였다. 이 증감의 이유로서 수온변화 이외에 흙탕물이 겨우 0.3mm 두께로 폴립을 덮는 경우에도 높은 폐사율을 보이는 점을 감안 할 때 강우량과도 관련이 있는 것으로 추정된다. 보름달물해파리의 경우도 강우나 강설에 의해 하천수가 운반하는 모래나 진흙의 유입이 플라눌라나 폴립의 부착장소인 해산식물의 번식지대를 축소, 제한하여 사망률을 높임에 따라, 그 해의 해파리 발생량에 영향을 줄 가능성이 충분히 있을 것으로 생각된다. 또한, 강우량에 따라 해면 또는 표층수가 저염분수로 덮힌 경우, 해파리가 쉽게 해면에 부상할 수 없게 된다(제1장 그림 60하단 참조). 따라서 강우량의 증가가 해파리의 출현량을 좌우하는 큰 요인으로 보인다. 이것을 뒷받침하는 사례로, 해면에서 포획되는 숲뿌리해파리류가 강우량의 증가에 따라 종종 잡히지 않는다는 보고를 들 수 있다.

3) 풍속, 파랑, 조석 및 태풍: 해파리의 출현과 풍속 및 파랑과의 관계에 관하여 필자가 관찰한 바로는 파랑단계 0-2는 해파리의 수직분포에 거의 영향을 주지 않는 것으로 판단된다. 동경만 북동부에서 파랑 4 이상인 경우에 해파리 무리가 발견되지 않았다고 한다. 출현량이 적었던 1965년에는 태풍(평균 풍속 8m/sec, 강우량 50mm 이상)의 발생 횟수가 6회 이상으로 가장 많았던 것으로 기록되어 있다. 이러한 기상이나 환경조건 하에서는 유령해파리나 숲뿌리해파리의 일종에서 알려져 있는 것처럼 심층으로의 이동, 침강이 이루어짐에 따라 해파리의 출현량이나 빈도도 제한되었을지 모른다. 이와는 반대로 해파리의 출현이 있었던 해의 풍속은 평년보다 낮은 경향이다. 히메지(姫路)지방에서 해파리에 의한 사고가 가장 많았던 1967년과 68년의 5-8월의 풍속은 평균 2-4m/sec 이하로 미풍이거나 무풍상태가 계속되었다고 한다.

조석과의 관계는 조수가 들어옴과 동시에 심야에 걸쳐 출현하는 경우가 많으며, 가고시마(鹿兒島)만에서도 이러한 현상이 나타났다. 히메지(姫路)지방에서는 조수에 의해 서쪽흐름에서 동쪽흐름으로 전환하는 1시간 전과 전환 2시간 후에 해파리의 출현이 많았다. 특히 간만의 차가 최대가 되는 시기에 발전소의 취수에 의한 흐름과 해파리의 상승으로 출현이 증가한다고 한다. 이러한 현상은 숲뿌리해파리 일종의 야간 이동사례에서 추정되는 것처럼, 해수유동이 보름달물해파리의 우산박동을 자극하여 수직, 수평이동을 활발하게 하는 것과 깊은 관계가 있는 것으로 생각된다. 또한, 태풍이 성체 해파리에 미치는 영향은 앞서 설명한 것과 같이 폴립의 경우, 연안해수의 교란이나 심층에서 생기는 내부파의 영향으로 수온, 염분의 급격한 변화가 일어나면서 폴립의 출아나 분열을 촉진하거나 횡분열을 일으킬 가능성도 있으므로 이후 성체 해파리에 대해서도 이러한 영향은 검토해야 할 것으로 생각된다.

4) 생물과의 관계: 앞서 설명한 요인 이외에 폴립을 잡아먹는 갯민숭달팽이류나 해파리를 포식하는 어류, 바다거북류의 출현이나 포식상황, 그리고 해파리의 먹이생물이 되는 플랑크톤, 어란 및 치자어의 발생량 등 생물적 요인도 해파리의 출현량과 깊은 연관성이 있는 것으로 생각된다. 또한, 플라눌라는 모체에서 떨어져 천해의 모래자갈, 암초, 해조번식지대 및 최근에는 매립지의 호안(護岸) 등에 침강하여 부착하는 경우에만 어린 해파리의 에피라 형성이 가능하다. 따라서 플라눌라의 부착장소로의 침강 유무도 보름달물해파리 성체의 발생이나 출현량의 연변동에 크게 영향을 미치는 원인이 될 것이다. 최근 부착기반의 하나인 보라담치의 여과수배출속도가 플라눌라의 부착에 영향을 줄 가능성도 있는 것으로 알려져 있다.

5) 기타: 최근 보름달물해파리의 출현량을 예측하기 위하여 동경만에서는 폴립시기의 생태를 근거로 한 대량 발생의 예측이 검토되었다. 즉, 가을 이후 성숙개체의 출현량과 이에 따른 폴립의 부착이나 생잔율과의 관계로 다음해의 해파리 출현량을 예측하는 방법이다. 그러나 필자는 보다 더 정확한 해파리의 발생량을 추정하기 위하여서는 다음과 같은 조사를 실시하여야 한다고 생각한다. 즉, 제1장에서 서술한 바와 같이 플라눌라나 폴립의 부착장소, 즉 해파리의 재생산이 이루어지는 장소는 쯔루가(敦賀)만의 경우와 같이(그림 131), 수심 20m 이내의 천해대인 것으로 이미 밝혀져 있다. 동경만의 경우, 과

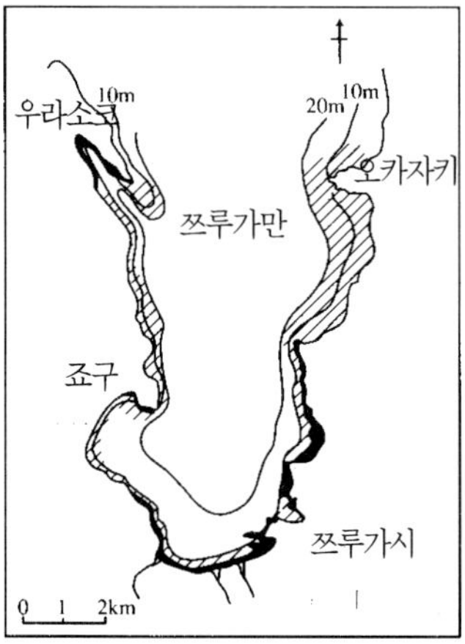

그림 131. 초기 에피라의 출현상황과 저질입도로 부터 추정한 보름달물해파리의 발생장소(검은부분은 재생산이 이루어진 주요 해역을 표시).

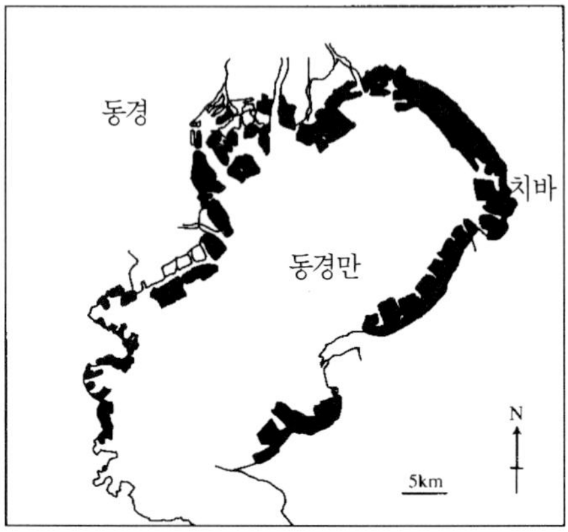

그림 132. 1947-1988년 동안의 매립지와 폴립 부착기반 해역.

거 40년 이전부터 지속적으로 이루어지고 있는 매립으로 폴립의 부착기반이 되는 해역은 그림 132와 같다. 이러한 해역에서 폴립이나 그 횡분체의 출현상황에 의한 간접적인 출현예측이 아니라, 정기적이며, 정량적인 에피라, 메테피라의 네트채집으로 당해년도 및 다음해의 해파리 출현량을 더 정확하게 예측할 수 있다고 생각된다. 에피라에서 소형해파리 및 성숙해파리가 되는 성장속도나 기간은 일본 각지의 해역에 대하여 이미 밝혀져 있으며, 발육단계별 감모(減耗) 상태도 이미 파악되어 있기 때문이다(제1장 Ⅳ. 번식과 발생, 표 7참조).

6) 주요 해파리의 출현기간과 분포 특성: 현재까지 이루어진 해파리류에 관한 현장조사와 각 현에서 수집한 정보 및 사육, 생리실험 결과 등으로 주요 해파리류의 출현시기와 분포특성을 고찰하였다(그림 133).

ⅰ) 보름달물해파리는 거의 매년 출현하지만 우산의 박동은 15-20℃에서 활발하므로 5-10월 하순에 이 종은 반드시 출현한다. 출현시기의 피크는 해역의 수온과 수온 상승기의 차이에 좌우 되지만 거의 5-8월인 경우가 많다. 북

해도의 경우, 8월의 주요 출현종은 유사종인 북물해파리 *Aurelia limbata* 인 것으로 보인다(그림 133).

ii) 보름달물해파리는 수심 30m층까지 분포하며, 해가 뜨면 표층으로 이동하므로 수중조도가 낮아지는 가을에는 맑은날 낮동안에 표층에 다량 출현하며, 봄-가을의 야간에는 저층으로 이동, 침강하는 것으로 보인다. 겨울에는 하루 중 주야간 모두 저층에서 월동하는 것으로 생각된다. 단, 와카사(若狹)만에서는 2월의 낮에 표층으로 부상하여 피해를 준 경우도 있으므로 해파리가 다량 출현하는 해역에서는 앞으로 겨울에도 그 출현이나 분포에 관하여 주의깊게 관찰할 필요가 있다.

iii) 붉은쐐기해파리는 4-9월 상순(성기는 4월 하순-7월 하순)에 출현하며, 대다수는 우산크기가 5-20cm로 남방 발생군과 현지 발생군이 혼합하여 출현하였다. 6-7월에 출현하는 10cm 이상 크기의 개체는 하산(下傘)이나 구완(口腕)에 플라눌라유생이 부착하여 있으므로, 번식은 하절기를 중심으로 이루어

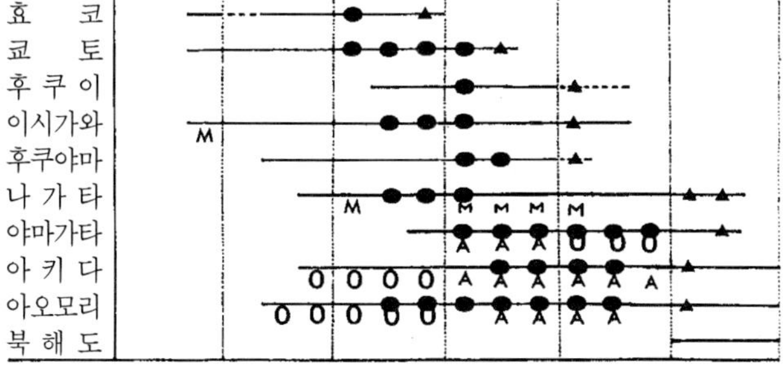

그림 133. 나가사키(長崎)현-북해도간의 각 도, 부 및 현에서 출현한 해파리류의 월별변동(실선: 출현기간, 점선: 확정된 출현기). A: 붉은쐐기해파리, M: 보름달물해파리, O: 발광평면해파리, 검은 타원형: 출현성기, 검은 삼각형: 출현 감소 또는 삭감을 표시.

지는 것으로 여겨진다. 이 종은 방란 · 방정 후 보름달물해파리보다는 훨씬 빠르게 쇠약해져, 8월 하순 또는 9월 상순 이후에는 표층에서 소멸되는 것으로 나타났다(그림 133). 이 종은 지방명으로 실해파리로 불리는 것처럼 촉수가 길어 2m 이상에 달하고 그 자포독은 강하며, 특히 소형개체일수록 자포독이 강하므로 주의가 필요하다.

iv) 붉은쐐기해파리에 발광평면해파리가 혼재하는 경우, 후자는 4월 중순-7월 하순에 출현하고 아키다(秋田)현과 아오모리(靑森)현 등 동해의 일본 연안 북부해역에서 주로 출현하고 있다(그림 133).

v) 라스톤입방해파리는 5-8월을 중심으로 급격하게 성장하여 우산의 높이가 3-4cm 이상에 달한다. 10월 하순(야마구찌현 이남에서는 다음해 1월)까지 연안수역에서 무리를 지어 출현한다. 수평이동이 빠르고, 방파제 부근에서도 출현한다. 자포독이 강하므로 자상사고의 발생에 주의하여야 한다

vi) 노무라입깃해파리, 모래빛해파리, 숲뿌리해파리의 3종은 식용종으로 알려져 있다. 모래빛해파리와 숲뿌리해파리(우산 10-40cm), 2종은 대량출현 한 사례가 적으며, 7-12월 중순까지 앞바다에 영향을 주는 연안, 내만수역에서 산발적으로 출현한다.

노무라입깃해파리는 1920-22년, 1958년, 그리고 약 40년만인 1995년에 이상출현 하였으나, 7년 후인 2002년에도 이상발생하여 어업에 큰 피해를 주었다. 출현시기는 8-12월 중순으로 예상되며, 동해의 일본 연안으로 북상하여 쯔루가(津輕)해협을 통과 한 후, 태평양측 연안으로 남하하여 치바(千葉)현의 보우소우(房總) 반도 앞바다에 이르는 넓은 범위의 해역에서 출현하였다. 15℃ 이하가 되는 1-2월에는 수심 200-300m 이하의 해저에 침강하여 새우, 게, 가자미류를 대상으로 한 저예망에 유입되어 선도 저하, 어획량의 감소 등의 어업피해를 일으키는 원인이 되었다. 이 대형해파리에 의한 피해는 매우 크므로 그 출현상황을 예의 주시하고, 정보를 수집하는 것이 필요하다.

vii) 띠해파리(체장 50-100cm)와 오이빗해파리(체장 3-10cm)는 유즐동물인 무촉수강해파리류로 자포를 가지지 않는다. 오이빗해파리는 적어도 봄-늦가을

(4-11월 하순)에는 반드시 출현한다. 연안에서 앞바다에 걸쳐 균일하게 넓게 분포하며, 수심 20m층까지 출현한다. 몸체가 부서지기 쉬우므로 어업피해는 적지만 일반 동물플랑크톤, 어란 · 치어 등 유용동물의 어린개체를 대량 포식하므로 주요 자원에 큰 영향을 준 사례가 있다. 정량은 어렵지만 금후 분포범위나 출현량에 관한 정보를 수집할 필요가 있다.

II-2. 구체적인 대책

1) 어업, 보건 및 위생상의 피해대책

i) 해파리류가 그물어구(예를 들어 저예망이나 항망)에 혼입되는 것을 방지하기 위하여서는 그물입구를 개량하거나 해파리류 방제용 그물을 부착할 수 있는 방법을 연구하는 수밖에 없다. 보름달물해파리가 많은 해역에서는 봄-초가을에 조업하는 경우, 대형 월동군집(우산직경 15-30cm, 또는 20cm 전후)이 주로 혼입된다. 따라서 방제용 그물의 망목을 10cm 전후로 하면 충분하다.

ii) 해파리류의 구완(口腕)이나 촉수에는 다수의 자포가 줄지어 있으며, 혼입 된 해파리류에 접촉한 어체는 모두 자포의 독액이 주입되어 활력을 잃는다. 또한, 해파리류의 점액은 어체온도를 3-4℃ 이상 높이는 작용을 한다. 이 상승작용으로 어류의 선도는 급격히 저하된다. 그러므로 바다에서 끌어올린 해파리류와 어체는 신속하게 분리하여 정상해수로 어체를 깨끗이 씻어야만 한다.

iii) 그물어구로 조업할 때에 혼입된 해파리류의 촉수나 구완 파편이 어류가 그물안에서 활발하게 움직임에 따라 흩어지면서 사람의 눈이나 입, 코, 피부 등에 닿아 염증을 일으키기도 한다. 이러한 경우에는 보호안경을 착용하는 것이 하나의 방법이다. 피부에 부착한 경우에는 자포독으로 통증과 가려움을 느끼거나 때로는 기절하기도 한다. 이러한 경우에는 신속하게 환부의 이물질을 제거하고 청결히 한 후, 식용식초를 희석한 것이나 레몬즙을 바르고 얼음으로 냉습포를 하는 것이 효과적이다. 이 응급처치로 치료기간이 현저히 단축된 사례가 알려져 있다(1990년 오키나와현립 중부병원). 해파리독에는 항체가 생기지 않고, 쏘일 때마다 강한 반응을 일으키는 소위 "민감증"을 일으키므로 주의가 필요하다.

iv) 일본근해에서 자포독이 강하고 위험한 해파리로는 앞서 기술한 해파리강류인 붉은쐐기해파리(우산 5-20cm), 입방해파리류인 라스톤입방해파리(우산높이 3-4cm)와 뱀해파리(우산높이 10cm) 이외에, 히드라충류 5종이 있다. 5종의 히드라충류는 다음과 같다.

애기백관해파리(기포체의 길이 10-30cm), 꽃우산해파리(가장 아름다운 오색의 해파리, 우산 10cm), 예쁜관해파리(길이 10-30cm, 최근 동해의 일본 연안 해수욕장에 많고 유리처럼 투명한 몸체로 확인이 안되는 경우가 많다.), 꽃모자갈퀴손해파리(우산 1-2cm, 해조장에 많고, 작아서 확인하기가 어렵다.), 외발해파리(우산높이 3-4mm, 최근 테트라포트에 둘러싸여진 해수욕장에서 집중적으로 출현하며, 작아서 확인이 되지 않는 경우가 많다.)이다. 이들 해파리류에 쏘인 경우에 때때로 중증(기절하거나, 보행곤란, 고통이 참을 수 없을 정도로 커서 뒹구는 경우)에 이르거나 사망하는 예가 있으므로 이들이 출현하였다는 보고에 주의를 기울여야 한다. 한편, 이쁘게 보이거나 기묘한 형태로 부유하는 해파리를 건져 올리더라도 직접 손으로 만지지 않도록 주의하여야만 한다(그림 126 a, b 참조).

v) 중 · 대형 해파리류 중 다수가 주야이동을 하는데 날이 밝아오는 새벽이나 해가 지는 석양시간에 우산의 박동이 활발해져 표층 또는 해면에 부상하는 경우가 많다. 따라서 자상사고를 당하지 않으려면 이 시간대에 수영하는 것을 피하여야 한다. 또한, 해파리가 많은 해안에서는 낮이라도 날씨가 흐리거나 비가 조금 오는 경우에는 해파리가 해면에 부유하는 경우가 많으므로 수영을 하지 않는 것이 좋다. 맑은 날씨에도 쓰레기나 흘러다니는 해조류가 다수 모여있는 장소는 위험한 조건을 갖추고 있는 경우가 많으므로 가까이 가지 않도록 주의해야 한다. 이러한 장소에 해파리가 다수 모여있을 가능성이 높기 때문이다.

2) 임해공업상의 피해대책

몰려온 해파리 무리를 밀어내거나 소멸시키는 것은 현시점에서는 불가능하지만, 현장에서 해파리 무리의 현존량이나 수평, 수직분포의 특성 그리고 빛, 소리, 전류에 대한 생리실험 결과 등(그림79-84)으로 다음과 같은 대책을 세울수 있다.

i) 레이키가 부착된 막대스크린의 기능: 와카사(若狹)만에서 분지된 만인 우라조(浦底)만에서 출현한 최대 규모의 띠모양 해파리류 무리의 현존량은 5.6-9.2톤, 타원상의 무리는 7.5-13톤으로 추정되었다. 이 해역에서 가동되고 있는 원자력발전소에서는 당시 매초 20m³의 해수를 심층으로부터 취수하고 있었다. 만약 만내에 출현한 띠모양의 해파리 무리가 취수구 측에 들어왔다면 이 무리의 용적은 720m³ 이므로 겨우 36초 만에 6-10톤, 타원형 무리의 용적은 2,041m³로 1.7분간 약 8-13톤의 해파리가 각각 취수구로 들어오게 된다.

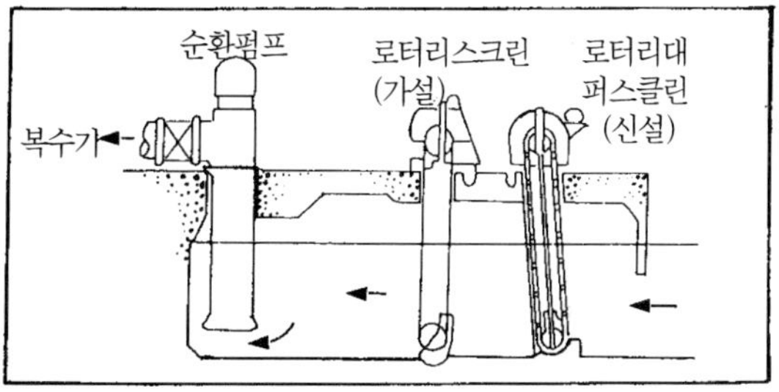

그림 134. 로터리스크린의 설치상태.

한편, 동경만 북동부에 있는 화력발전소의 1-6호기는 매초 59.4m³의 해수를 취수하고 있다. 가장 큰 타원형의 해파리 무리는 314,000m³로 현존량은 1,073톤으로 추정되므로, 해파리가 취수구로 유입되는 시간은 1시간이나 지속된다. 분포밀도가 가장 높았던 띠모양의 용적은 5,000m³이며, 현존량은 98톤이므로 해파리는 1분 30초만에 취수구로 모두 유입된다. 현재 일본의 주요 화력, 원자력발전소에서는 그림 134와 같이 레이키가 부착된 막대스크린을 설치하여 유입되는 해파리를 건져내고 있다. 그러나 최대의 효율로 처리한다고 하더라도 유입되는 양의 50% 이하 밖에 처리하지 못한다고 한다. 따라서 해파리 방제대책으로 앞서 기술한 현존량을 단시간에 처리할 수 있는 기능이나 구조를 가진 규모(예를 들어 바스켓형 스크린 등)를 검토할 필요가 있다.

ii) 냉각용해수의 취수층 조절: 보름달물해파리의 수직분포나 주야이동에 대하여서는 "제1장 출현과 분포"에서 밝힌 바와 같이 약간 밝을 때 이동을 실시하며, 계절적인 변화를 나타낸다. 예를 들면, 하계의 맑은 날씨에는 낮과 밤에, 가을에는 주로 야간에 중·저층으로 각각 이동, 침강한다. 또한, 조석차가 큰 해역에서는 만조 전후에 부상하여 연안에 밀려든다고 한다. 일본의 발전소에서는 대부분의 경우 심층취수방식을 채용하고 있으나(그림 135 상·하의 3층 취수도의 최하단), 앞에서 기술한 이동상태로 해파리의 유입시간을 예측할 수 있을 것이다. 이외에 해파리가 분포하지 않는 층에서 취수, 즉 층별 취수방식을 검토하거나 수중 텔레비전, 어군탐지기 등의 모니터링을 병용한다면 해파리의 유입에 의한 사고를 훨씬 경감할 수 있을 것으로 생각된다(그림 135 하단). 이외에 소리, 빛, 전극에 대한 우산의 반응실험을 응용하여 그림 135의 상단 및 하단(좌)과 같이 야간에는 해파리의 박동수를 최대로 하는 붉은색 빛 1000 Lux 대의 조도를 켜거나 점멸하는 방법, 10-100 hz 의 음파 등으로 표층

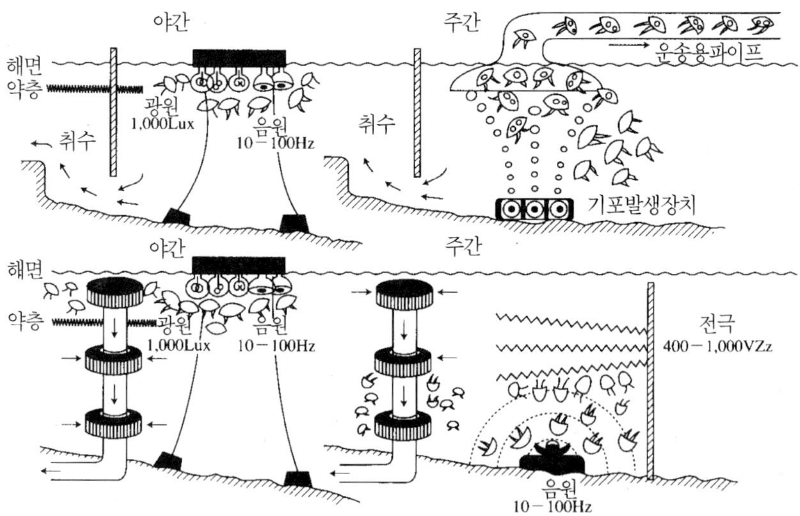

그림 135. 빛, 음(소리), 에어 커텐 및 전극을 응용한 취수방식(위: 커턴 벽 방식, 하: 층별취수방식, 安田. 吉村 原圖).

으로 부상시켜 중 · 저층에서 취수를 하는 방법 등이 있다. 주간에는 기포발생장치로 에어밸브커텐을 만들어 부상시킨 해파리를 피쉬펌프로 강제 이동시키는 방법도 있다. 또한, 400-1,000V 전압을 방전시켜 해파리를 침강시키거나, 10-100 Hz의 음파로 해파리를 저층으로 유도하여 해파리가 분포하지 않는 표층으로부터 취수하는 방식(그림 135하단의 오른쪽)도 검토해 볼 가치가 있는 것으로 생각된다.

3) 방제망, 기포 및 수류발생장치

1970년대부터 발전소의 취수구에 해파리용 방제망을 설치하여 여기에 에어벨브커텐 발생장치를 병용함으로써 해파리의 침입을 막는 방법이 이용되었다(예를 들면, K전력의 화력, 원자력 발전소나 T전력의 화력발전소 등: 그림 136,137). 그러나 대량의 해파리가 몰려들 경우, 이 방법으로는 그물 아래쪽으로 해파리가 침입하여 들어오므로 해파리를 완전히 방제할 수가 없었다고 한다. T전력에서는 3장의 날개 프로펠러(외경 840mm, 교반능력 100m^3/min)를 12개 장착한 수류발생장치(그림 138)와 턱보트의 선단에 같은 프로펠러 9개를 붙인 장치로 해파리 무리를 강제로 이동시켜 사고를 방지하는데 성공하였다(그림 139). 국외에서는 아직 이러한 예가 없지만 일본의 독자적인 아이디어를 채택한 해파리의 방제방법으로 이후 비용의 문제와 기능 향상을 위한 개량이 크게 기대된다. 또한, 방제망의 설치방법에 대하여는 그림 140에 나타

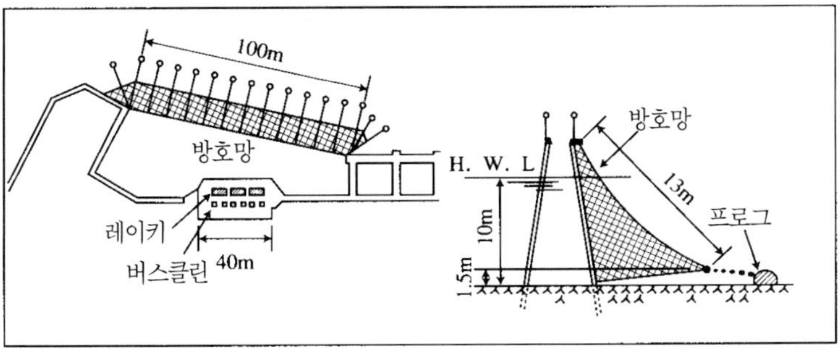

그림 136. 해파리방제용 네트.

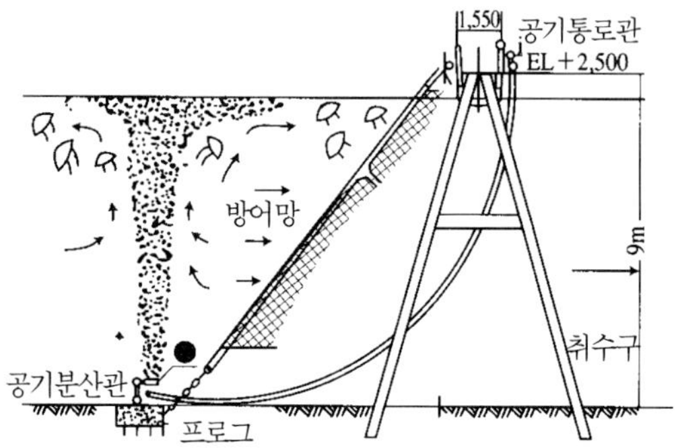

그림 137. 에어 버블링 발생장치.

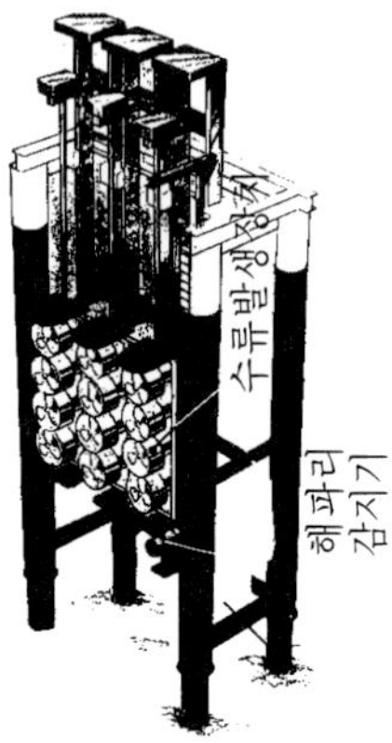

그림 138. 수류발생장치.

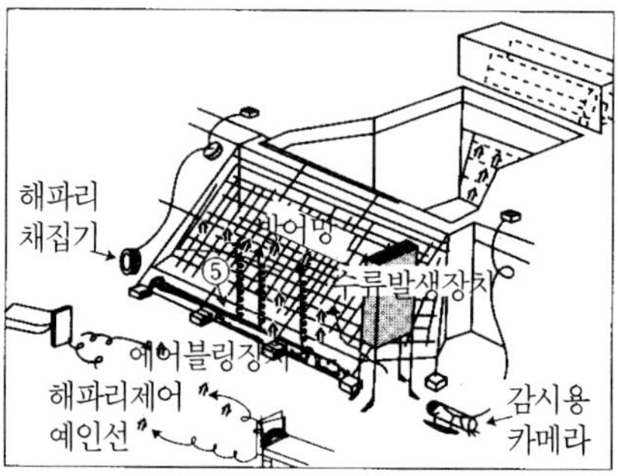

그림 139. 취수구의 개요.

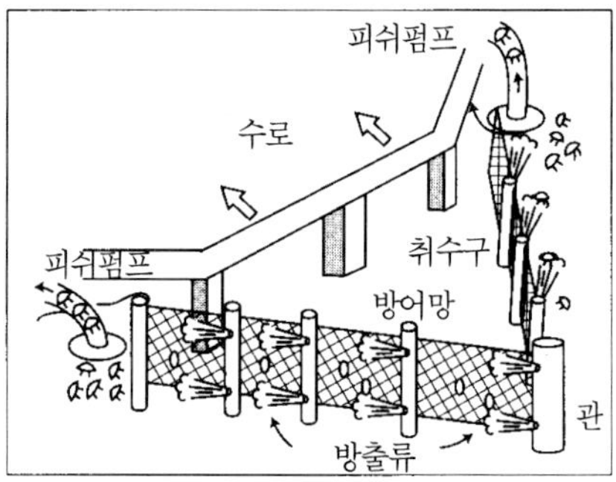

그림 140. 해파리방제용 네트.

낸 삼각형으로 각 지주로부터 하류쪽으로 제트수류를 만들어 집적된 해파리 군을 피쉬펌프(후술)로 불어올려 이동시키는 방법도 있어 그 실용화 가능성이 높은 방법으로 충분히 검토할 여지가 있다.

4) 펌프에 의한 이동

바다에서 건져 올린 해파리는 방치하면 부패하여 악취를 내므로 그대로 해수 중에 투기할 수 없다(1988년 12월 1일 MARPOL 조약). 즉, 살아있는 그대로 해수 중에서 이동시키는 방법이 최선의 방책으로 여겨진다. 수산양식업에서 이용되는 활어이동용 피쉬펌프(포트형 R201-5S-DE형, 디젤식, 회전수 1000/min., K사)(그림 141)를 이용하여 호스 내의 유속을 1.2m/sec로 한 경우, 해파리의 손상이 없었다고 한다. 최근 해파리유입방지대책그룹(福井縣敦賀市상공회의소)이 우라소코(浦底)만 안쪽에서 같은 젯트펌프(MJP150형)로 와카사(若狹)만에서 채취한 보름달물해파리 약 200개체(우산직경 20cm)를 이용하여 50m의 이동실험을 한 결과, 좋은 성과를 얻었다. 이 경우, 해파리의 활력판정은 우산의 1분간 박동수를 비교하였으며, 생존에 미치는 영향의 유무에 있어 지표로 사용하였다.

5) 채취한 해파리의 처리

그물어구류나 발전소의 취수로에 유입된 해파리 무리의 완전한 처리방법은 현재 해결되진 않았지만 중요한 사실을 여기에 소개하려고 한다.

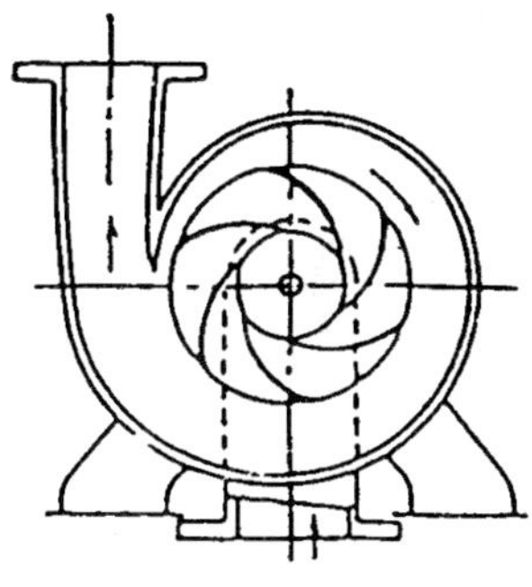

그림 141. 포류트펌프.

먼저 필자가 실시한 온도와 염분농도에 대한 내성실험으로 우산크기가 8.5, 14, 22cm인 각각의 해파리를 15℃에서 35℃로 이동시킨 경우, 모든 개체는 35분 만에, 그리고 40℃에서는 10분만에 죽었다. 염분농도에 대하여서는 조금씩 낮아지는 염분에 잘 적응하지만, 수온 17℃, 염분 32.8의 일반 해수부터 10.8의 희석해수에 넣어주면 2시간, 7.3에서는 35분만에 죽으며, 촉수나 구완의 일부가 분해되는 것이 확인되었다. 따라서 고온수를 이용할 수 있다면 앞에서 기술한 온도와 치사시간을 유지하거나, 담수지가 있다면 35분 전후로 담수에 침적시킴으로써 해파리를 완전히 사멸시킬 수 있다. 35℃ 이상의 고온인 담수에서는 그 치사시간은 더 단축될 것이다.

다음으로 열이나 각종의 약제(1-2N)에 대한 보름달물해파리의 반응을 표

29와 30에 나타내었다.

ⅰ) 열처리: 보름달물해파리의 체성분은 95% 이상이 수분으로 구성되어 있으며, 태양광(기온 28-30℃)에 의한 열처리로 중량 감소의 효과가 있었다. 그러나 해파리가 겹쳐지면 더 많은 시간을 필요로 하며, 그 사이에 악취가 심하게 나는 결점이 있다. 열해수에서는 담수와 차이는 없으며, 대부분 70℃에서 효과가 나타나 15-20분 후에 92-93%의 감중량이 확인할 수 있었다. 단지, 냄새가 조금 남는 것과 잔사가 끈적거리는 결점이 있다. 증기가열로 70-90℃에서 실험을 실시한 결과, 81℃에서 10분간 가열하면 1/500 이하로 축소되는 것으로 나타났다. 이것을 이용하여 1시간당 10톤의 해파리를 처리하는 시스템을 개발하면 매립장의 축소와 악취억제로부터 환경을 보전할 수 있을 것이다.

ⅱ) 화학약제처리: 콜라게나제는 중량 감소에 현저한 효과를 보이지만 악취가 남으며, 고가이므로 실용성에 문제가 있다. 알콜류와 식염은 중량을 감소시키는데 장시간을 필요로 하므로 부적당한 것으로 판단되었다(표 29, 30). 산

표 29. 각종 약제에 대한 보름달물해파리의 반응

약품명	처리 전 중량 (g)	처리 후 중량 (g)	축소율* (%)	상태 관찰
가열	6.69	0.79	88.2	전체가 위축
알코올	7.45	1.82	75.5	원형 그대로로 흰침전이 생김.
질산	5.1	0.2	96.1	원형에서 구겨진 종이처럼 위축. 흰색에서 담
황산	5.70	0.25	95.6	황색으로 변함.
염산	4.65	0.5	89.2	흰색에서 담황색으로 변함.
초산	4.45	0.69	84.5	희색에서 담황색으로 변하며, 약간 위축됨.
황산암모늄	8.4	4.2	49.1	12시간까지는 원형을 유지하며, 24시간이 되면 원형이 깨어져 침전. 위축율은 작음.
식염	6.21	3.8	38.8	〃
황산소다	7.5	3.8	40.3	〃
황산동	8.25	0.6	92.7	원형 그대로를 유지하며,상당히 위축되어 침전
염화제2철	7.3	0.45	93.8	〃
페로시안화칼륨	9.88	0.44	95.6	〃
피크린산	8.1	0.5	93.8	〃
가성소다	7.0	0.81	88.4	12시간째 전체가 작게 분산되며,24시간째 침전

표 30. 예비시험에서의 해파리 감중량(%)의 시간 변화

항 목	개시시간	1시간 후	6시간 후	24시간 후
해수 (control)	0.0	12.1±1.9	37.2±7.5	100.0±0.0
담수 (증류수)	0.0	13.4±1.8	33.7±5.7	86.3±14.0
뜨거운 담수 (50℃)	0.0	51.4±5.0	94.2±2.5	96.5±1.5
뜨거운 담수 (70℃)	0.0	93.7±3.3	98.0±1.2	98.1±1.1
뜨거운 담수 (90℃)	0.0	73.2±16.4	97.0±1.8	99.7±0.2
뜨거운 해수 (50℃)	0.0	39.9±5.2	87.6±4.1	94.7±2.3
뜨거운 해수 (70℃)	0.0	83.3±5.0	95.6±8.5	97.7±0.3
뜨거운 해수 (90℃)	0.0	86.4±9.8	98.4±1.1	99.8±0.2
Collagenase (10 ppm)	0.0	11.0±2,4	51.8±14.0	100.0±0.0
Collagenase (100 ppm)	0.0	17.4±4.9	87.5±11.7	100.0±0.0
알코올 (ethanol) (70%)	0.0	23.6±1.5	44.5±3.6	55.4±2.8
알코올 (ethanol) (95%)	0.0	26.8±2.3	45.6±1.7	57.9±2.4
질산 (1N)	0.0	23.6±9.3	63.3±14.3	98.5±0.4
황산 (1N)	0.0	27.7±19.8	54.3±8.9	96.5±1.5
염산 (1N)	0.0	13.3±7.9	38.4±18.9	90.1±8.0
초산 (1N)	0.0	16.7±1.8	57.3±12.0	95.6±1.6
식염 (분말)	0.0	36.8±11.7	56.8±6.8	76.2±5.5
피크린산 (포화용액)	0.0	21.2±5.7	56.7±10.0	95.5±2.8
수산화나트륨 (1N)	0.0	31.9±4.6	100.0±0.0	100.0±0.0
천일건염	0.0	28.9±3.7	83.2±5.8	99.3±0.8

주: 표 중의 숫자는 '평균치±표준편차'.

종류도 감량에 시간이 걸리며, 잔사를 회수하는데 어렵다는 것이 결점으로 나타났다. 또한, 단백질을 응고시켜 침전시키는 것으로 알려진 황산동(2N)은 원형 그대로 1/10로 축소하는 것으로 나타났다. 알카리성인 가성소다(수산화칼륨)는 단시간에 해파리를 고정하여 6시간만에 100% 감중시키며, 12시간 후에는 가늘게 어지러진 모양이 되는 것으로 밝혀졌다. 그 외 약제로는 그물방오제로 이용되는 유기주석화합물 30%에 올레인산동 10%를 배합하여 키실렌(xylene) 60%를 용매제로 한 것으로 이 용액에 그물을 1시간 침적시킨 후, 2일간 바람에 말렸을 경우, 해파리가 이 그물에 4분간 접촉하면 사망하여 수조바닥에 침전하였다. 미에(三重)현 오와세(尾鷲)만에서 보름달물해파리가 몰려

왔을 때 이 실험을 실시한 결과, 그물 접촉 직후에 해파리는 그물 한쪽면에 부착한 채 죽어있었으며, 2일 후에는 거의 용해되는 것이 확인되었다. 이 획기적인 방법은 해파리뿐만 아니라 다른 부착성 오염생물에도 유효하였다고 한다. 단지, 1987년 2월 12일 전어련(全漁連)과 전국함수(鹹水)양어협회에서 유기주석계 어망방제제에 대해 전면적으로 사용을 금지함에 따라 이를 대신할 방오제가 개발되어야만 할 것이다.

이상과 같이, 약제에 의한 처리는 그 효과가 매우 크지만 처리 후, 중화 등의 오수 대책문제가 남아있다. 또한, 사용방법과 양이 다르면 다른 미생물에 영향을 미치게 된다. 예로서 유용 동식물의 폐사를 불러오거나 그물에 들어온 어패류의 식용부에 포함되어 인체에 영향을 줄 위험이 있으므로 예비실험을 반복하여 신중하게 검토한 후에 사용하여야 할 것이다.

iii) 그 외의 처리: 해파리에 0.1-2kg/cm^{3}의 하중을 가하여 압력탈수를 실시한 결과, 5분 후에 90% 이상의 감량이 나타났다. 또한, 이 잔사에 약 3배의 생석회를 가한 결과, 10분 후에 130℃로 상승하였으나, 해파리는 작은 파편이 되어 95% 이상의 감량효과가 나타났다. 악취는 거의 없었으며, 해파리에 대한 응급처리 방법으로 유용한 것으로 생각된다. 단지, 유입되는 해파리의 양이 크므로 대량의 생석회를 확보, 준비하는 것이 큰 관건이다.

그 외 해파리를 3-5mm로 마쇄하여 가압하고, 이것을 다시 30㎛로 분쇄하여 수분을 30%로 하여 소각처리하는 시스템(1일당 50-60톤 처리 가능)이 개발되고 있다. 또한, 최근에는 커터가 부착된 펌프로 해파리를 마쇄한 다음 어

표 31. 보름달물해파리에 의한 규조류의 증식 예

a. 배양 13일 후의 *Nitzchia*의 밀도와 해파리 양과의 관계

해파리의 우산조각	0	1.25	2.5	5
Nitzchia 세포의 수/0.029 ㎖	1	91	116	155

b. 해파리의 우산조각 (2 g)을 첨가한 경우의 *Chaetoceros* 밀도의 변화

1925년 7월	3	4	5	6	7	8	9	10	11(일)
*Chaetoceros*의 세포수/0.029㎖	0	0	22	139	213	225	151	87	143

표 32. 보름달물해파리의 식품화 처리방법

a. A상점의 처리방법

공정 Ⅰ	세척과 최초 염적 담수(?)로 해파리를 세정, 염+명반용액1*:해파리 10의 비로 4~7일간 침적, 간혹 우산 상피를 제거.
공정 Ⅱ	2회째의 염적 공정 Ⅰ의 용액을 흘러내림. 남은 해파리 1:상기용액 20의 비로 4~5일간 염적.
공정 Ⅲ	3회째의 염적 공정 Ⅱ의 용액을 흘러내림. 남은 해파리 1:상기용액 40의 비로 4~7일간 염적.
공정 Ⅳ	농염수(염반을 함유)로 남은 해파리를 세정. 견고한 용기에 저장. (처음 해파리의 수분은 70% 이상 탈수됨)

* 염과 명반의 비는 규정되어있지 않음.

b. 谷川(1971)의 처리방법

공정 Ⅰ	최초의 염적 차가운 해수에 8~10시간 침적하여 점액을 제거. 해파리 양의 20%에 상당하는 용액(염 14 g: 명반 75 g)으로 상피 제거. 2~3일간 침적.
공정 Ⅱ	수세와 최종염적 및 저장 공정 Ⅰ의 해파리 침적용액을 씻어냄. 수세하여 해파리 양의 20%보다 적은 상기용액에 보존.

c. B회사의 처리

공정 Ⅰ	구완이나 생식소의 부분을 제거, 우산부분만을 사용. 우산을 펼쳐 가장자리를 정리. 채집 후 6시간 이내에 염적. 24시간 이내는 pH 4로 유지. 용액은 해수 1 l, 명반 40 g, 생석회 2 g, 표백제 0.7 g의 비율로 사용 후 버림.
공정 Ⅱ	공정 Ⅰ의 해파리를 아래의 용액(pH 4)에 48시간 침적. 담수 1 l, 염 100 g, 명반 20 g, 생석회 1 g, 표백제 0.4 g의 비율로 사용 후 버림.
공정 Ⅲ	공정 Ⅱ의 해파리를 아래의 용액(pH 4)에 96시간 침적. 담수 1 l, 염 150 g, 명반 10 g의 비율로 사용, 이 용액은 여과하여 재사용 가능.
공정 Ⅳ	공정 Ⅲ의 해파리를 아래의 용액(pH 4)에 96시간 침적. 담수 1 l, 염 150~180 g 명반 10g의 비율로 사용, 이 용액은 여과하여 재사용 가능.
공정 Ⅴ	농염수(명반을 함유)에 해파리를 96시간 침적.
공정 Ⅵ	냉소에 30㎝ 이하의 높이로 해파리를 쌓은 후 액을 흘려보냄. 액이 완전히 흘려보내고 난 후, 0℃에 보관.

떤 응집제로 해파리의 수분과 고형분을 분리, 탈수하여 원래의 1% 이하의 중량으로 감량하는데 성공하였다고 한다. 이 처리로 종래의 처리비용을 1/4 이하로 절감한 사례도 보고되고 있다.

II-3. 이용

1) 식물플랑크톤의 배양

캐나다의 Passamaquoddy 만에서는 매년 여름이 끝날 무렵, 방란, 방정을 한 보름달물해파리의 대량폐사가 일어나며, 그 후에 규조류의 급격한 증식이 발생한다. 따라서 해파리의 분해에 의한 해양환경의 변화와 규조류의 급격한 증식간에 연관이 있는 것으로 추정되고 있다. 이와 더불어 이 종의 우산 일부를 7월 15일에 해수 중에 첨가하여 식물플랑크톤의 일종인 *Nitzschia* 의 개체수와의 관계를 13일 후에 관찰하였다(표 31). 그 결과, 첨가한 해파리의 양이 많을수록 *Nizschia* 개체수도 증가하는 것으로 나타났다. 또한, 일정량의 해파리(2g)를 가하여 *Chaetoceros* 의 증식상태를 관찰한 결과, 표 31b와 같이 1주 후에 그 수는 최대치에 달하였다. 이 결과들에서, 보름달물해파리는 금후 일부 규조류의 대량 배양기질로 충분히 이용 가능할 것으로 생각된다.

2) 식품으로의 이용

해파리류 중 노무라입깃해파리, 숲뿌리해파리, 모래빛해파리(그림 142)의 3종은 식용이다. 숲뿌리해파리를 대상으로 한 중국의 해파리어업은 오랜 역사를 가지고 있으며, 실제 1,700년 이상의 역사를 가지고 있다. 일본에서는 오카야마((岡山)현 숲뿌리해파리가 잘 알려져

표 33. 보름달물해파리의 체성분 분석결과

수분	우산	96.13	(%)
	구완	94.51	(%)
	전체	95.56	(%)
회분	우산	1.26	(%)
	구완	2.89	(%)
	전체	2.12	(%)
지질	전체	0.012	(%)
단백질	전체	1.71	(%)
탄수화물 (당질)	전체	0.91	(%)

있으나, 현재까지 사가(佐賀)현의 아리야케카이(有明海)에 일부 해파리어업이 잔존하고 있는 실정이다. 가공은 소금과 백반에 절이는 몇 가지 공정이 소개되어 있다(표 32a, b, c). 연안해역에서 많이 생산되는 보름달물해파리 중 신선한 개체와 고온가열처리한 잔사를 분석하였다(표 33, 34). 이에 따르면 약 95% 이상이 수분이며, 그 외 회분이나 단백질도 포함되어 있고, 처리한 해파리의 단백질은 3% 이하였다. 또한, 지방은 극히 소량이었으나, 다른 칼슘이나 인이 10-20mg/100g 함유되어 있다.비타민 B_1도 검출된 것이 특징적이다(표 34).

표 34. 열처리한 보름달물해파리의 체성분 분석결과

검사항목		결과치	검사방법
수분		95.9%	상압가열건조법
회분		0.7%	500~600℃ 회화법
지질		0.1%	에테르 유출법
단백질		2.8%	
탄수화물		0.5%	
에너지		14 kcal / 100 g	
염분	(NaCl)	0.7%	AgNO3 측정법
칼슘	(ca)	10.9 ㎎ / 100 g	원자흡광광도법
총인	(T-P)	19.6 ㎎ / 100 g	몰리브덴 정법
비타민 B_1	비타민	0.01 ㎎ / 100 g	형광 광도법
비타민 B_2	리보플라빈	불검출	형광 광도법

비고 : 에너지 환산계수 또는 치아민(Thiamine)
단백질: 4.22 지질: 9.41 탄수화물: 4.03
불검출이란: 0.01 ㎎ / 100 g 미만.

최근 캐나다의 뱅쿠버섬 부근의 Trevenen만과 Okeover의 강 입구에서 산대나 지예망(地曳網)으로 약 3톤의 보름달물해파리를 채집하여 식용화 실험을 실시한 사례가 있다. 이용된 공정은 표 32에 나타난 바와 같으며, 이에 의하여 표 35와 같은 결과가 얻어졌다. 여기서 B사의 방법은 모두 좋은 결과를 얻었으나, A사의 방법은 공정일수가, 그리고 谷川의 방법은 소금에 대한 백반의 비가 각각 제품의 상태에 영향을 주는 것으로 나타났다. 이들 공정에 의하면, 해파리 1kg당 생산비는 약 2,000엔이었다. 가공한 해파리의 단백질 함유

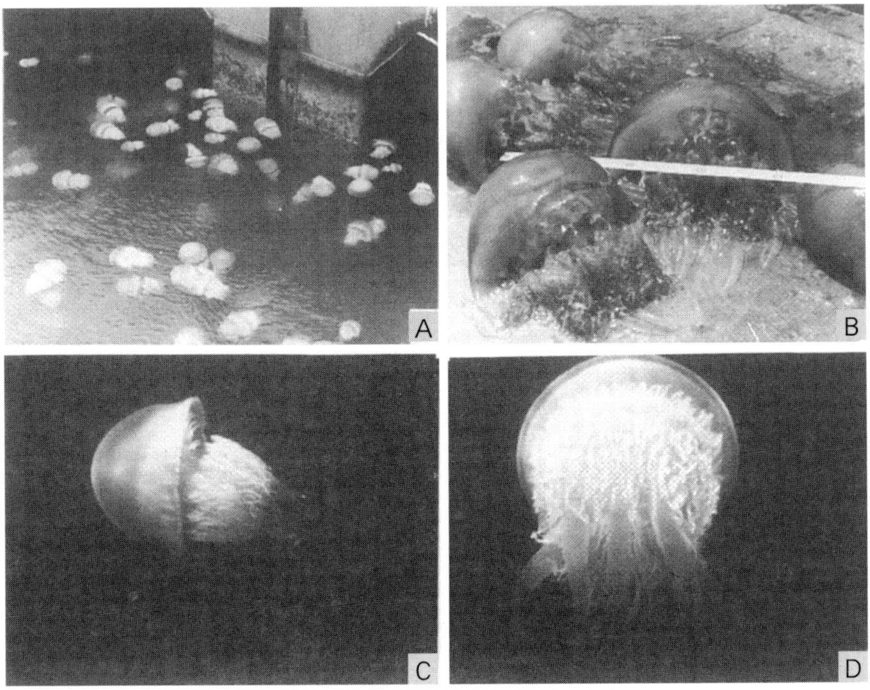

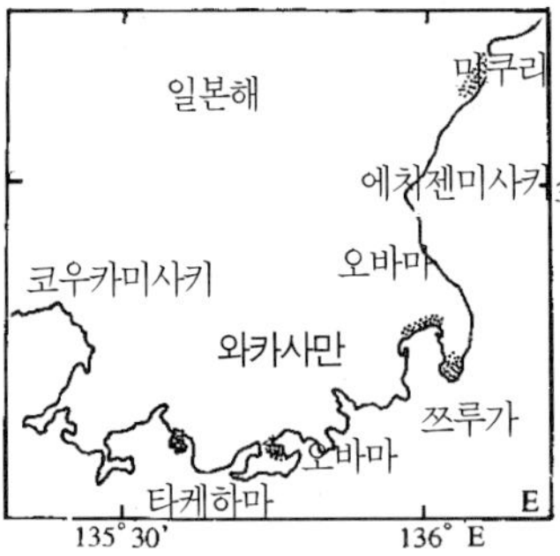

그림 142. 2종의 식용해파리.

A: 1973년 8월 시즈오카(静岡)현 하마오카(浜岡)의 원자력발전소취수구에 출현한 숲뿌리해파리,

B: 같은 장소에서 건져 올린 숲뿌리해파리(우산 직경 30-40cm , 森木義壽 씨 제공),

C: 1975년 8월 후쿠이(福井)현 미쿠니(三國) 연안에서 출현한 모래빛해파리(우산 직경 20cm, 石橋敏章 씨 제공),

E: 1972-75년 8-9월의 후쿠이(福井)현 연안에서의 모래빛해파리의 출현해역.

량은 최고 3%이며, 동결건조한 시료에서는 6% 였다(표 36). 이 수치는 아직 수분이 다량 존재한 결과로 추정된다. 뱅쿠버에서 판매된 가공 숲뿌리해파리는 45-85%의 단백질이 포함되어 있다고 한다. 또한, 식품으로서의 가치를 검토한 결과, 탄력성이 부족하여 식용해파리 특유의 "쫄깃함"이 부족하여 뱅쿠버 중화요리 관계자들 사이에서 숲뿌리해파리의 대용품으로 사용되지는 못하

표 35. 각종 처리법에 의한 보름달물해파리의 식품가공 결과

a. A상점의 처리방법

월 일	가공중량 (kg)	처리	염적일수 공정Ⅰ~Ⅲ	공정Ⅱ~Ⅲ*	비고 양호**
8. 17	100	구완 · 생식소 제거. 하루 낮과 밤	13	12	양호**
8. 17	50	구완 · 생식소 제거. 하루 낮과 밤	-	-	불량**
9. 10	120	채집 직후 처리	8	-	불량**
11. 7	240	채집 직후 처리, 구완 · 생식소 채로 원액1: 중량15	7	-	

*공정Ⅲ은 Ⅳ를 포함, **pH 4.6 이상이 불량의 원인.

b. 谷川 (1971)의 처리방법

월 일	가공중량 (kg)	처리 용액:해파리	공정Ⅰ	공정Ⅱ	공정Ⅲ	제품중량 (kg)	비고
9. 20	10	1:5	10:1	20:1	40:1	1.0	양호
9. 20	10	1:5	10:1	20:1	40:1	1.1	양호
9. 20	10	1:5	10:0.53	100:1	1000:1	0.8	불량
9. 20	10	1:5	10:0.53	100:1	1000:1	0.9	약간 양호

c. B회사의 처리방법

월 일	가공중량 (kg)	처리	염적일수 공정Ⅰ~Ⅲ	공정Ⅱ~Ⅲ	비고
9. 30	60	해수용액에 24시간 침적 (대형용기)	2	4	양호
9. 30	60	해수용액에 24시간 침적 (대형용기)	2	4	양호
10. 21	150	구완 · 생식소 제거. 담수세척 후 해수용액에 24시간 침적	5	7	양호
10. 24	540	구완 · 생식소 제거. 담수세척 후 해수용액에 24시간 침적	7	7	양호

였다. 그러나 이 가공된 보름달물해파리는 복어나 쥐치류의 양어사료로 충분히 사용 가능할 것으로 생각되며, 어떤 탈수효소를 해파리중량의 1-2% 양으로 첨가하여 24시간 방치한 후 식염을 가하여 수분을 짜내면 탄력성이 풍부해진다. 이렇게 가공된 해파리를 1970년 1kg당 200엔으로 식품가공업자가 사들여 성게와 해파리로 만드는 음식의 원료로 숲뿌리해파리와 같이 사용되었다는

보고도 있다.

일본에서 사용되는 식용해파리는 연간 6-8,000톤에 달하고 대부분을 태국, 인도네시아, 필리핀 등의 동남아시아 및 중국에서 수입하며, 수입가격은 70억 엔 이상으로 추정된다. 따라서 금후 제조방법의 개선이나 검토방법에 따라 보름달물해파리가 오히려 미이용 유용수산동물자원으로 식용 또는 복어, 쥐치의 양어사료로 일본 각지의 연안에 넓게 활용되는 날이 멀지는 않은 것 같다. 또한, 식용종인 숲뿌리해파리나 모래빛해파리의 종묘생산이나 방류기술개발사업에 대해서도 일본재배어업협회가 중심이 되어 빠른 시일 내에 검토해야할 것으로 생각한다. 중국의 寧波(닝보)나 靑島(칭타오)부근의 연안에서는 숲뿌리해파리의 에피라를 이미 생산하여 방류하고 있다.

3) 그 외의 이용

ⅰ) 수산업, 해수정화 및 적조의 억제: 쥐치나 말쥐치어업의 경우, 대망(자루망)에 넣는 집어용의 사료로 보름달물해파리가 이용된다. 낚시의 경우, 간혹 붉은쐐기해파리의 우산이 미끼로 이용된다. 노무라입깃해파리나 유령해파리의 우산부분도 가늘게 잘라 참돔, 감성돔, 샛돔 등의 낚시미끼로 이용되는 일이 많다.

보름달물해파리나 붉은쐐기해파리 등 거의 모든 해파리류의 외산(外傘)에는 다수의 점액분비세포가 연결되어 있고, 분비된 점액은 해수 중에 우산과 접촉하는 모든 현탁물질이나 플랑크톤을 휘어 감는다. 먹이가 되지 않는 필요없는 부유물은 점액에 엉겨 체외로 배출되고, 결국 침전되므로 해수정화에 크게 기여하게 된다. 또한, 장식헬멧해파리(*Cassiopea* sp.)를 넣은 원통형수조에 그을음, 먹, 점토를 넣으면, 해파리의 박동과 점액의 분비로 비중이 가벼운 그을음은 뭉쳐져 엷은 막상이 되어 수면상에 뜨지만 먹과 점토는 수조바닥에 침강하였다(그림 143). 또한, 우산 중앙에 소형조류의 일종인 *Symbiodinium* sp.가 공생하는 문어해파리(*Mastigias papua*, 그림 144)나 장식헬멧해파리는 광합성을 하여 해수 중에 대량의 산소(O_2)를 방출하고 탄산가스(CO_2)를 소비

함에 따라, 유기물 정화, 즉 생활배수처리의 활성오니법과 같은 작용을 자연조건 하에서 행하고 있다고 생각된다. 금후 생물을 이용한 해수정화에 해파리의 사용을 검토해 볼 필요가 있다. 이와 관련하여 최근 보름달물해파리의 용해액에서 유해적조생물 중 대표종인 *Heterosigma* sp.의 증식을 억제하는 물질이 개발되어 앞으로 그 성과가 기대되고 있다(1998년, N-TV, 일본대, 廣海 등).

ii) 의약용 유효물질 추출: 중국에서는 이미 오래전부터 보름달물해파리나 자포독이 강한 붉은쐐기해파리, 애기백반해파리 등의 자포에서 중추신경계에 작용하는 약물을 검출하였다. 그 외 최근 성인병의 예방이나 뇌신경기능의 발현에 중요한 기능을 하는 DHA, IPA가 주목되고 있다. 세토나이카이(瀨戶內

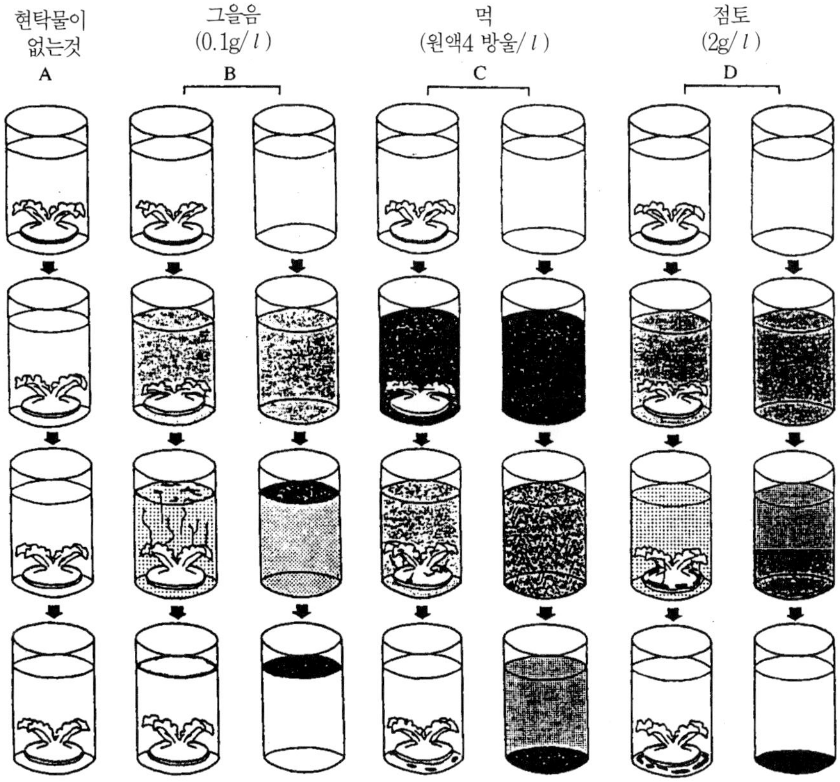

그림 143. 장식헬멧해파리에 의한 현탁물의 정화.

그림 144. 파라오군도의 해수호의 문어해파리 무리(킬대학 Th.Heeger 조교수 제공).

海)에서 채집한 보름달물해파리의 지방산을 추출한 결과, DHA와 IPA는 그 구성의 3.1-17.9%로 꽁치와 같은 정도의 비율을 나타내는 것으로 밝혀졌다. 또한, 필수지방산인 아라키돈산도 3.6-19.3%로 고비율이었다고 한다. 여기서 보름달물해파리 무리(최대 현존량 1,000톤)로부터 앞에 기술한 중요 지방산을 효율적으로 얻을 수 있을 것으로 생각하고 있다(1996년 廣島大 福田와 長沼의 의견).

한편, 중국에서는 식품화된 숲뿌리해파리를 고혈압, 기관지염, 위궤양 및 갑상선 등의 치료용 약물로서 사용하고 있다. 보름달물해파리도 식품화하기 위한 기술개발이 진행되면서 숲뿌리해파리와 같이 의약품의 원료로써의 가치가 있을 것으로 생각된다. 그 외 발광평면해파리의 발광물질을 이용하여 암세포 마커로의 이용과 일본의 전국시대의 무사가 붉은해파리가루를 재채기 유발제로 사용하였다는 기록이 있다. 또한, 보름달물해파리를 포함한 중·대형 해파리류의 자포독을 이용한 알레르기나 과민증 병리의 치료나 신약 개발 그리고 폴립의 특성을 이용한 장기이식 시의 거부반응을 해결하기 위한 연구 등이 진행되고 있다.

마지막으로 보름달물해파리의 색다른 이용방법으로 노르웨이의 산데협곡 지방에서의 방법이 흥미롭다. 여기에 있는 온천시설에서는 신경통이나 류마티스가 보름달물해파리에 의해 치료된다고 한다. 즉 해파리의 상산(上傘)부위를 아픈 부위에 접촉시키면 마사지 작용을 일으켜 그 고통이 빨리 없어진다고 한다. 이러한 의외적인 사용방법은 때로는 아주 좋은 효과를 나타내고 있다. 보름달물해파리의 수명은 1년 이상이므로(제1장 Ⅴ. 영양과 성장 및 Ⅵ. 생활사 참조), 해파리의 사육이나 관리방법에 따라 매년 치료용으로 이용할 수 있을 것이다.

참고문헌

1) 朝日新聞 (1998) : クラゲふわふわ人散々. 福井兵庫で大發生 (8月7日).
2) Blair, E. T. (1970) : *Maryland Conservationist*, 43 (1), 16~22.
3) Chas, W. and G. T. Hargitt (1910) : *Jour. Morph.*, 21 (2), 217~263.
4) 中國科學院南海研 (1978) : 南海海洋生物. pp. 1~153, 科學出版社, 北京.
5) Cleland, J, B. and R. V. Southcott (1965) : *Aust. Nat. Health Med. Res. C. Special Rep. Ser.*, (12), 1~282.
6) Cruzado, A. (1984) : *The Siren*, (25), 24~30.
7) Davidson, V. M. and A. G. Huntsman (1926) : *Trans. Res. Soc. Can.*, 20, Sect. V., 119~125.
8) Fraser, J. (1970) : *Jour. Cons. Int. Explor. Mar.*, 33, 149~168.
9) 福井新聞 (2001) : クラゲ回收技術開發へ共同實驗 (8月25日).
10) 福井新聞 (2002) : クラゲ處理費用4分の1に減 (2月16日).
11) 福井新聞 (2002) : 養殖場へクラゲ. 90 万尾サケ被害(8月9日).
12) 福井新聞 (2002) : 巨大クラゲ漁業直擊 (9月24日).
13) 福井新聞 (2002) : イワシ高嶺の花. クラゲのため旋網 1200万円損害 (10月29日).
14) 福井水試 (2002) : 浜へのたより, (133), 1~4.
15) Hela, I. (1951) : *Suomal. Elain-ja Kasvit. Seur. Van Tieden*, 6, 71~78.
16) 日立造船株式會社 (1996) : クラゲ防除資料 1~7 (コピー印).
17) 飯嶋訓司・川辺充志 (1990) : クラゲ來襲條件とエアーバブリングによる防除對策. クラゲの生態と防除對策セミナー予稿集. pp. 15~41, 名古屋.
18) 石井春人 (2001) : 日本プランクトン會報, 48 (1), 55~61.
19) 石井春人・渡部朋子 (2002) : 付着生物研究, 19 (2), 121~128.

20) 石井素文 (1990) : 取水口の防塵裝置によるクラゲ防除對策. クラゲの生態と防除セミナ一予稿集. pp. 79~86, 名古屋.
21) 柿沼好子 (1961) : 青森縣生物學會誌, 4 (1・2), 10~17.
22) 柿沼好子 (1990) : クラゲによる水質淨化能力. クラゲの生態と防除對策セミナ一予稿集. pp. 87~95, 名古屋.
23) 柿沼好子 (2001) : 大型クラゲの環境生物學. クラゲの大發生が問いかけるもの. 西部ブロック漁海況研究報告, (9), 1~16.
24) 關電技硏 (1968a) : クラゲ防除に關する硏究 (第 1 報). クラゲ來襲と氣象要因について. pp. 1~14 (タイプ印).
25) 關電技硏 (1968b) : 火力發電所におけるくらげの來襲とその對策について. pp. 1~21 (同印).
26) 川端豊喜 (1990) : ミズクラゲの減容試驗. クラゲの生態と防除對策セミナ一予稿集. pp. 96~102, 名古屋.
27) 川辺充志 (1990) : ミズクラゲの食品化. クラゲ對策に關する文獻. pp. 1~4 (コピ一印).
28) 近大農學部 (1970) : クラゲの生態と防除に關する硏究. 中間報告. pp. 1~28 (タイプ印).
29) 洪惠聲ら (1978) : 海蜇, pp. 1~70, 科學出版社. 北京.
30) 黑田一紀 (2001) : 第55回日本海海洋技術連絡會議議事錄. pp. 60~70 (タイプ印).
31) 黑田一紀ら (2000) : 水産海洋硏究, 64 (4), 311~315.
32) 桑原 連ら (1969) : 日水會誌, 35 (2), 156~162.
33) 每日新聞 (1972) : 首都停電マヒ. 交通大混亂クラゲが原因 (7月20日).
34) Matsueda, N. (1969) : *Bull. Mar. Biol. St. Asamushi*, 13 (3・4), 187~191.
35) 三宅裕志 (1988) : ミズクラゲの生物學的硏究. 博士論文, pp. 1~421, 東京大學.
36) Möller, H. (1984) : Daten zur Biologie der Quallen und Jungfish in der Kieler Bucht. pp1~182, Kiel Univ., press, Germany.
37) 日本海新聞 (2002) : エチゼンクラゲ異常發生. 漁業に打撃(11月1日).
38) 日刊工業新聞 (1992) : クラゲ燒却處理システム. 脫水微粉碎. 含水率30% (1月31日).
39) 西村三郎 (1959) : 採集と飼育, 21, 197~202.
40) 西村三郎 (1961) : 同 誌, 23, 194~197.
41) 大森 信 (1981) : 日本プランクトン會報, 28 (1), 1~11.
42) 大鶴正滿 (1980) : 皮膚病診斷, 2 (5), 447~450.
43) 大內一郞 (2000) : 海洋沿岸域の環境変動とクラゲ類の大發生に關する硏究集會. 要旨 pp. 19~20.
44) Russell, F. S. (1970) : The medusa of the British Isles. vol. 2. Pelagic Scyphozoa with a supplement to the first volume on Hydromedusae. pp. 1~283, Cambridge Univ., press London.
45) 內田 亨 (1936) : 日本動物分類. 鉢水母綱. 3 (2), pp. 1~94, 三省堂, 東京.
46) 內田 亨 (1988) : 腔腸動物. ヒドロ虫綱. 新日本動物図鑑. pp. 167~229, 北隆館,東京.
47) 産経新聞 (2000) : 冬の日本海. 困ったクラゲ達 (2月29日).
48) 佐藤喜芳 (1990) : 水流發生裝置の開發について. クラゲの生態と防除對策セミナー予稿集. pp. 42～58, 名古屋.
49) 坂田 進・吉信直俊 (1992) : 火力・原子力發電, 43 (2), 85～91.
50) Schultz, L. P. and D. G. Cargo (1971) : *Nat. Inst. Educ. Set.*, 93, 1～8.
51) 椎野季雄 (1969) : 水産無脊椎動物 : pp. 55～76, 培風館. 東京.
52) 下村敏正 (1952) : 日水研創立30週年記念論文集. pp. 153～160, 新潟.
53) 下村敏正 (1959) : 日水研報, (7), 85～107.
54) 白井 洋 (1984) : 有毒有害海中動物図鑑. pp. 1～360. マリン企畫, 東京.
55) Sloan, N. A. and C. R. Gun (1985) : *Can. Ind. Rep. Fish. Aqua. Sci.*, 157, 1～29.
56) 水産経濟新聞 (1996) : クラゲが魚倉の水溫を上昇. 魚鮮度低下の原因に (11月7日).
57) 水産增殖施設株式會社 (2002) : クラゲの活發化要因に關する研究報告書 (日本原電委託研究). pp. 1～34 (タイプ印).
58) 谷川英一 (1971) : 水産加工學. pp. 1～57, 恒星社厚生閣, 東京.
59) 戸田勝也 (1990) : クラゲ流入網およびポンプ方式による防除對策. クラゲの生態と紡除對策セミナー予稿集. pp. 59～78, 名古屋.
60) 東電技研 (1967) : クラゲ排除對策に關する調査研究 (その 1. クラゲ來襲と事故狀況および氣象の關係). pp. 1～25 (タイプ印).
61) 東海大海洋博物館 (1976) : 海のはくぶつかん, 6 (6), 1～7.
62) 豊川雅哉 (1995) : 東京湾におけるクラゲ類の生態學的研究. 博士論文, pp. 1～110, 東京大學.
63) 山口正士 (1982) : 海洋と生物. 4 (2), 242～248.
64) 安田 徹 (1979) : ミズクラゲの生態と生活史. pp. 1～227, 産業技術出版社, 東京.
65) 安田 徹 (1984) : クラゲの毒について. 若越水産, (266), 10～12.
66) 安田 徹 (1988) : ミズクラゲの研究. 水産研究叢書37, pp. 1～136. 日本水産資源保護協會, 東京.
67) 安田 徹 (1995) : 再びエチゼンクラゲの大發生. うみうし通信. (9), 6～9.
68) 安田 徹 (2000) : 日本海に出現する主なクラゲ類の生態. 日本海水産海洋研究推進レポート1999. pp. 72～75 (タイプ印).
69) Yasuda, T. and Y. Suzuki (1992) : *Bull. Pl. Soc. Japan*, 38 (2), 147～148.
70) 山本直史ら (2000) : 付着生物研究, 17 (1), 57～60.
71) 吉井楢雄 (1934) : 動 雜, 46 (546), 167～172.

Ⅲ. 해파리의 사육과 전시

Ⅲ-1. 해파리 수족관 전시의 역사

수족관에서 해파리류의 사육과 전시 역사를 보면, 유럽에서는 1905-6년경부터 나폴리수족관에서 전시를 시작하였다. 일본에서도 명치(明治)시대 사카이시(堺市)의 사카이(堺)수족관에서 해파리를 사육, 전시했다는 기록이 있다. 그러나 수족관의 수조 내에서 해파리를 "살아있는" 상태로 장기간 전시한다는 것은 불가능 하였을 것으로 판단된다. 일본의 수족관에서 해파리를 본격적으로 전시할 수 있었던 것은 동북(東北)대학 이학부 부속 천충(淺虫)임해실험소장 겸, 수족관장인 平井越郎박사의 공적이 크다. 박사의 전공이었던 해파리 생활사 연구를 수족관 전시에 활용하기 위하여 시도하였으며, 그 방법 중 하나로 사육한 작은 히드라해파리 등을 확대 전시하는 마이크로 아쿠아리움을 도입하였다. 이 장치는 현미경, 카메라와 모니터를 연결한 것으로 처음으로 수족관 전시에 응용한 것이다.

많은 해파리 중에서도 처음으로 사육전시 방법이 확립된 것은 보름달물해파리이다. 平井박사는 보름달물해파리의 전 생활사를 해명하였고, 당시 박사의 조수로 가고시마(鹿兒島)대학의 교수가 된 柹沼好子박사가 빛이나 수온변화 자극으로 사육하면서 해파리를 유리(遊離)시키는 방법을 개발하였다. 이러한 연구를 바탕으로 1968년 우에노(上野)동물원 수족관에서 본격적인 보름달물해파리의 상설전시가 시작되었다. 이어서 에노지마(江ノ島)수족관에서도 보름달물해파리의 상설전시를 시작하여 현재 12종의 상설전시가 이루어지고 있다.

Ⅲ-2. 해파리 판타지아 홀

에노지마(江ノ島)수족관의 해파리 전시코너[해파리 판타지 홀]에는 직경 60-70cm의 큰 북모양의 수조, 직경 1m의 원주형 수조, 용량 100-1,500 l 의 각형(角形) 수조 등에 12종의 해파리류를 상설 전시하고 있다. 수조는 관람자

를 둘러싸듯이 배치되어 있으며, 이 곳만의 독자적인 공간을 만들고 있다.

에노지마(江ノ島)수족관에서 해파리류의 사육전시 역사는 1954년 개관과 함께 시작된다. 동경대학 명예교수인 초대관장 (故)雨宮育作박사는 참물해파리의 사육경험도 있어 당초부터 해파리류를 전시생물 가운데서도 중요한 동물군으로 정하였다. 개관초기의 가이드북에도 보름달물해파리를 시작으로 붉은쐐기해파리나 무희나선꼬리해파리 등 컬러사진과 종에 대한 설명이 기재되어 있었다. 그 당시 장기간의 사육은 어려웠으며, 채집해 온 해파리를 수조에 넣는 계절적인 전시였지만 적극적으로 다양한 종류의 해파리를 전시하려는 노력이 보였다. 그런 배경과 함께 간혹 방문하였던 昭和천황이 자신의 전공이었던 히드라충류 해파리를 언젠가는 꼭 한번 보고 싶다는 말이 자극이 되어 해파리류의 전시에 전력을 다하며 보다 본격적으로 착수하였다. 1968년 동경의 백화점에서 행하여졌던 사가미(相模)만 생물전에서 자포동물(刺胞動物)을 중심으로 한 전시는 그 첫걸음이 되었다. 1973년 3월부터 소형수조와 마이크로 아쿠아리움을 사용한 상설전시코너를 설치하여 그 이후 2번에 걸쳐 확장

그림 145. 해파리 환상홀.

개장하여 1988년부터 현재의 형태로 전시하게 되었다. 최근 해파리를 전시하는 수족관은 점점 증가하고 있고, 새로이 계획되는 시설에서도 해파리류의 전시는 제외시킬 수 없는 종으로 생각하는 곳이 많다. 수족관에서 해파리 그 자체의 연구도 적극적으로 행해지고 있지만 전시방법에 대해서도 다양한 연구가 계속되고 있어 금후 눈부신 발전이 기대되는 분야이다(그림 145).

III-3. 전시되고 있는 해파리 종류

1) 해파리강류

ⅰ) 보름달물해파리(*Aurelia aurita*): 에노지마(江ノ島)수족관에서 가장 오래 전시 된 종으로 1968년에 폴립을 가져온 후 사육을 계속하고 있다. 전 세계 바다에서 넓게 서식하고 있으며, 세계 각지의 수족관에서 전시되고 있는 종류이다. 사육과 전시의 기본이라 말할 수 있는 해파리이다. 일본에서는 여름부터 가을에 걸쳐 가장 흔하게 볼 수 있다. 우산 위에서 보면 4개의 원형을 한 생식소가 투명하게 보이므로 "4개 눈 해파리" 라고도 불리고 있다. 독성이 약하고 쏘여도 통증이 거의 없지만, 대량 발생하여 발전소의 냉각수 취수구를 막아 정전을 일으키는 경우가 있다(그림 146).

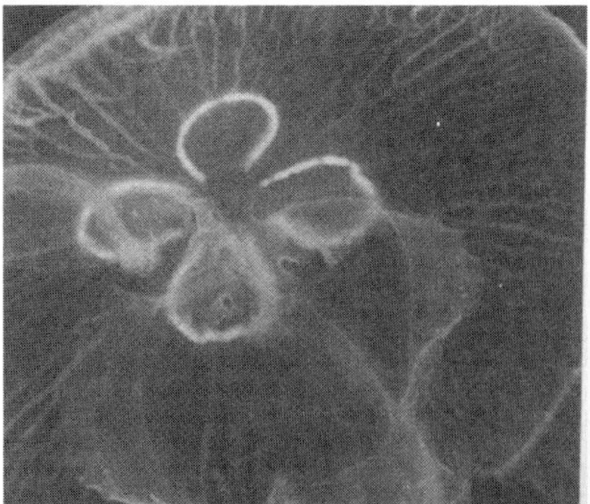

그림 146. 보름달물해파리.

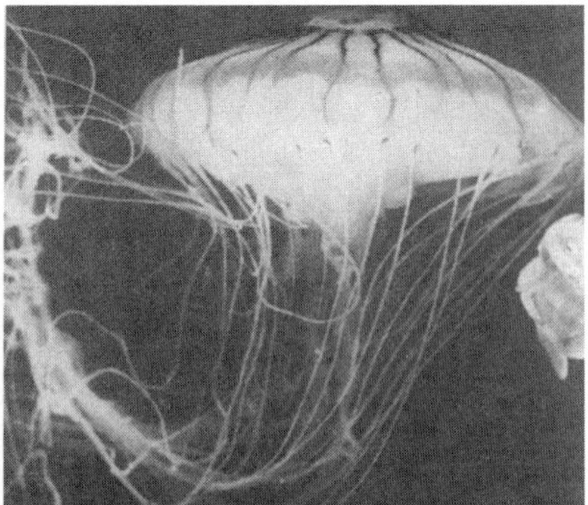

그림 147. 붉은쐐기해파리.

ii) **붉은쐐기해파리(*Chrysaora melanaster*)**: 일본에서는 겨울부터 초여름에 걸쳐 흔히 볼 수 있다. 우산의 아래 등에 갑각류가 숨어있거나 어류를 동반하기도 한다. 우산 위에는 갈색의 방사상 줄무늬가 있으며, 대형은 직경 15cm, 구완(口腕)의 길이는 1m 이상에 달한다. 독성이 비교적 강하고 쏘이면 통증이 있다. 이 해파리의 촉수를 건조시켜 분말로 만든 것이 콧구멍에 들어가면 재채기를 일으키고, 또 이것을 眞田幸村方의 닌자(忍者)가 사용하였다는 기록에서 "하쿠숀(재채기 의성어 "에취"에 해당)해파리" 또는 " 사나다(眞田)해파리"라 부르기도 한다(그림 147).

iii) **말레이원양해파리(*Sanderia malayensis*)**: 혼슈(本州)중부에서 큐슈(九州)지역에 걸쳐 생식하며, 특히 아마쿠사(天草)지방에서 많이 출현하여 아마쿠사(天草)해파리라고 불려지기도 한다. 독성이 강하고 쏘였을 때 통증이 있다. 우산표면이나 촉수에 자포(刺胞)가 모여 과립처럼 보이는 자포독이 다수 있는 것이 육안으로 확인된다(그림 148).

iv) **쐐기풀해파리 일종(*Chrysaora fuscescens*)**: 미국의 오레곤주에서 북캘리포니아 연안에서 여름에 잘 나타난다. 성장하면 우산의 직경이 80cm, 구완(口腕)의 길이가 4m에 달하는 세계 최대급 크기의 해파리이다. 이 해파리는 "바다의 쐐기풀"이라고 불리며, 그 이름과 같이 독성이 강하고 쏘이면 아프며,

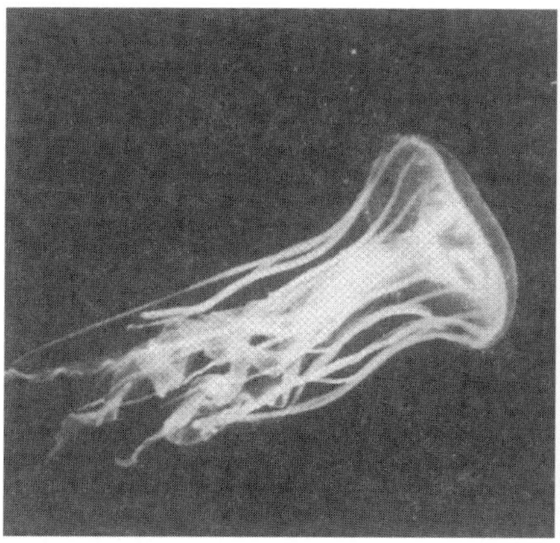

그림 148. 말레이원양해파리.

그림 150. 문어해파리.

부종이 생기는 일이 있다. 그러나 길게 늘어진 긴 구완(口腕)에 소형 갑각류 등이 숨어있는 경우도 있으며, 대형 자리돔의 일종이 구완(口腕)을 즐겨 먹는다(그림 149: 삽입그림).

v) **문어해파리(*Mastigias papua*)**: 사가미(相模)만의 파도가 잔잔한 내만에서 7-10월에 볼 수 있다. 우산 아래에 문어발처럼 보이는 8가닥의 봉상(棒狀)의 기관이 있어 붙여진 이름이다. 체색은 갈색을 띄고 있으나 이 해파리 자체색은 아니며, 체내에 공생하는 단세포조류의 색이다. 조류를 체내에 생식시켜 광합성에 의해 만들어지는 당류 등을 영양분으로 이용하고 있다(그림 150).

vi) **장식헬멧해파리(*Cassiopea* sp.)**: 아열대, 열대성의 해파리로 모래지역의 천해(淺海)나 해조숲 등에 서식한다. 거의 유영하지 않으며, 우산을 거꾸로 하여 해저에 가라앉아 있는 경우도 많다(그림 151)

vii) **모래빛해파리(*Rhopilema asamushi*)**: 일본 연안에서는 여름부터 가을에 걸쳐 나타난다. 식용 해파리로 큰 것은 우산 직경이 40cm에 달한다. 이 종의 입은 "흡입하는 입"이라고 하여 위강(胃腔)에 연결되는 다수의 가는 관의 끝부분이 구완(口腕) 부분에 열려있다. 주로 소형동물플랑크톤을 흡입하여 섭취한다(그림 152).

그림 151. 장식헬멧해파리.

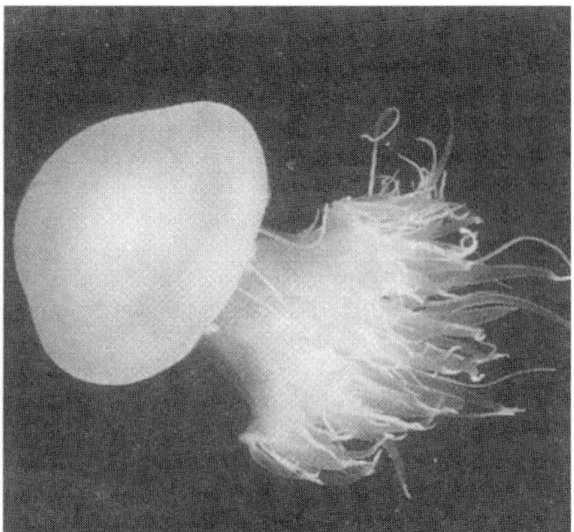

그림 152. 모래빛해파리.

viii) **블루젤리피쉬(*Catostylus mosaicus*)**: 필리핀 근해 등에 서식하는 해파리로, 최근 애완동물가게에서 많이 취급하고 있다. 비교적 박동리듬이 빠르고, 유영력이 강하다(그림 153).

2) 히드라충강

i) **모자해파리(*Leuckartiara octona*)**: 3-4월에 걸쳐 태평양 연안의 온대해역에 잘 나타난다. 우산직경 6mm, 높이 1cm 정도의 작은 해파리이다. 구순(口脣)이나 구병(口柄), 촉수의 근원(根元)에 있는 안점은 홍색을 띈다. 삿갓에 모자(烏帽子)모양의 한천질 돌기가 있어 붙여진 이름이다(그림 154)

ii) **우라시마해파리(*Urashimea globosa*)**: 에노시마(江ノ島) 부근에서는 봄에 잘 나타나며, 우산직경이 1cm, 높이가 1.5cm 정도의 해파리이다. 4가닥의 촉수에 짧은 자루가 연결된 가는 바늘모양 같은 구조가 다수 있으며, 이 부분에 자포(刺胞)가 연결되어 있다(그림 155 삽입그림).

iii) **무희나선꼬리해파리(*Spirocodon saltatrix*)**: 사가미(相模)만에서 이른 봄에 나타난다. 우산직경이 5-6cm, 높이가 8cm 정도인 해파리로 촉수가 머리카락모양으로 길게 뻗쳐진 모양이라 "머리카락해파리"로 이름이 붙여졌다. 촉수의 기부에는 붉은색의 안점이 있다(그림 156 삽입그림).

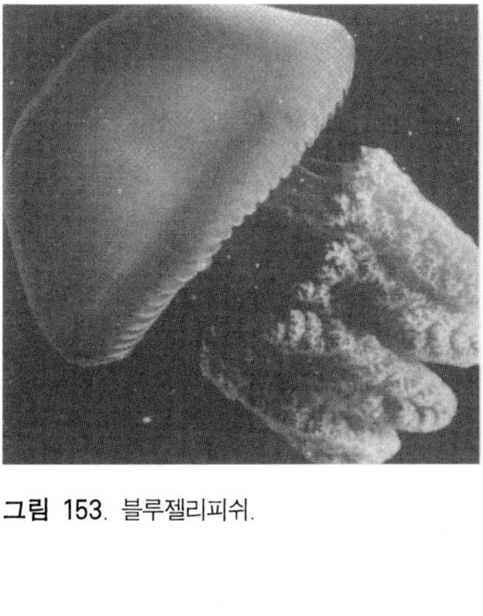

그림 153. 블루젤리피쉬.

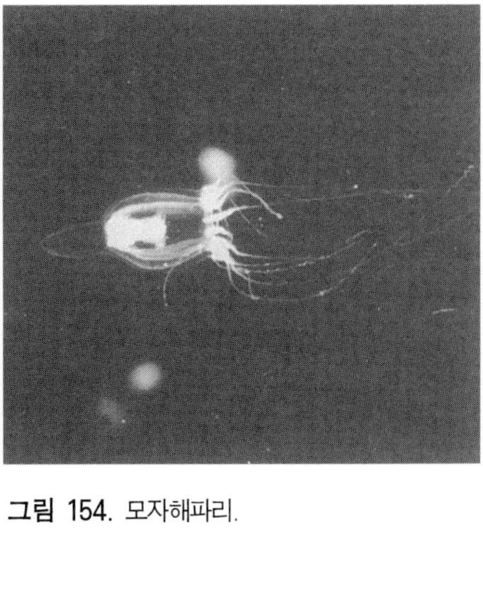

그림 154. 모자해파리.

iv) **발광평면해파리(*Aequorea coerulescens*)**: 에노지마(江ノ島) 부근에서는 초봄에 볼 수 있다. 발광해파리로 유명하며, 자극에 따라 우산 가장자리나 생식선이 청록색으로 발광한다. 우산은 편평한 사발모양이고, 가장자리에는 100가닥 정도의 촉수가 있다. 우산의 중앙에 있는 입은 크게 벌릴 수 있고, 다른 해파리를 통째 삼키기도 한다. 우산직경이 20cm에 달하고 히드라충류 중에서는 가장 크게 성장하는 종류이다(그림 157).

v) **유리해파리(*Tima formosa*)**: 에노지마(江ノ島) 부근에서는 봄부터 여름에 걸쳐 잘 나타난다. 성장하면 우산직경이 7-8cm 정도된다. 구병(口柄)이 길고, 위강(胃腔)이 우산의 바깥으로 돌출해 있다(그림 158 삽입그림).

vi) **꽃모자갈퀴손해파리(*Gonionema vertens*)**: 사가미(相模)만에서는 봄에서 여름에 걸쳐 볼 수 있다. 촉수의 끝부근이 휘어져 있어 "갈퀴손해파리"로 불리고 있다. 또한 이부분에는 부착세포가 있어 이것을 이용하여 해조 등에 부착할 수 있다(그림 159 삽입그림).

vii) **꽃우산해파리(*Olindias formosa*)**: 에노지마(江ノ島) 부근에서는 봄부터 여름에 걸쳐 수심 60m 정도에서 자망에 걸려든다. 큰 것은 우산직경이 20cm에 달하고 화려한 녹색이나 분홍색을 띈 촉수가 우산 가장자리 뿐만 아니라 우산 위에도 나타나는 것이 특징이다. 그 형태에서 "하나가사(花笠)해파

그림 157. 발광평면해파리.

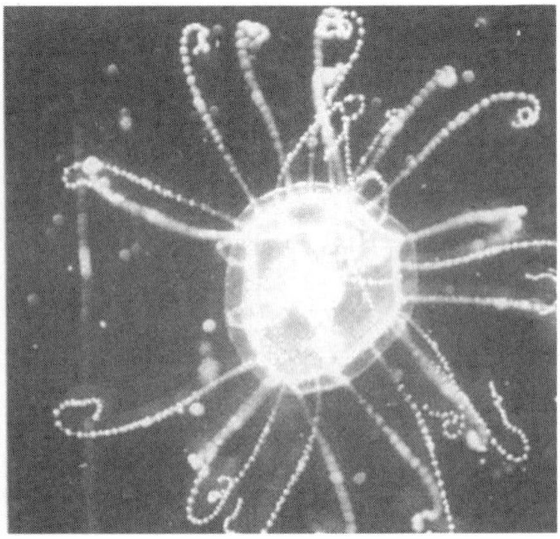

그림 161. 애기주머니갈퀴손해파리.

리"라는 일본명이 붙어졌다(그림 160 삽입그림).

viii) 애기주머니갈퀴손해파리(*Scolinonema suvaense*): 에노지마(江ノ島)에서는 6-7월경에 잘 나타난다. 우산직경이 1cm도 안되는 소형 해파리이다. 촉수의 끝부분에 부착기가 있어 이것으로 해조 등에 부착할 수 있다. 수정란에서 플라눌라와 폴립을 거쳐 해파리가 되는 유성생식 외에 해파리의 방사관(放射管)에 해파리싹을 만들며, 이것이 작은 해파리가 되어 어미의 몸에서 떨어져 유영해 나가는 무성생식도 보인다. 이러한 생식에서 "애기주머니갈퀴손(새끼를 가지는 갈고리)해파리"라는 이름이 붙여졌다(그림161).

3) 입방해파리강

i) 라스톤입방해파리(*Carybdea rastoni*): 한여름 8월 15일을 지나 많이 나타나며, 해수욕객이 쏘여 피해를 입는 해파리가 주로 이 종이다. 사가미(相模)만에서는 10월경까지 나타난다. 우산은 입방형(立方型)으로, 그 형태에 의해 "안돈(行燈)해파리"로 불린다. 입방형 우산의 가장자리 각 꼭지점에서 1가닥씩의 촉수가 있으며, 합하여 4가닥의 촉수가 생긴다(그림 108 삽입그림).

4) 유즐(有櫛)동물문의 해파리

i) 투구빗해파리(*Bolinopsis mikado*): 유즐동물문 그룹에 속하는 해파리로 젤리질의 대형플랑크톤이라는 점에서는 자포동물문의 해파리와 매우 닮았으나 독액을 가진 자포를 가지고 있지 않다. 몸이 약하고 부서지기 쉬운 해파리이지만 때로는 대량 발생하여 어업에 방해가 되기도 한다. 빛을 반사하여 무지개색으로 비춰보이는 것은 즐판(櫛板)이라는 운동기관으로, 이 그룹의 큰 특징 중 하나이다(그림 162 삽입그림).

ii) 오이빗해파리(*Beröe cucumis*): 유즐동물문의 해파리로 일본연안에 잘 나타난다. 어란(魚卵)이나 자치어 등의 동물플랑크톤을 먹이로 하는 외에 자신과 같은 오리빗해파리나 투구빗해파리와 같은 유즐동물문의 해파리를 큰 입을 반전시켜 통째로 먹는 일도 있다.

III-4. 폴립과 해파리 확보방법

에노지마(江ノ島)수족관에서 폴립 및 해파리를 확보하는 것은 직접채집이나 증식 혹은 어업인에게 의뢰, 업자로부터의 구입, 다른 수족관이나 연구기관 등으로부터의 기증, 교환 등으로 이루어진다. 그 외 특히 폴립의 경우, 반입한 해수 중에 포함되어 있거나 구입한 어류나 돌에 부착되어 있거나 한 것이 수조 내에서 번식하는 등, 뜻하지 않게 얻어지는 일도 있다. 확보한 해파리는 직접 바로 전시하는 경우가 있는가 하면, 그것을 사육하여 번식시킨 것을 전시하는 경우도 있다. 현재 사육하고 있는 많은 종류는, 계대번식시킨 폴립으로 거기서 유리(遊離)된 해파리이다.

채집하여 해파리를 확보한 경우에는 목적으로 하는 종류를 효과적으로 획득하기 위해 과거의 경험이나 자료를 참고로 하여 적당한 장소와 시간을 정한다. 또한, 그 기초가 되는 정보를 수집하기 위하여 출현종의 확인을 목적으로 조사채집을 실시하는 것도 중요하다. 채집에 필요한 도구는 긴자루가 달린 망목이 가는 망이나 바가지, 물통, 비닐봉투 등이다. 목적하는 해파리가 육안으로 확인되는 큰 것이 있으면, 그것을 잡아 망에 넣으면 된다. 부서지기 쉬운 종류의 경우는 바가지를 이용하여 물과 함께 뜬다. 조사채집의 경우, 플랑크톤네트를 끌듯이 망을 수중에서 상하로 움직이면서 수평방향으로 이동시켜 망에 걸린 것을 물을 담아둔 물통 안에 놓는다. 사육실에 가지고 돌아와 관찰하면 우산직경이 수 mm의 히드라해파리류가 발견된다. 운송 시에는 해파리를 적당한 양의 해수와 함께 비닐봉투에 넣어, 공기가 들어가지 않도록 입구를 고무밴드로 묶어준다. 공기가 들어가면 물이 흔들릴 때 해파리의 우산에 기포가 들어가 몸체를 파손시킬 위험성이 있다. 온도변화에 의한 채집물의 손상을 방지하기 위하여 스치로풀상자나 아이스박스를 사용한다.

III-5. 사육수, 먹이, 빛

사육수는 신선한 해수(비중 1.022-1.025, pH 8.0-8.4)를 여과하여 사용하고

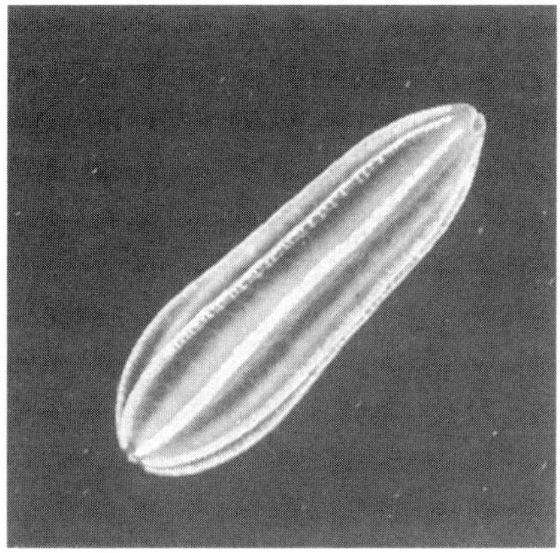

그림 163. 오이빗해파리.

종류에 따라 조건을 고려하여 온도조절을 한다. 천연해수가 유입되지 않는 경우는 인공해수를 사용한다. 환수시의 유의점은 다른 해양생물의 경우와 같이 수온 및 비중의 변화가 없도록 맞추어 해파리에 손상을 극히 적도록 주의한다.

먹이는 주로 부화직후의 브라인쉬림프(알테미아, 노플리우스유생)를 이용한다. 적당한 양을 사육수 중에 뿌려주든지, 또는 피펫으로 각 개체에 넣어주거나 소형용기에 해파리를 넣어 그곳에 먹이를 주어 집중적으로 섭취가 가능한 방법을 사용한다. 종류에 따라 살아있는 치어, 바지락, 크릴새우류 및 어패류를 잘게 분쇄한 것 등을 수일 간격으로 주어 영양면에서도 고려를 하고 있다. 최근에는 각 제조회사에서 인공사료를 연구, 개발하고 있어 금후 좋은 것이 나오면 사용하려고 한다(그림 164).

조명은 일반적으로 관찰이나 사육작업에 불편함이 없도록 하고 있다. 전시수조의 경우, 해파리의 체색 등을 고려하여 주광색 형광등, 식물육성용 형광등, 알루미늄램프 등을 사용하고 있다. 공생조류를 가지는 종류는 식물 육성용 형광등이나 할로겐램프을 주로 사용하며, 조도나 조명시간도 고려하여 조정하고 있다.

III-6. 사육장치

유영력이 약한 해파리의 사육은 해파리가 천천히 유영할 수 있는 수류와 여과조에 들어가는 배수구에 빨려 들어가지 않도록 하는 것이 중요하다. 에노지마(江ノ島)수족관에서는 배수구 또는 배출구 앞에 작은 구멍을 다수 뚫어둔 스크린을 세워서 이러한 문제를 해결하였다. 최근 몬토레이만수족관에서 개발

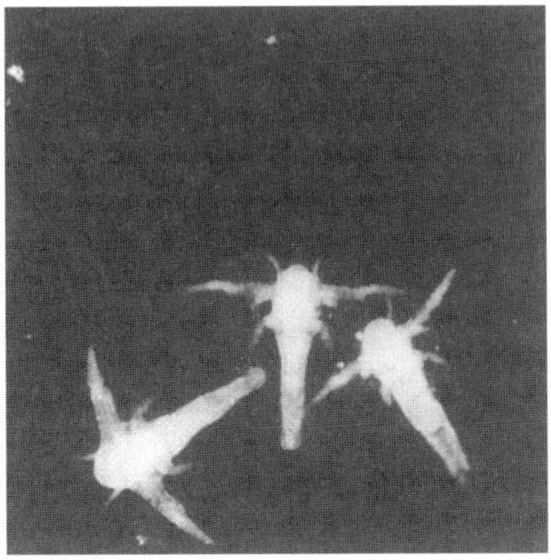

그림 164. 알테미아의 노우플리우스유생.

된 주수구와 배수구의 위치에 착안한 큰 북형의 수조나 이와 유사한 방식의 토바(鳥羽)수족관의 수조 등 다양한 해파리사육용 수조가 개발되고 있다. 에노지마(江ノ島)수족관에서도 큰 북형수조를 전시수조로 2개 도입하고 사육전시의 수준을 높이는데 노력하고 있다. 그러나 시행착오를 반복한 사육장치라도 때로는 해파리가 기형이 되거나 물리적인 장해로 파손되거나 하는 경우가 있어 세밀한 조정이 필요하다. 또한, 종류에 따라 미묘한 차이가 있으며 동일 종이라도 성장단계에 따라 사육조건이 달라져 다양한 방식을 사용하는 것이 현 상황이다. 현재 에노지마(江ノ島)수족관에서는 다음 4가지 방식을 구분하여 사육하고 있다.

· 소형용기에 의한 지수(止水)사육
· 스폰지필터를 사용한 수조사육
· 비이커 또는 소형수조에 있어 통기교반사육
· 외부식 순환여과수조

1) 폴립: 복수종의 폴립을 동일 용기 내에서 사육하면 자포독(刺胞毒)의 강약, 환경적응 등으로 강한 종이 약한 종을 내몰게 되므로 한 종류씩 나누어 사육하도록 하고 있다.

폴립의 사육, 번식 및 보존에는 유리접시나 수지용기 등 소형용기로 지수(止水)사육과, 스폰지필터를 설치한 10-40 *l* 의 수조를 이용한 2가지 방법을 주로 사용하고 있다.

ⅰ) 소형용기에 의한 지수(止水)사육: 먹이공급은 몇 일 간격을 두고 하며, 먹이공급 시에는 먹이 먹는 것을 확인한 후(약 3-4시간 후) 환수한다. 이

때 피펫을 사용하여 남은 먹이 등을 물과 함께 흡입하여 제거한다. 이때 세척을 깨끗이 하지 않으면 선충류나 원생동물 등이 번식하여 폴립을 잡아먹게 된다. 또한, 피펫으로 제거되지 않는 오염물이나 자라난 조류 등은 이쑤시개나 면봉을 이용하여 용기에서 닦아낸다. 조류 등이 용기 내에 번식하면 폴립이 새로운 군체를 만들 수 없거나 역으로 조류의 위쪽에 무리를 퍼뜨려 뒤에 폴립과 분리하는데 어렵게 된다. 소형용기에서의 지수(止水)사육은 일손이 많이 필요한 방법이지만 관찰하기 쉽고 항온기 등 한정된 공간에 많은 단일종 폴립을 다른 종과 격리하여 사육할 수 있으므로 새로운 종의 군체 육성이나 보관 목적의 경우에 유효한 방법이다(그림 165).

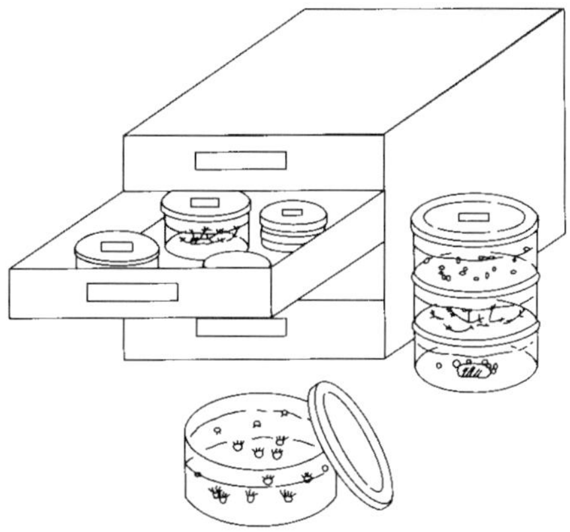

그림 165. 소형용기에 의한 지수사육.

ii) 스폰지필터 수조에서의 사육: 이 방법으로 폴립을 대량 사육할 수 있다. 폴립은 처음 슬라이드글라스나 돌 등에 부착시켜 수조 내에 수용한다(폴립은 부착시키고자 하는 기반 위에 군체를 두고 1주정도 정치시켜 두면 부착한다). 환경이나 조건이 좋으면 수조 측면, 저면에 군체가 넓게 퍼진다. 먹이공급은 1일 1-2회 실시하고, 환수는 수조의 오염이나 수질을 고려하여 월 1회 정도 실시한다. 이 방법은 폴립의 관찰이 어려운 것과 다른 종의 폴립이 혼입하기 쉬운 결점이 있지만 먹이섭취나

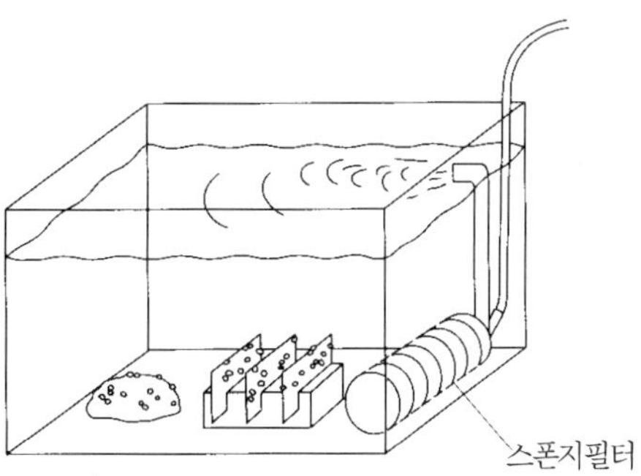

그림 166. 스폰지필터를 이용한 사육.

환수면에서 손쉽고 비교적 간단하게 대량의 폴립을 유지할 수 있는 이점이 있다(그림 166).

iii) 폴립의 이식(移植): 해파리 사육의 성공은 건강한 폴립의 군체를 확보하고 있는지에 따라 결정된다고 해도 과언이 아니다. 폴립 군체를 장기사육하면 번식력이 약해지거나 위축되는 경향이 나타나거나 또는 용기의 허용용량 이상으로 번식하는 경우도 있다. 그 결과, 건강한 해파리를 얻는 것은 어려워진다. 여기서 항상 양질의 폴립을 보유하기 위해서는 군체의 일부를 남기고 오래된 군체는 제거하여 다시 무성생식으로 새로운 군체를 형성시키거나, 군체의 일부를 다른 용기에 이식시키는 일이 필요하다. 이러한 이식으로 동일 종의 폴립을 복수의 장소에 분산시켜 보관시켜 두는 것은 전멸을 예방하는 수단으로도 중요하다.

2) 해파리

i) 비이커 또는 소형수조에서의 통기(通氣)교반 사육: 에피라유생이나 어린 해파리, 소형 해파리 등은 0.5-5 l 의 비이커나 10-40 l 의 수조에 수용하여 유리관으로 통기사육하고 있다. 이 방법은 해파리가 기포에 둘러싸여 작은 손상을 받을 가능성이 있으나 작은 해파리의 사육에는 적합한 것으로 생각된다. 단, 여과기를 설치하지 않으므로 자주 환수가 필요하다. 또, 이 방법으로는 해파리의 우산 가운데 기포가 들어가 해파리를 수면에 부상시켜 구멍을 뚫을 위험이 있어 성장상태를 잘 관찰하고 해파리가 기포를 끌어들이는 크기가 되면 빨리 다음 단계의 사육방

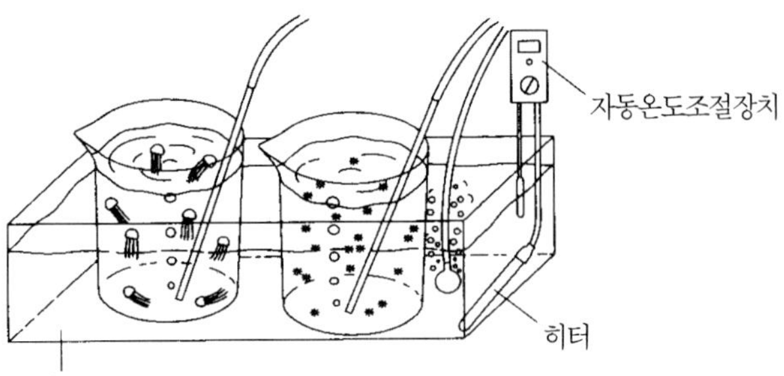

그림 167. 비이커를 사용한 통기 교반사육.

법으로 전환해 줄 필요가 있다. 수온조절은 항온수조로 한다. 얕은 수조 등에 물을 넣고 냉각기나 히터로 적당한 수온으로 조절한 곳에서 해파리를 수용한 용기를 넣는다. 주위의 물이 용기내에 들어가지 않도록 주의가 필요하다(그림 167).

ii) **외부식 순환여과수조에 의한 사육**: 이 방법은 기본적으로 어류사육수조와 같은 구조이지만 유영력이 약한 해파리를 수조내에서 부유시키기 위하여 2가지 방법을 사용한다. 첫번째 방법은 해파리에 적당한 흐름을 만들어 유영을 보조하기 위한 것으로 주수구의 방향이나 순환량을 조절하는 것이다. 또 다른 방법은 해파리가 배수구에 빨려 들어가지 않도록 수용하는 해파리의 크기에 적합하도록 작은 구멍을 다수 뚫은 수지판을 배수구의 바로 앞에 설치하는 것이다. 다공판과 수조 사이에는 간격이 생기지 않도록 주의하여야 한다. 약간이라도 간격이 있으면, 그곳을 통하여 해파리가 배수구로 빨려 들어갈 위험이 있다. 또한 배수구의 파이프는 다공판과 반대로 향하게 설치하여 약간이라도 해파리에게 영향을 주지 않도록 세심한 주의를 기울여야 한다. 유입수의 샤워파이프는 거의 수면에 접하도록 설치한다. 샤워파이프가 완전하게 수중에 설치되면 유영하고 있는 해파리가 수류에 걸려들 위험이 있기 때문이다. 기본적으로 샤워파이프의 유출구는 아래로 향하거나 수평방향으로 설치하지만 해파리의 상태를 보면서 미세하게 조정한다. 흡수량, 주수량도 밸브로 조정하고 해파리가 천천히 떠서 유영할 수 있는 수류를 만든다. 수온조절을 할 때에는 수조 내에

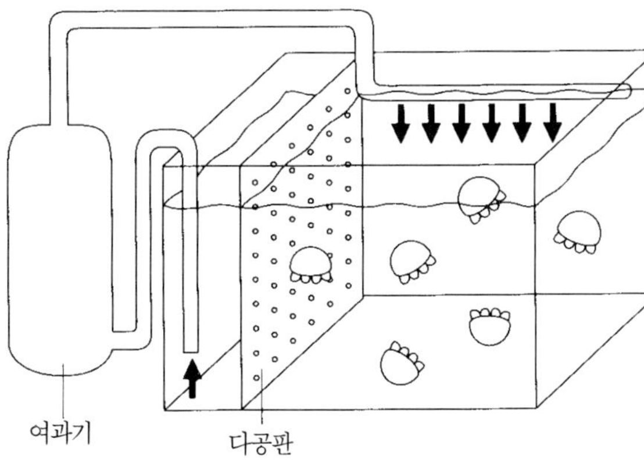

그림 168. 외부식 순환여과수조.

직접 히터 또는 냉수기를 설치하거나 항온수조식으로 하여 수온조절을 한 물에 수조를 넣는다. 환수의 기준이 되는 pH는 8.0으로 하지만 측정치에 너무 의존하지 말고, 생물자체의 상태를 보면서 판단한다. 현재 에노지마(江ノ島)수족관에서는 100-1,500 *l* 의 수조에서 이 방법을 사용하여 사육하고 있으며, 우산직경이 3mm인 애기주머니갈퀴손해파리에서부터 우산직경 30cm의 보름달물해파리의 사육까지 가능하다(그림 168).

iii) **폴립으로부터 해파리로의 유리(遊離)**: 폴립에서 해파리를 유리시키는 경우는 폴립의 사육환경에 어떤 변화 자극(주로 수온차)을 주어 해파리의 유리를 유발하고 있다. 수온자극방법 등은 여러차례 실험을 통하여 얻어진 값으로 한다. 히드라충류에 대하여서는 환수하는 것이 자극이 되는 경우도 있으므로 이 방법도 이용하고 있다.

iv) **해파리에서 폴립의 채집**: 해파리강류는 수조(방출된 플라눌라가 여과기에 빨려들어 가는 것을 막기 위해 일시적으로 순환을 정지시켜 둔다)에 성숙한 자웅개체를 수용하여 수중에 플라눌라가 방출되었을 때, 피펫으로 채집하거나 구완(口腕)의 밑부분에서 직접 플라눌라를 흡입하여 채집한다. 이렇게 얻어진 플라눌라를 평판접시 등에 옮겨 폴립으로 변태시킨다. 또한, 일반적으로 여과순환수조에서 성숙한 암컷개체가 플라눌라를 방출하고 이것이 수조 측면이나 수지판(樹脂板)에 부착하여 폴립으로 변태한 것을 채집하기도 한다. 히드라충류도 이와같이 성숙한 해파리를 소형수조에 수용해 두면 사육수중에 방란(放卵), 방정(放精), 수정(受精)이 일어나 플라눌라가 얻어진다. 이것을 피펫으로 채집하여 평판접시에 옮겨 폴립으로 변태시킨다. 또한 일반적으로 사육수나 여과조 중에 부착한 폴립의 군체도 채집한다.

III-7. 대표종의 사육

1) 보름달물해파리(*Aurelia aurita*)

i) **종 확보 방법**: 현장에서 보름달물해파리를 채집하기에 적당한 시기는

1년에 2회 있다. 초여름부터 가을에 걸쳐 조경역이나 해안 하구부근에 큰 무리로 나타나는 경우가 있다. 큰 수조가 있다면 해파리를 채집하여 바로 수조에 넣어 사육할 수 있다. 겨울부터 봄에 걸쳐 파도가 잔잔한 시기에는 수면부근에서 직경 3mm 정도의 에피라유생을 발견할 수 있다. 이 에피라유생을 채집하여 크게 키울 수도 있다. 또한 충분하게 성숙한 암컷개체는 플라눌라를 가지고 있으므로 채집해 와서 수조에 넣어두면 플라눌라를 방출하여 이것이 변태하여 폴립이 되어 무성생식으로 수조내에서 증식한다. 해파리를 채집해 오지 않더라도 구완(口腕) 밑부분의 보육낭(保育囊)주변을 피펫으로 흡입하면 플라눌라를 얻을 수 있다. 이것을 해수와 함께 가지고 와서 정치시켜 두면 폴립으로 변태한다. 채집을 나가기가 어려울 경우, 최근에는 애완용품상에서 보름달물해파리를 구입할 수도 있다. 가게에서 팔고 있는 보름달물해파리는 우산직경이 5cm 전후로 다루기 쉬운 크기의 것이 많으므로 가정용 수조에서도 바로 사육할 수 있다.

ii) **폴립의 사육**: 군체의 일부를 빼내거나 환수 등 향후의 작업효율을 생각하면 폴립은 어떤 기반에 부착시켜 두는 것이 좋다. 슬라이드글라스 등에 부착시킨 폴립을 수조에 수용하여 스폰지필터로 여과하여 사육한다. 먹이는 브라인쉬림프를 1일 1-2회 준다. 사육수온을 10℃ 정도 내리면 2-4주 후에 스토

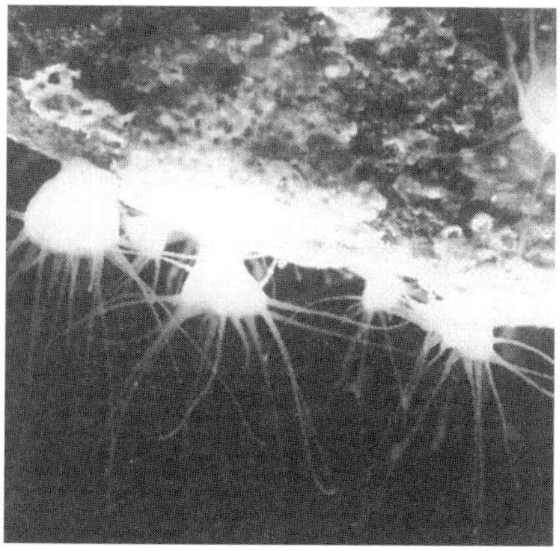

그림 169. 보름달물해파리의 폴립.

그림 170. 보름달물해파리의 횡분체(strobila).

로피레이션(횡분열)을 시작한다. 횡분열시에는 한 개의 폴립에서 복수의 에피라를 유리(遊離)하는 다판형(poly-disk-type)과 1개체의 에피라를 유리하는 단판형(mono-disk-type)도 있지만 본종은 다판형의 종으로 많은 경우는 1개의 폴립에서 10개체의 에피라를 유리한다. 횡분열로 에피라유생을 유리하여도 기부는 남아 다시 촉수를 연장시켜 폴립이 된다. 그러나 회복하기까지는 어느 정도의 기간이 걸리므로 군체의 일부는 수온자극을 주지 않고 폴립 그대로 유지시켜두는 편이 좋다(그림 166, 167, 168).

iii) 해파리사육

· 에피라유생-어린해파리(우산직경 1cm 정도 크기): 1-5 *l* 정도의 비이커 또는 소형 수조에 수용하여 통기교반사육을 실시한다. 용기는 해파리의 크기와 개체수를 고려하여 적당한 크기의 것을 선택한다. 먹이는 브라인쉬림프를 1일 1-2회 주고, 먹이섭취 상태를 확인한 후 환수한다(그림 172).

· 어린해파리-성체해파리: 외부식순환여과수조를 이용하여 18-23℃ 정도로 사육한다. 먹이는 브라인쉬림프를 1일 1-2회 준다. 수조에 넣어도 좋지만 먹이섭취 효율과 수질저하를 생각하면 소형의 용기에 브라인쉬림프와 해파리를 넣어 집중적으로 먹이를 공급하거나, 1개체씩 피펫으로 넣어주

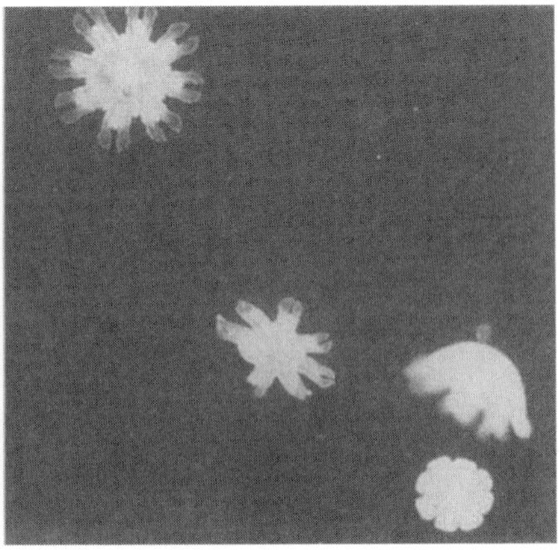

그림 171. 보름달물해파리 폴립의 횡분체 (Strobila). **그림 172.** 보름달물해파리의 에피라.

는 방법을 택한다. 어떤 방법으로 할 것인가는 해파리의 상태를 보고 판단한다(그림 173, 174).

2) 붉은쐐기해파리(*Chrysaora melanaster*)

i) 종 확보 방법: 현장에서 붉은쐐기해파리를 채집한다. 이 해파리는 이른 봄부터 가을에 걸쳐 출현한다. 장소에 따라 대량으로 발생하는 경우도 있으므로 사전 정보수집도 중요하다. 애완용 가게에서는 거의 취급하지 않는 것으로 보인다. 단, 이 시기에 채집되는 개체가 매우 커서 우산직경이 15-20cm, 구완(口腕)의 길이가 1m 정도인 것이 많다. 해파리 자체를 기르는 것이 아니라 거기에서 폴립을 채집하여 사육할 것을 추천한다. 겨울에 에피라유생을 채집하는 것도 가능하지만 수가 적다.

ii) 폴립의 사육: 수온을 18-23℃ 정도로 유지하여야 하며, 수온이 높으면 소실되어 버린다. 반대로 수온이 낮아지면 횡분열이 일어나므로 해파리를 기르고 싶을 때에는 유지하고 있는 폴립 가운데서 일부를 별도의 용기에 옮겨 15℃ 정도로 온도를 낮춘다. 1주일 정도 후에 변태가 시작되고 에피라유생이 유리한다. 본 종은 다판형(poly-disk-type)으로 한 개의 폴립에서 20개체 정도의 에피라를 유리한다(그림 175).

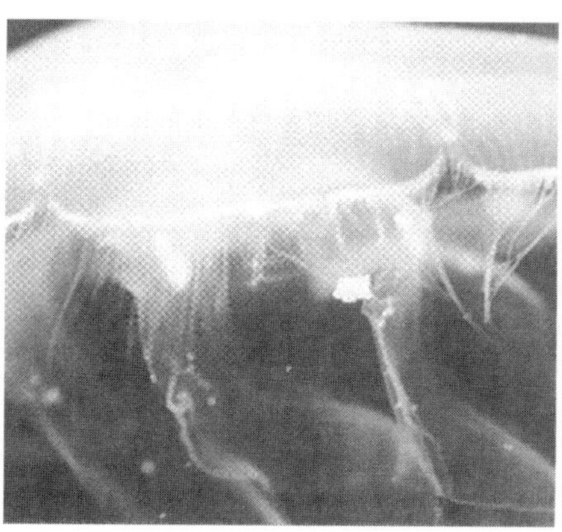

그림 173. 보름달물해파리의 섭이.

그림 174. 보름달물해파리의 섭이.

iii) **해파리사육**

· 에피라유생-어린해파리의 사육: 수온 15-18℃에서 통기교반사육을 실시한다. 먹이는 브라인쉬림프 외에 어육을 분쇄한 것이나 어육즙을 때때로 공급한다.

· 어린해파리-성체해파리의 사육: 수온 18-23℃ 정도로 외부식 순환여과수조에서 사육한다. 먹이는 브라인쉬림프 외에 다진 어육 등을 때때로 공급한다.

3) 말레이원양해파리(*Sanderia malayensis*)

i) **종 확보 방법**: 에노지마(江ノ島)수족관에서는 다른 수족관에서 폴립을 입수하여 그것을 시작으로 해파리를 유리시키고 있다. 일반적으로 애완용 가게에서 구할 수 있는 종류가 아니므로 현장채집에 의지할 수밖에 없으나 그다지 수가 많지않다.

ii) **폴립의 사육**: 수온은 18-23℃ 정도로 유지한다. 무성생식으로 계속 증식하므로 밀도가 너무 높아지지 않도록 조절한다. 상태가 좋으면 수온을 2-3℃ 내리거나 하는 환경의 미세변화에 대하여 횡분열을 일으켜 에피라유생을 유리시킨다. 본 종은 단판형(mono-disk-type)으로 1개의 폴립에서 1개체의

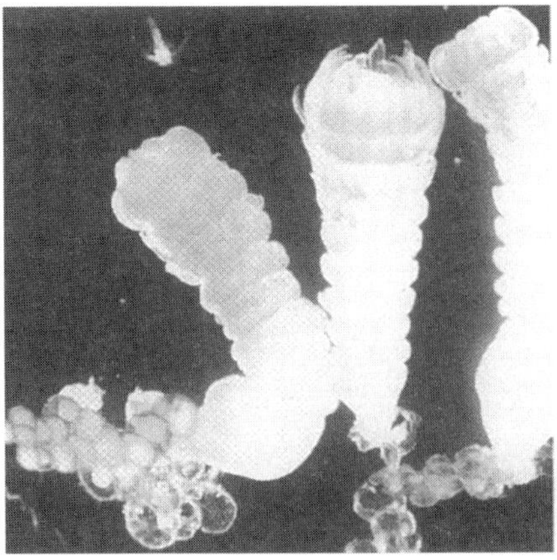

그림 175. 붉은쐐기해파리의 횡분체(strobila).

그림 176. 말레이원양해파리의 횡분체(strobila).

에피라유생을 유리한다(그림 176).

iii) 해파리사육

· 에피라유생-어린해파리: 통기교반사육을 실시한다. 브라인쉬림프 외에 때때로 어육을 분쇄한 것이나 어육즙을 준다.

· 어린해파리-성체해파리: 외부식 순환여과수조에 사육한다. 브라인쉬림프를 줄 때 해파리를 사육수와 함께 작은 용기에 넣어 그 안에서 먹이를 섭취하도록 하면 먹이효율이 매우 좋고, 충분히 먹이를 먹일 수 있다. 브라인쉬림프 이외에 때때로 어육을 다진 것 등을 준다. 브라인쉬림프와 섞어서 주어도 잘 먹지만 멸치, 정어리 등의 치어나 크릴을 통째 촉수에 붙여주어도 좋다. 위강(胃腔) 안에 먹이가 빨려 들어가는 것을 관찰할 수 있어 흥미로우며, 수족관에서는 관람자들에게 퍼포먼스가 되어 즐거움을 주기도 한다.

4) 문어해파리(*Mastigias papua*)

i) 종 확보 방법: 관동(關東) 이남의 온난한 바다에서 여름에서 가을에 걸쳐 나타난다. 파도가 잔잔한 내만에 많이 모여 있으므로 그 지점을 기억해 두면 매년 관찰할 수 있다. 출현 초기에는 우산직경이 1-5cm 정도의 해파리가

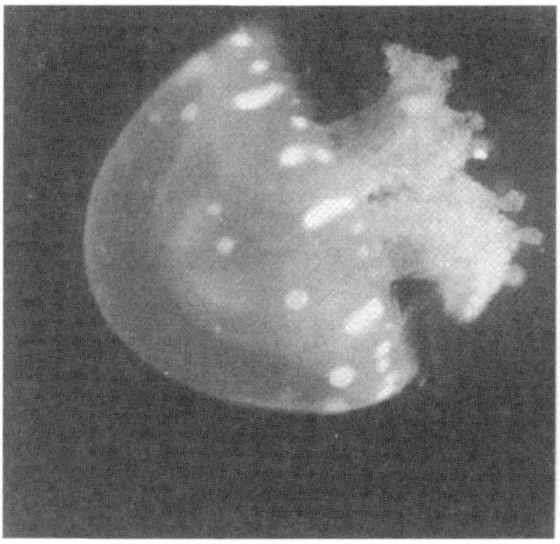

그림 177. 문어해파리.

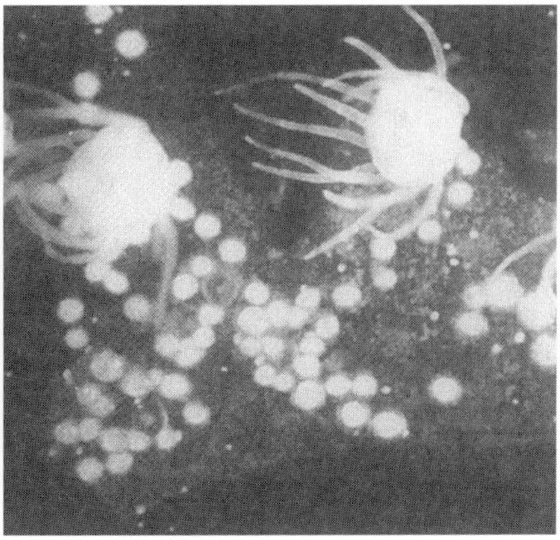

그림 178. 모래빛해파리의 폴립.

발견되지만 한여름을 지나면 20cm 정도의 것도 나타난다. 채집개체를 사육한다면 작은 개체를 고르는 것이 좋다. 큰 암컷개체일 경우 플라눌라를 가지고 있을 확률이 높으므로 채집 즉시 구완(口腕)의 기부(基部)에서 피펫으로 채집하거나 해파리를 가지고 와서 수조내에 방출된 플라눌라를 유지시켜 폴립으로 변태하여 부착하는 것을 기다리는 것도 좋다. 문어해파리는 일본에서도 채집할 수 있으며, 외국산은 애완용가게에서 거의 연중 구입할 수 있다.

ii) 폴립의 사육: 수온 25℃ 정도로 유지한다. 이 종은 공생조류를 가지므로 식물육성용 형광등이나 할로겐램프로 수면에서 약 2,000 Lux, 1일 8시간 정도의 조명을 비추어줄 필요가 있다. 28℃ 정도로 수온을 올리면 횡분열이 시작된다. 본 종은 단판형(mono-disk-type)으로 한 개의 폴립에서 1개의 에피라유생을 유리한다. 설정수온이 높고 조명이 충분하면 규조류 등의 식물 번식도 빨라진다. 폴립의 번식을 방해하지 않도록 세심한 관리가 필요하다.

iii) 해파리사육

- 에피라유생-어린해파리: 수온 25℃로 설정된 소형용기에서 통기교반사육을 실시한다. 식물육성용 형광등이나 할로겐램프 등으로 수면에서 5,000 Lux, 1일 10시간의 조명이 필요하다.
- 어린해파리-성체해파리: 외부식 순환여과수조로 사육한다. 수평방향으로

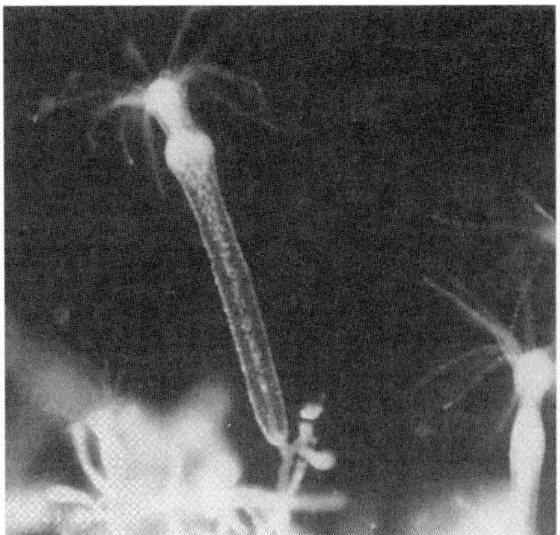

그림 179. 유리해파리의 폴립.

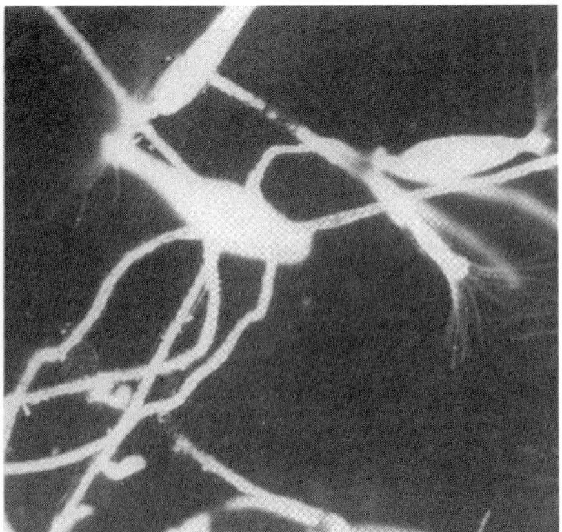

그림 180. 모자해파리의 폴립.

회전하는 것과 같은 수류를 만들어도 좋다. 수면에 5,000 Lux, 1일 10시간의 조명이 필요하다. 먹이는 브라인쉬림프를 준다. 우산직경 3cm 정도까지는 사육수와 함께 해파리를 둥근 용기 등에 넣고 먹이를 주는 방법이 효과적이지만 성장과 함께 분비되는 점액량도 증가하여 브라인쉬림프를 감는 것만으로는 위강(胃腔)에 넣지 않는 경우가 있으므로 그런 경우에는 수조내에 직접 흘려 넣는 방법이 좋다. 설정수온이 높고 조명이 충분하면 규조류 등의 식물 번식도 빠르다. 폴립의 번식을 방해하지 않도록 세심한 관리가 필요하다(그림 174).

5) 블루젤리피쉬(컬러해파리, *Catostylus mosaicus*)

i) 종 확보 방법: 필리핀산 등이 애완용 가게에서 판매되고 있으며, 인기 있는 종류이다. 일본에서는 서식하지 않으므로 현장에서 채집하지 않는 한 애완용 가게에서 구입할 수 밖에 없다.

ii) 해파리사육: 수온은 25-26℃로 설정하여 외부식순환여과수조에서 사육한다. 본 종은 비교적 유영력이 강하고, 잔잔한 수류 중에서 활발하게 유영한다. 먹이는 브라인쉬림프를 1일 1-2회 수조에 넣어준다.

6) 장식헬멧해파리(*Cassiopea* sp.)

i) 종 확보 방법: 가고시마(鹿兒島)현 이남에서 채집할 수 있으나, 주로 외국산을 애완용 가게에서 구입할 수 있다. 양호한 상태로 사육한다면 수조 내에 간혹 폴립이 번식하기도 한다.

ii) 폴립의 사육: 수온 25℃ 정도로 사육한다. 이 종은 공생조류를 가지므로 식물육성용 형광등이나 할로겐램프 등으로 수면 2,000 Lux, 1일 8시간 정도의 조명이 필요하다. 조도를 5,000 Lux, 수온을 28℃ 정도로 올려주면 그것이 자극이 되어 횡분열을 일으킨다. 이종은 단판형(mono-disk-type)으로 1개의 폴립에서 1개체의 에피라유생이 유리한다. 먹이는 브라인쉬림프를 1일 1회에서 2회 준다. 설정수온이 높고 조명도 충분하면 규조류 등의 식물 번식이 빠르다. 폴립의 번식을 방해하지 않도록 세심한 관리가 필요하다.

iii) 해파리사육

- 에피라유생-어린해파리: 소형용기에 수용하여 식물육성용 형광등의 조명을 공급한다. 통기교반사육을 하지만 이 종은 그다지 유영하지 않는 해파리이므로 무리하게 해파리를 유영시킬 필요가 없다. 오히려 얕은 용기에 수용하여 조명을 충분히 비추어주는 것이 좋다.
- 어린해파리-성체해파리: 수온 25℃ 정도로 외부식순환여과수조로 사육한다. 공생조류를 가지므로 식물육성용 형광등이나 할로겐램프 등으로 수면에 5,000 Lux 1일 10시간 정도 조명을 준다. 이 종은 거의 유영하지 않으므로 무리하게 유영시키는 수류를 만들 필요가 없다. 저면여과나 스폰지필터로 사육 가능하다. 빛이 충분히 닿도록 얕은 수조로 사육하는 것이 효과적이다. 점액을 많이 내는 종류로 잔사나 배출물, 사육수 중의 현탁물이나 조류 등을 점액으로 휘감아 가라앉히는 성질이 있다. 이들이 저면에 모여 수질을 악화시키므로 세심한 수질점검과 청소가 필요하다. 먹이는 브라인쉬림프를 1일 1-2회, 가능한 해파리 가까이에 피펫으로 넣어주는 것이 좋다. 설정수온이 높고 조명이 충분하면 규조류 등의 식물번식도 빠르다. 폴립의 번식을 방해하지 않도록 세심한 관리가 필요하다.

7) 모래빛해파리(*Rhopilema asamushi*)

i) 종 확보 방법: 초여름부터 가을에 걸쳐 채집할 수 있다. 가까운 해안에서는 볼 수 없으므로 배로 가까운 연안까지 나가든지 어업인에게 부탁하면 좋은 개체를 확보 할 수 있다. 성숙한 수컷, 암컷의 개체가 동시에 확보하여 같은 수조에 넣어 사육하면 방란, 방정이 일어나 폴립을 얻을 수 있다.

ii) 폴립의 사육: 수온 18-23℃ 정도에서 사육한다. 수온차 등 환경의 미묘한 변화로 횡분열이 일어나는 경우가 있다. 본 종은 다판형(poly-disk-type)으로 1개의 폴립에서 복수의 에피라유생이 유리(遊離)한다(그림 178).

iii) 해파리사육

· 에피라유생-어린해파리: 소형용기에 수용하여 수온 20℃ 정도로 통기교반사육을 실시한다. 통기시 유리관의 각도나 막힘으로 인해 가는 기포가 나오면 해파리가 그것을 흡수하는 경우가 있다. 이 종은 근구(根口)해파리目으로 기포가 우산 내측으로 유입되면 여간해서 빠져나오지 않아 주의가 필요하다.

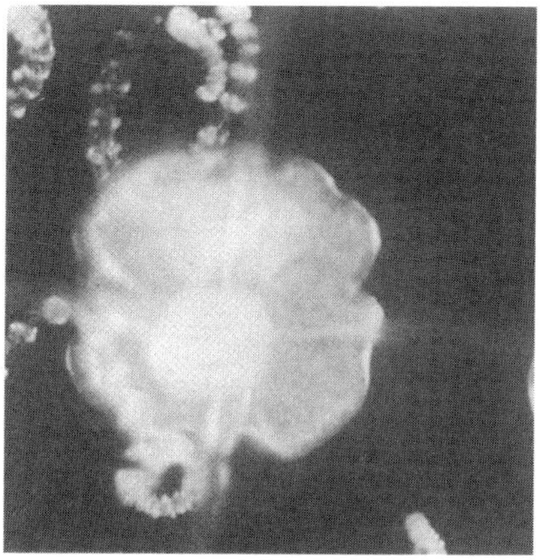

그림 181. 애기주머니갈퀴손해파리.

· 어린해파리-성체해파리: 수온 18-23℃로 외부식순환여과수조에서 사육한다. 먹이는 해파리가 작을 때는 사육수와 함께 둥근용기 등에 넣어 집중적으로 관리하는 것이 효과적이지만 이 종은 점액을 많이 분비하는 해파리로 성장과 함께 분비량도 증가한다. 따라서 좁은 용기 내에서 먹이를 주면 점액으로 먹이를 뭉쳐버리고 해파리 체내로 흡수하기가 어려워져 그다지 효율적이지 못하다. 먹이를 흡수하기 어려워지면 수조 내에 직접 먹이를 넣어주는 방법으로 바꾸는 것이 좋다.

8) 유리해파리(*Tima formosa*)

i) 종 확보 방법: 현장에서 기아만 해파리를 볼 수 있는 것은 봄부터 여름이다. 육안으로 간단히 찾을 수 있을 정도가 되는 것은 우산직경 2cm 정도의 것부터이지만 빠른 시간내에 우산직경이 7-8cm 정도로 4가닥의 생신선이 발달한 개체가 많이 나타나게 된다. 사육하기에는 비교적 작은 개체가 오래 사육할 수 있어 좋지만, 생식선이 발달한 개체를 몇 마리 채집하여 한동안 수조에 두면 수조 안에서 방란, 방정, 수정이 일어나 플라눌라가 되어 수조 유리면 등에 부착하여 번식한 폴립의 군체를 얻을 수 있다(그림 179).

ii) **폴립에서 에피라로의 유리**: 수조 내에서 번식한 폴립 군체의 일부를 용기에 수용하고 정치시켜 두면 수일 내에 용기 내에 부착한다. 향후 처리를 고려하여 패트리디쉬나 슬라이드글라스를 부착기반으로 하면 좋다. 새롭게 이식된 폴립이 사육환경에 적응되어 충분히 섭취하고 양호한 상태이면 환수 등의 작은 환경변화에 해파리芽(싹)를 형성하여 우산직경 1.5mm 정도의 해파리를 유리(遊離)한다.

iii) **해파리사육**

· 유리 직후의 에피라-어린해파리: 유리 직후의 어린해파리는 우산직경 1-2mm 정도이다. 소형용기에 수용하여 통기교반사육을 실시한다. 수온은 18-23℃ 정도로 유지한다. 비교적 성장도 빠르고 생잔율도 높은 종류이다. 약 1주 만에 촉수가 2-3cm 정도로 길어 나온다.

· 어린해파리-성체해파리: 수온은 18-23℃로 하여 외부식순환여과수조로 사육한다. 먹이는 브라인쉬림프를 1일 1-2회 준다. 자연개체와 비교하여 생식선이 발달하지 않은 사육개체도 수조내에서 방란, 방정하여 폴립을 번식시킨다. 설비만 갖추어지면 가정에서도 생활사를 일주시켜서 연중 사육할 수 있는 종류이다.

9) 모자해파리(*Leuckartiara octona*)

i) **종 확보 방법**: 에노지마(江ノ島)수족관에서는 무희나선꼬리해파리의 사육수조여과조에 발생한 폴립으로 번식시키고 있다.

ii) **폴립의 사육**: 수온을 18--3℃ 정도로 유지하고 소형용기에 넣어 조금씩 환수시켜주거나 스폰지필터를 설치한 소형수조로 사육한다(그림 180).

iii) **폴립에서 에피라로의 유리**: 유지, 관리하고 있는 폴립의 군체 일부를 별도의 용기에 이식하여 안정되면 사육수온을 5-10℃ 내린다. 10일 전후로 우산직경 1mm 정도의 에피라가 유리되어 나온다.

iv) **해파리 사육**

· 유리(遊離) 직후의 에피라-어린해파리: 소형용기에 수용하여 통기교반 사

육한다. 촉수가 얽혀 용기 바닥에 가라앉아 있는 경우도 있으나 장기간 유영이 안되면 결국 몸체가 변형되어 소실되는 경우가 있으므로 주의가 필요하다.

· 어린해파리-성체해파리: 성체라도 우산직경이 8mm, 높이 1cm 정도이므로 사육밀도가 그다지 높지 않을 정도로 수용하여, 조심스럽게 통기교반 사육을 한다면 일정기간 사육할 수 있다. 그러나 성장함에 따라 우산 가운데 기포가 들어가 수면에 뜬 상태로 계속 있게 되므로 그런 경우에는 외부식순환여과수조로 사육 방법을 전환하는 것이 좋다. 그러나 이 종은 해파리 자체가 작아 다공판의 구멍이나 수조와의 틈으로 빨려 들어갈 위험이 매우 높으므로 주의가 필요하다.

10) 애기주머니갈퀴손해파리(*Scolinonema suvaense*)

i) **종 확보 방법**: 여름이 되면 대량 발생하므로 망을 이용하여 채집한다. 많을 때는 망을 몇 m 끄는 정도만으로도 망에 꽉 찰 정도로 고밀도로 서식하는 경우가 있다.

ii) **해파리사육**: 성체라도 우산직경이 1cm 정도밖에 안되며, 해파리에서 직접 무성생식을 계속하여 1-2mm 정도의 작은 에피라를 유리(遊離)하고, 흡반이 있는 촉수로 부착한다는 것을 고려하면, 다소 손이 가더라도 소형용기에 수용하여 지수(止水)사육 또는 통기교반 사육하거나 소형수조에 스폰지필터를 설치한 사육이 좋을 것으로 판단된다. 다공판을 이용한 외부식 순환여과수조는 장시간 수질유지는 되지만 다공판으로 어린해파리가 빨려나가는 경우가 빈번히 발생할 수 있다. 또한 이 종은 무성생식뿐 아니라 유성생식도 하므로 사육하면 수조 내에 폴립이 번식하는 경우도 있다(그림 181).

11) 꽃모자갈퀴손해파리(*Gonionema vertens*)

i) **종 확보 방법**: 초봄부터 초여름에 걸쳐 조간대에 있는 톳 등의 해조류에 부착하고 있는 것을 볼 수있다. 해조류를 아래쪽에서부터 망으로 부유시키

듯 하면서, 해조류로부터 떨어져 나오는 개체를 채집한다.

ii) **해파리사육**: 부착하는 경우가 많은 종이므로 해파리가 항상 부유하는 것과 같은 수류를 만들 필요는 없다. 외부순환 여과수조에서 스폰지필터로도 사육가능하다. 우산직경이 1cm 이하의 작은 개체는 먹이로 브파인쉬림프로 공급하는 것만으로 충분하지만 성장하면 어육을 다진 것이나 새우류를 주어도 좋다. 채집개체가 충분히 성숙한 것이라면 폴립을 얻을 수 있다.

III-8. 사육상태 판별

해파리는 다른 사육동물과 비교하여 생사의 판정이 어려운 동물이다. 어떤 시점에서 선을 그을지는 해파리를 사육한 사람의 판단에 맡길 수 밖에 없을지도 모른다. 그러나 알기 어려운 동물이기 때문에 충분한 관찰이 필요하고 관찰이 쌓여 여러가지 상황에 대처할 수 있는 방법을 알 수 있게 된다.

· 폴립에 대해서는 군체가 확산되는 속도, 군체 단위당 폴립 수와 크기 및 에피라가 유리(遊離)하는 지에 주목하고 있다. 또한 사육용기 내에 선충이나 원생동물이 번식하지 않는지 또 이들에 의해 먹히지 않는지 주의하고 상태가 불량한 경우에는 빨리 제거하거나, 다른 용기에 옮겨 회복시킨다.

· 해파리에 대하여서는 우산의 한천질 두께, 크기, 형태, 박동리듬, 유영력, 먹이섭취 상태 등에 주목하고 수질측정치와 맞추어 판단한다.

· 수질의 악화가 생기면 먹이섭취 속도와 먹이섭취량이 같이 저하하고 우산의 박동이 약해지며, 몸체의 변형이 나타나게 된다. 이럴 때는 신속하게 사육수를 교환하는 것이 좋다.

III-9. 결론

에노지마(江ノ島)수족관에서 해파리류의 사육, 전시 개요를 기술하였다. 에노지마 수족관에서는 아주 단기간의 사육도 포함하여 지금까지 약 90종의 해

파리를 취급하였다. 채집에 의해 얻어진 종 혹은 다른 수족관을 경유하여 입수된 것 또는 업자로부터 구입한 것 등 입수경로도 다양하다. 지금까지 10종에 대해서는 수조에서 사육하여 전 생활사를 관찰하는 것에 성공하였으며, 계대번식사육이 가능하였다. 그러나 전세계에서 3,000종 이상이 출현하며, 일본만도 200종 이상의 해파리 종류가 출현함에도 불구하고, 수족관에서 사육 · 전시가능한 종류는 겨우 몇 종류에 불과하다.

관람자 중에서는 해파리코너라는 말을 듣는 것만으로 얼굴을 가리고 지나가는 사람도 있다. 일반적으로 아직 해파리는 기분 나쁜 생물, 무서운 생물이라는 인상이 강한 것 같다. 그러나 최근에는 반대로 거의 하루 종일 해파리를 쳐다보고 있는 사람, "해파리가 이렇게 예쁜 생물이었구나" 라고 눈을 반짝이는 사람, "해파리 팬이 되었습니다." 라고 하는 사람도 확실히 늘고 있다. 그런 소리가 들려오면 사육자로서는 매우 기쁘고 힘이 된다. 확실히 인간의 생활상 또는 산업상 해파리가 방해가 되는 존재가 되기도 하지만 문제해결의 첫걸음은 상대를 잘 알아야 하는 것이 아닐까 한다. 선입관, 고정관념에 쌓이지 않고 해파리의 원래의 모습을 보기 위해서는 보다 많은 사람이 우선 수족관을 찾아주었으면 한다. 이를 위해서는 이후 더 많은 종류의 해파리를 사육하여 관람자가 흥미를 붙일 수 있도록 사육기술, 전시기술의 양면에서 향상시키도록 노력하여야 할 것이다.

마지막으로 해파리의 사육과 전시의 [현재] 그리고 [미래]는 과거에서 현재에 거쳐 직 · 간접으로 해파리를 길러온 많은 사람의 정열 위에 이루어진다는 것을 다시 한번 되새기며, 감사의 마음을 표시하고 싶다. 또 나 자신이 해파리의 사육에 관련하게 된 기회를 준 에노지마수족관 관장 堀田紀子씨에게 이 자리를 빌려 깊은 감사를 표한다.

참고문헌

1) 安部義孝 (1967) : くらげを飼う. どうぶつと動物園, 19 (8), 258~259.
2) Abe, Y. Hisada, M. (1968) : On a new rearing method of common jelly-fish *Aurelia aurita, Bull. Mar. Biol. St. Asamushi*, 13 (3・4), 205~209.
3) 雨宮育作監修 (1961) : 江ノ島水族館一見學とかんさつ一, 谷口書店.
4) 足立 文 (1998) : クラゲ類の飼育繁殖, うみうし通信, 20, 1~5.
5) 日高敏隆監修 (1997) : 日本動物大百科7, pp. 24~49, 平凡社.
6) Hirai, E. (1958) : On the developemental cycle of *Aurelia aurita* and *Dactylometra pacifica, Bull. Mar. Biol. St. Asamushi*, 9 (2), 81.
7) 平井越郎 (1968) : 水族館におけるミズクラゲの展示, 動物園水族館雑誌, 10 (3), 62~63.
8) Hirai, E. and Ito, T (1966) : On a new model of the exhibition as a study of exhibitory method in the aquarium, *Bull. Mar. Biol. St. Asamushi*, 12 (4), 227~235.
9) 堀由紀子 (1998) : 水族館のはなし, 岩波書店, pp. 99~109.
10) Kakinuma,.Y (1961) : On some factors for the differentiation of Cladnema uchidai and *Aurelia aurita*. *Bull. Mar. Biol. St. Asamusi*, 11 (2). 81~85.
11) 並河 洋 (2000) : クラゲガイドブック, TBSブリタニカ.
12) 日本動物園水族館協會教育指導部編集 (1995) : 新・飼育ハンドブック水族館編 第 1 集, pp. 42~46 日本動物園水族館協會, 東京.
13) 岡田 要ほか監修 (1924) : 日本動物図鑑 (上) 1pp167~306, 北隆館.
14) 崎山直夫ら (2001) : 江の島湘南港およびその周辺に出現する水母類, 神奈川自然誌資料, (22), 69~72.
15) 志村和子ら (1988) : 江ノ島水族館におけるアカクラゲの繁殖 動物園水族館雑誌, 30 (3), 76~79.
16) 志村和子ら (1993) : 江ノ島水族館におけるクラゲ類の飼育繁殖, 動物園水族館雑誌, 34 (4), 57~70.
17) 鈴木克美 (1994) : 水族館への招待, 丸善ライブラリー, pp. 166~167.
18) 谷村俊介 (1996) : 水族館におけるクラゲ類の飼育繁殖. 海洋と生物, 18 (2), 97~103.
19) 谷村俊介 (1996) : 家庭でのクラゲの飼育海洋と生物, 18 (2), 117~119.
20) 谷村俊介ら (1988) : 水族館におけるクラゲ類の飼育展示, 採集と飼育, 50 (8), 354~357.
21) 山下 修ら (1999) : 江の島湘南港およびその周辺に出現する水母類, 神奈川自然誌資料, (20), 97~100.

바다의 UFO 해파리

발생, 생태 그리고 대책

초판 1쇄 인쇄일 2009년 5월 20일
초판 1쇄 발행일 2009년 5월 25일

저　자　安田 徹 編
역　자　강영실 · 박미선 · 박영태 공역
편집자　주 성 필

발행자　주 희 완
발행처　**아카데미서적**

서울특별시 영등포구 당산동 6가 343-2
Tel 516-3131　　Fax 542-9254
E-mail: aca97@paran.com
Homepage: http://www.academybook.co.kr

* 파본은 교환해 드립니다.

값 35,000원

ISBN 978-89-7616-465-2 (93470)